Apprentissage situé

T0176506

Exploration

Recherches en sciences de l'éducation

La pluralité des disciplines et des perspectives en sciences de l'éducation définit la vocation de la collection Exploration, celle de carrefour des multiples dimensions de la recherche et de l'action éducative. Sans exclure l'essai, Exploration privilégie les travaux investissant des terrains nouveaux ou développant des méthodologies et des problématiques prometteuses.

Collection de la Société Suisse pour la Recherche en Education, publiée sous la direction de Marcel Crahay, Rita Hofstetter, Bernard Schneuwly et Maurice Tardif

Lucie Mottier Lopez

Apprentissage situé

La microculture de classe
en mathématiques

PETER LANG

Bern · Berlin · Bruxelles · Frankfurt am Main · New York · Oxford · Wien

Information bibliographique publiée par «Die Deutsche Bibliothek»
«Die Deutsche Bibliothek» répertorie cette publication dans la «Deutsche
Nationalbibliografie»; les données bibliographiques détaillées sont disponibles
sur Internet sous ‹http://dnb.ddb.de›.

Publié avec l'appui du Fonds national suisse de la recherche scientifique
et de l'Académie suisse des sciences humaines et sociales (ASSHS)

Réalisation couverture: Thomas Jaberg, Peter Lang AG

ISBN 978-3-03911-580-8
ISSN 0721-3700

Remerciements

Ce livre est une version remaniée d'une thèse en Sciences de l'éducation présentée à l'Université de Genève.

Ma profonde gratitude va aux deux enseignants et à leurs élèves qui ont participé à la recherche. J'ai bénéficié d'un accueil toujours chaleureux, d'une disponibilité et d'une implication sans faille de la part de Paula et de Luc. Je les remercie infiniment.

Mes chaleureux remerciements vont également à Linda Allal, directrice de la thèse, avec qui j'ai eu des échanges scientifiques passionnants.

Table des matières

Liste des tableaux

Liste des figures

Convention de transcription des interactions verbales

E	Enseignant
C	Chercheur
Majuscule + 2 lettres	Un élève rendu anonyme
X	Elève non identifié
Pl	Plusieurs élèves parlent en même temps et n'ont pas pu être identifiés
[	Chevauchement de paroles
(xxx)	Paroles inaudibles
↗	Le ton monte
↘	Le ton baisse
Gras	Accentuation
/	Un arrêt bref
//	Un arrêt plus marqué
///	Un arrêt de près de 2 secondes
(x sec)	Indication de la durée d'un silence
[…]	Description ou commentaires pour faciliter la compréhension d'un énoncé fortement indexicalisé
italique	Lecture d'un écrit

Avant-propos

L'apprentissage est généralement conçu, tant du point de vue du sens commun que dans la plupart des théories scientifiques, comme une transformation des connaissances, compétences et comportements de l'individu. On admet certes que cette transformation s'opère sous l'influence de l'environnement ou en interaction avec celui-ci. Mais le processus d'apprentissage lui-même se déroule en quelque sorte «dans la tête» de l'apprenant. Cette conception courante est concrétisée dans les modalités habituelles d'évaluation de l'apprentissage: un individu se rend dans un lieu d'examen où, en réponse à une question, il met en évidence ce qu'il a appris, sans recours à aucun document ou outil, sans aucune concertation avec autrui. Pouvoir dire ou écrire son savoir tout seul, isolé de tout support contextuel, est considéré comme preuve d'un apprentissage réussi.

La perspective de «l'apprentissage situé» dont il est question dans cet ouvrage introduit une rupture dans la manière d'envisager l'apprentissage. Cette perspective puise ses fondements dans des idées exprimées il y a plus d'un siècle notamment par John Dewey. Dans son texte de 1902, «The child and the curriculum», Dewey a écrit:

> Earlier psychology regarded mind as a purely individual affair in direct naked contact with an external world [...] At present the tendency is to conceive of the individual mind as a function of social life [...] requiring continual stimulus from social agencies, and finding its nutrition in social supplies. (1902/1999, pp. 98-99)

Pour Dewey, l'apprentissage ne devait pas être conçu comme un processus purement individuel («as sheer self-activity») car tout apprentissage «takes place in a medium, a situation, and with reference to its conditions» (1902/1990, pp. 208-209).

Malgré le rayonnement des écrits de Dewey en psychologie et en sciences de l'éducation, les théories de l'apprentissage ont largement continué, pendant près de 100 ans, à traiter l'esprit et ses transformations (l'apprentissage) comme «an individual affair in direct naked contact with an external world». Le courant dit de «l'apprentissage situé» a émergé peu à peu dans les années 1980-90 à travers un ensemble diversifié d'écrits, en anthropologie culturelle des apprentissages dits «quotidiens» *(everyday learning)*, en psychologie de l'apprentissage d'inspiration néo-vygotskienne, en sociologie des pratiques d'*apprenticeship* au sein de communautés professionnelles. Ces mouvements et leurs apports potentiels pour les sciences de l'éducation sont mis en évidence et analysés avec finesse par Lucie Mottier Lopez dans cet ouvrage.

L'un des apports principaux que l'auteure retient est la thèse que l'apprentissage est construit dans une relation réflexive entre les pratiques sociales d'une communauté (communauté classe dans le contexte scolaire) et les processus de construction individuelle (transformation des connaissances et compétences de l'élève, ainsi que de celles de l'enseignant). Cette thèse, élaborée notamment dans les travaux de Paul Cobb et ses collègues[1], postule la co-constitution du plan social et du plan individuel qui fonctionnent de manière indissociable et sans rapport de subordination entre l'un et l'autre. Ainsi, à travers la participation de l'élève aux activités d'enseignement et apprentissage de la communauté classe, celui-ci s'approprie les normes, les modes d'interaction, les pratiques, les concepts, les outils élaborés et valorisés par cette communauté; en même temps il contribue, par ses propositions, ses interrogations, voire ses difficultés ou refus, à la constitution des composantes de la culture commune de la classe. L'évaluation de l'apprentissage privilégie dès lors l'observation de l'élève en situation, sa manière de se concerter avec d'autres ou de tenir compte de leurs points de vue, sa capacité d'exploiter des outils appropriés à la tâche, la pertinence de ses démarches face aux problèmes à résoudre.

Lucie Mottier Lopez présente, dans cet ouvrage, une revue cohérente et bien structurée de nombreuses publications, en majeure partie en langue anglaise, portant sur la cognition et l'apprentissage situés. Elle offre ainsi à la communauté de recherche de langue française une magnifique «visite guidée» d'un domaine conceptuel complexe et relativement peu connu. Elle apporte aussi un positionnement critique en soulignant, par exemple, les différences importantes entre une communauté de pratique professionnelle et une communauté classe du point de vue des processus identitaires en jeu et de la nature des objets de connaissance abordés.

---

1   Voir notamment Cobb, Gravemeijer, Yackel, McClain et Whitenack (1997).

La notion de microculture de classe reçoit un développement particulièrement approfondi dans cet ouvrage. Partant des travaux conduits par Cobb et ses collègues en Angleterre, aux Etats-Unis et aux Pays-Bas, dans le domaine des apprentissages mathématiques, Lucie Mottier Lopez propose une modélisation en trois plans des activités d'enseignement/apprentissage en classe. Entre le plan social des pratiques de la communauté classe et le plan individuel des processus de construction des connaissances, elle introduit un plan intermédiaire – le plan interpersonnel – lié aux interactions entre élèves et enseignant. Les interactions du plan interpersonnel sont alimentées par les contributions des individus concernés et permettent en même temps la constitution des normes et pratiques qui sont socialement reconnues et partagées («*taken-as-shared*», dans la terminologie de Cobb) dans la microculture de la classe. L'auteure introduit aussi la notion de *régulation réflexive* entre les trois plans, chacun posant des repères qui facilitent et contraignent le fonctionnement des autres.

La conceptualisation développée par Lucie Mottier Lopez n'est pas un édifice intellectuel abstrait. Les idées avancées par l'auteure sont appuyées et interrogées par une étude empirique menée pendant une année scolaire complète dans deux classes de troisième année primaire en Suisse romande. La recherche porte sur les activités de résolution de problèmes mises en place dans chaque classe pour favoriser le passage des élèves de l'addition à la multiplication. Plusieurs sortes de données sont recueillies et confrontées: observations en classe, enregistrement des interactions collectives entre enseignant et élèves, entretiens avec les enseignants, démarches de résolution effectuées par les élèves en petits groupes.

L'approche méthodologique adoptée par Lucie Mottier Lopez est résolument qualitative et interprétative. Elle privilégie une démarche appelée «l'induction délibératoire» impliquant un va-et-vient constant entre les matériaux recueillis et les cadres conceptuels de référence. Sa présentation se distingue toutefois de celles, courantes en matière de recherche qualitative, où le lecteur n'a guère d'idée concrète de comment le chercheur est passé des données réunies à son texte de synthèse. Dans cet ouvrage, chaque étape de la recherche est très bien documentée; les démarches d'interprétation sont expliquées et exemplifiées avec beaucoup de rigueur; le texte est appuyé par de nombreux tableaux et figures. Si certains de ces supports sont très denses en informations, et peut-être difficilement abordables à première vue, en prenant le temps d'y entrer, le lecteur découvrira toute la finesse d'appréhension des phénomènes étudiés.

Lucie Mottier Lopez a conduit sa recherche dans les classes de deux enseignants – Paula et Luc – qui ont su instaurer des dialogues remarquables avec leurs élèves au sujet des activités de résolution de problèmes. Ils ont accepté aussi de s'engager dans des échanges, non moins remarquables, avec la chercheure qui a questionné régulièrement les phénomènes observés en classe. Il en ressort le portrait de deux microcultures différentes, chacune comportant une dynamique particulière sur le plan de la construction des pratiques mathématiques valorisées en classe, chacune soulevant des interrogations intéressantes concernant la régulation des apprentissages.

Dans le chapitre de conclusion, plusieurs directions de recherches sont évoquées. En particulier, il semble intéressant d'explorer davantage les variations entre élèves dans leur manière de participer, de contribuer et de s'approprier la microculture de classe. Comme le dit Lucie Mottier Lopez:

> Dans quelle mesure certains élèves parviennent-ils à mieux saisir les enjeux, les finalités, le fonctionnement et les significations rattachées à une dynamique de microculture de classe?

La question de l'équité et de la qualité des apprentissages est toujours au centre des débats de société sur l'école. Il est donc nécessaire, comme l'auteure l'envisage, d'étendre les démarches de la perspective située à l'étude des relations entre la microculture de classe et les niveaux méso et macro de la culture scolaire, car ce sont ces niveaux qui fixent les exigences du curriculum, qui instaurent les démarches de formation des enseignants, qui distribuent les ressources au sein du système scolaire.

Linda Allal
Genève, 26 février 2007

Cobb, P., Gravemeijer, K., McClain, K. & Whitenack, J. (1997). Mathematizing and symbolizing: the emergence of chains of signification in one first-grade classroom. In D. Kirshner & J. A. Whitson (Ed.), *Situated cognition: Social, semiotic and psychological prespectives* (pp. 151-233). Mahwah, NJ: Laurence Erlbaum.

Dewey, J. (1902/1990). *The child and the curriculum*. Chicago: University of Chicago Press.

Introduction

Dans deux classes d'un même degré, des problèmes mathématiques identiques sont proposés aux élèves qui ont à disposition les mêmes ressources matérielles. Dans les deux classes, la règle est que les élèves doivent commencer par tenter de résoudre les problèmes, en petits groupes ou individuellement, sans explications ou démonstrations préalables de l'enseignant. Ensuite, ils ont pour devoir d'expliquer aux autres membres de la classe les différentes démarches de résolution qu'ils ont entreprises. Malgré ces points communs, il ressort que les pratiques mathématiques construites à partir de ces mêmes problèmes entre l'enseignant et les élèves sont différentes. Le sens et la finalité que les élèves attribuent à leurs activités et apprentissages mathématiques semblent également différer sur plusieurs points. Comment comprendre ces variations? Quelle relation concevoir entre l'apprentissage des élèves et le fonctionnement social et communautaire de leur classe? Dans quelle mesure le contexte social d'une classe, construit entre les membres de la classe, contribue-t-il à «marquer» les apprentissages des élèves et, réciproquement, dans quelle mesure les progrès individuels contribuent-ils à faire évoluer ce contexte social?

Afin d'approfondir ce type de questionnement, nous allons nous intéresser à la conception de la *cognition située* et de l'*apprentissage situé* telle qu'émergeant initialement de recherches anglophones et regroupant, actuellement, une large collection de travaux scientifiques. Nous désignerons ce courant par le terme générique de *perspective située*, conformément à la proposition de Greeno (1997). Il est difficile d'identifier où et à quel moment précis cette perspective a émergé, car fortement empreinte de relations avec d'autres cadres théoriques. On s'accorde néanmoins à situer son émergence vers la fin des années 1980 avec les contributions de Lave (1988), de Brown, Collins et Duguid (1989) et de Lave et Wenger (1991) notamment. Dans le cadre de cette introduction qui présente les grandes lignes de notre problématique, nous débutons par l'exposition des thèses principales de ce courant afin de saisir quelques enjeux de la perspective située et leur originalité. Nous passons ensuite en revue deux principaux facteurs à l'origine de l'émergence de la perspective située qui, sur le plan pédagogique, soulève la question de la qualité des apprentissages scolaires et qui, sur un plan épistémologique et théorique, expose une revendication d'une prise en compte des systèmes interactifs et sociaux dans une relation de constitution réciproque avec les processus cognitifs individuels. Notre discours sera délibérément centré sur des recherches portant sur les apprentissages mathématiques à l'école primaire, au cœur de notre démarche empirique.

La perspective située

Commençons par la question un peu provocatrice de se demander si nous ne cédons pas à un effet de mode que de choisir de parler de cognition et d'apprentissage *situés*. L'engouement actuel pour le terme *situé* se traduit, en effet, par des expressions de plus en plus courantes telles qu'interactions situées, actions situées, expériences situées, négociations situées, microgenèses situées, recherches situées, ... et apprentissages situés. Dans quelle mesure le qualificatif *situé* renvoie-t-il à une acception théorique définie et partagée par la communauté scientifique? Si, par exemple, le caractère situé d'un phénomène consiste à désigner *le seul fait* de l'étudier dans son milieu naturel d'émergence, du coup tout objet est de nature située sous condition qu'il ne soit pas examiné dans des conditions expérimentales de laboratoire par exemple. La conséquence d'une telle acception est la dilution de la consistance théorique du concept qui n'a, dès lors, plus grand intérêt. Un des points d'accord de la plupart des théoriciens situationnistes (Cobb & Bowers, 1999; Greeno, 1997; Greeno, Smith & Moore, 1993; Greeno & the Middle School Mathematics through Applications Project Group, 1998; Lave, 1991, 1997; Lave & Wenger, 1991; Mercer, 1992) est que toute activité, quelle qu'elle soit, *est* située, y compris des activités réalisées dans un contexte expérimental en laboratoire ou des activités en situation scolaire, car véhiculant des pratiques, des normes et des significations propres aux activités menées dans ces contextes. La situativité n'est donc pas à associer à une propriété que l'on attribuerait ou non à l'activité; elle lui est constitutive.

Dans le cadre de notre travail, l'usage du terme *situé* renverra à un positionnement épistémologique et théorique défini. La référence à la nature fondamentalement située de l'activité – puis plus précisément au type spécial d'activité qu'est l'apprentissage – désigne une *perspective théorique générale* dont la particularité est de concevoir et de tenter de conceptualiser la nature sociale et contextualisée de la pensée et de l'apprentissage, dans leur relation dialectique avec le monde social et les personnes en activité dans ce monde (Lave, 1991; Lave & Wenger, 1991). La conception défendue est que «learning, thinking, and knowing are relations among people engaged in activity *in, with, and arising from the socially and culturally structured world*. This world is itself socially constituted» (Lave, 1991, p. 67). Ainsi, la perspective située défend la conception que les individus sont fondamentalement constitués de leurs relations avec les activités d'un monde structuré qu'ils expérimentent; ce monde expérimenté est lui-même socialement constitué, de façon simultanée, par les personnes en activité. L'individu n'est pas seulement situé physiquement dans un espace localisé, mais il est compris dans ses rapports avec les objets et les personnes constitutifs d'un système plus large et qui nourrissent des relations entre eux (Cobb & Bowers, 1999). Autrement dit, le terme situé ne renvoie pas à une idée de concrétude et de spécificité, mais il a pour but de mettre en évidence les relations multiples qu'une pratique sociale donnée nourrit avec les processus sociaux et les systèmes d'activités dans lesquels et par lesquels elle se développe, pouvant comprendre à la fois des niveaux de particularité et de généralité (Lave, 1991). Dans cette perspective, la cognition et l'apprentissage demandent à être conceptualisés dans une relation dialectique entre les plans individuels et sociaux, non pas dans une conception qu'un plan résulterait de l'autre, mais dans une idée de constitution et structuration réciproques (Cobb & Bowers, 1999; Lave, 1988, 1991; Lave, Murtaugh & De la Rocha, 1984; Rogoff, 1984).

Ces premières lignes avaient pour but de brosser à grands traits la conception de la perspective située telle qu'elle émerge principalement des apports de Lave et Wenger (1991). La contribution de ces auteurs a représenté notre première source de curiosité intellectuelle concernant cette approche théorique, nous amenant ensuite à constater la *diversité* des travaux qui se réclament d'une approche de la cognition et de l'apprentissage situés. A la suite de Renkl (2001), on observe, par exemple, que le concept de *situativité* tel qu'il a été exploité dans les situations scolaires comporte une certaine ambiguïté, en raison notamment de postures différentes des chercheurs qui ont opté soit pour une approche analytique et descriptive des processus d'enseignement/apprentissage, soit pour une approche prescriptive avec pour conséquence que la cognition et l'apprentissage situés désignent certains types d'environnements pédagogiques. Une autre source de confusion, parfois, est la dimension contextuelle à laquelle se réfère le caractère situé de l'activité humaine: à un contexte immédiat et local, à un contexte plus large renvoyant à une communauté socioculturelle ou professionnelle par exemple, voire à la société au sens large. Toutefois, malgré la diversité des approches, la perspective située regroupe un ensemble de positions théoriques réunies par la conception partagée que la cognition et l'apprentissage sont fondamentalement liés aux contextes sociaux et culturels dans et à partir desquels ils se développent (Cobb, 2001a; Cobb & Bowers, 1999; Greeno, 1997). L'activité individuelle est vue comme un acte de participation à un système de pratiques lui-même en évolution (Cobb, 2001b; Cobb & Bowers, 1999; Greeno *et al.*, 1998). Cette conception remet ainsi fondamentalement en question l'idée de formes universelles de raisonnement qui se détacheraient des influences du contexte et de la culture (Cobb, 2001b).

C'est précisément cette thèse de la nature fondamentalement sociale et contextualisée de la pensée et de l'apprentissage qui représente, à notre avis, l'intérêt majeur de la perspective située pour questionner les processus d'enseignement/apprentissage en situation scolaire. Cette posture nous amènera à étudier finement la relation entre l'apprentissage individuel et collectif et les systèmes d'activités socialement et culturellement organisés dans lesquels ces apprentissages se développent, avec l'hypothèse d'une relation sans primauté d'un plan sur l'autre (Cobb & Bowers, 1999; Lave, 1988; Rogoff, 1990). Evidemment, la relation entre apprentissage et environnement est au cœur de toutes les théories d'apprentissage (Crahay, 1999), que ce soit le behaviorisme, le constructivisme ou l'approche sociohistorique de Vygotski. Une des spécificités principales des thèses situationnistes est de considérer que le contexte fait partie intégrante de la cognition et de l'apprentissage. Dans le cas qui nous intéresse, ce sera la classe avec ses caractéristiques sociales, matérielles, significationnelles, culturelles qui ne sont pas considérées comme entièrement prédéfinies et imposées mais comme largement constituées au travers de l'activité individuelle, interpersonnelle et collective de ses membres.

Une préoccupation: la qualité des apprentissages scolaires

L'émergence de la perspective située est fortement rattachée à une préoccupation d'ordre pédagogique qui concerne la qualité des apprentissages scolaires – cette préoccupation va guider nos propres travaux également. En effet, certaines recherches anthropologiques, étudiant l'activité mathématique des personnes dans diverses situations quotidiennes *(everyday cognition)*, ont montré que les personnes n'utilisaient pas les formes algorithmiques et les règles mathématiques apprises à l'école dans la résolution de problèmes de la vie courante (Carraher, Carraher & Schliemann, 1985; Lave, 1988; Lave *et al.*, 1984). L'interprétation de ces résultats par plusieurs chercheurs anthropologues et psychologues ont abouti à la critique que les pratiques scolaires sont séparées des systèmes d'activités du monde extrascolaire, n'en revêtant pas les caractéristiques. La conséquence négative est de favoriser l'acquisition de connaissances «inertes», les individus ne parvenant pas à remobiliser les connaissances apprises à l'école dans d'autres lieux d'activités sociales (Brown *et al.*, 1989; Collins, Brown & Newman, 1989; Lave, 1988, 1991, 1992, 1997; Resnick, 1987).

Parallèlement à ces résultats de recherches anthropologiques, des chercheurs en psychologie de l'éducation formulent également des constats préoccupants concernant les apprentissages scolaires. Dans le domaine de l'enseignement/apprentissage des mathématiques, Schoenfeld (1988), par exemple, s'intéresse à la compréhension par les élèves du contenu mathématique ainsi que de ce qu'ils apprennent *à propos* des mathématiques, en lien avec les pratiques de leur classe. Il ressort que, dans une classe observée tout au long d'une année scolaire, les élèves ont développé une compréhension erronée, voire contreproductive, de la nature des mathématiques malgré le fait que la classe paraissait «bien enseignée» *(well taught)* et malgré de bons résultats des élèves à un test de performance. Corroborant les résultats d'autres recherches (e.g., Carpenter, Lindquist, Matthews & Silver, 1983, Romberg & Carpenter, 1986, cités par Schoenfeld, 1988), l'observation par Schoenfeld de plusieurs autres classes aboutit à des constats similaires – qualifiés même de systématiques par le chercheur: rigidité dans les résolutions mathématiques des élèves, notamment par le repérage de mots clé dans les énoncés de problème, maîtrise mécanique des procédures algorithmiques sans une compréhension réelle du problème à résoudre, maîtrise de faits et de procédures sans construire des connexions entre eux. Un lien est établi entre ce type de constats et la *culture de la classe* en termes de rôles et de responsabilités des élèves et de l'enseignant par rapport à «faire des mathématiques» et à «savoir des mathématiques» à l'école (Lampert, 1990; Schoenfeld, 1985). Le constat est que la culture des classes observées ne favorise pas un rapport des élèves aux mathématiques qui soit réellement empreint de sens *(meaningful)*. Dans le prolongement de cette interprétation, Cobb, Perlwitz et Underwood (1994) qualifient ces classes d'«approche scolaire traditionnelle», véhiculant des pratiques d'«instructions procédurales» dans le sens que «les symboles manipulés lors des pratiques mathématiques scolaires ne renvoient à rien d'autre qu'à eux-mêmes» (p. 45). Pour ces auteurs, il s'agirait donc de transformer ces pratiques, notamment par le développement de processus plus élaborés de négociation entre l'enseignant et les élèves de la culture de classe. Cobb *et al.* (1994) proposent un cadre analytique apte à éclairer le fonctionnement des pratiques d'enseignement au-delà d'une visée réformiste. Ils mettent en avant l'émergence de systèmes individuels et collectifs de significations propres à la classe, de normes et de pratiques qui représentent le contexte social, local et immédiat à l'apprentissage des élèves et dont il faut tenir compte dans la compréhension des processus d'apprentissage en situation scolaire.

De la métaphore de l'acquisition à la métaphore de la participation

Comme argumenté par Sfard (1998), chaque théorie véhicule des *métaphores* qui offrent des outils figuratifs pour parler d'elle-même et qui, dans un rapport distancié, présentent des unités d'analyse de la théorie. Exploitant cette idée, Sfard propose un regard synthétique sur les théories actuelles d'apprentissage avec le constat suivant: «One glance at the current discourse on learning should be enough to realize that nowadays educational research is caught between two metaphors that [...] will be called the *acquisition metaphor* and the *participation metaphor*» (p. 5). La perspective située, rattachée à la métaphore de la participation (Barab & Duffy, 2000; Cobb & Bowers, 1999; Elmholdt, 2003; Rogoff, Matusov & White, 1996; Sfard, 1998), propose une nouvelle théorisation de l'apprentissage, développée en réaction à la conception traditionnelle de l'apprendre en tant qu'«acquisition de connaissances». Dans ce dernier cas, les connaissances sont conceptualisées comme des représentations mentales symboliques et l'activité cognitive consiste à mener des opérations sur ces symboles. «Consequently, learning is acquiring these symbols and instruction involves finding the most efficient means of facilitating this acquisition» (Barab & Duffy, 2000, p. 28). La perspective située s'oppose à cette conception de l'apprentissage en dénonçant une forme d'hégémonie d'un cognitivisme radical, dont on reproche qu'il se centre sur les processus mentaux et les structures conceptuelles qui supportent la compréhension et le raisonnement des individus sans prendre en compte, au même titre, les processus sociaux et culturels intervenant dans l'apprentissage (Cobb & Bowers, 1999; Greeno, 1997; Greeno *et al.*, 1998; Lave, 1988, 1997; Lave & Wenger, 1991; Resnick, 1991). Les systèmes plus larges que les processus cognitifs individuels sont dès lors au cœur des préoccupations situationnistes, avec la conception épistémologique qu'apprendre c'est participer à des pratiques sociales et culturelles d'une communauté, en tant que moyens et buts de l'apprentissage (Lave & Wenger, 1991).

Concevoir l'apprentissage comme un processus culturel et social n'est pas nouveau. Dans la lignée des travaux de Vygotski et des théories de l'activité de l'école russe, de nombreux courants de recherche ont développé une conception socioculturelle de l'apprentissage. Par contre, opter, comme certains auteurs situationnistes tels que Lave et Wenger (1991), pour une conception d'apprentissage exclusivement en termes de participation à des pratiques sociales sans plus aucune référence aux processus cognitifs de l'individu l'est déjà plus. Pour eux, le plan individuel n'est pas nié, mais il est compris dans les processus participatifs. Bien que nos travaux s'inscrivent largement dans ce paradigme participatif, nous interrogerons cette posture par trop radicale: Peut-on réellement se satisfaire d'une centration uniquement sur les processus sociaux en tant que système explicatif des processus d'apprentissage? Peut-on aussi facilement évacuer la référence au développement cognitif de l'apprenant pour ne considérer que les processus participatifs aux pratiques communautaires? Dans quelle mesure parvient-on à articuler les différents plans?

Objet d'étude: la microculture de classe

A la suite de Cobb et Bowers (1999), de Greeno (1997), de Greeno *et al.* (1998), nous souscrivons à une exploitation des développements situationnistes en tant que cadre d'analyse et d'interprétation des processus d'enseignement/apprentissage observés en situation ordinaire de classe, plutôt que dans une visée prescriptive. Notre but est de tenter d'appréhender quelques mécanismes liés à la relation de constitution et structuration réciproques entre le contexte de la classe et les activités et apprentissages des élèves. Pour ce faire, nous avons choisi d'étudier plus spécifiquement la *microculture de classe* dont les recherches précédemment citées ont souligné l'importance dans le développement d'apprentissages significatifs *(meaningful)*. Chaque microculture de classe véhicule des normes, des pratiques, des significations vues comme socialement reconnues et partagées par ses membres et qui se construisent interactivement entre l'enseignant et les élèves lors des processus de participation aux pratiques de la classe (Cobb, Gravemeijer, Yackel, McClain et Whitenack, 1997). Les observations empiriques de Cobb, Wood, Yackel et McNeal (1992) ont montré que ces processus de constitution interactive sont des indicateurs puissants des caractéristiques d'une microculture de classe et des apprentissages qu'elle favorise et avec lesquels elle s'élabore. C'est pourquoi nous étudierons tout particulièrement les processus sociaux de participation qui sous-tendent la constitution interactive de la microculture de classe, plus spécialement dans des *interactions collectives* entre l'enseignant et les élèves. Celles-ci représentent une configuration sociale particulièrement intéressante pour observer la tension entre les constructions individuelles des élèves et les processus d'enculturation aux pratiques mathématiques de référence. Nous soulignerons le rôle déterminant des interactions collectives dans le cadre de résolutions de problèmes qui, initialement, se réalisent en petits groupes ou de façon individuelle.

Notre recherche concernera deux classes de troisième année primaire, utilisant les mêmes moyens d'enseignement des mathématiques, mais dont la dynamique de microculture de classe est contrastée. Le but est d'étudier les variations qualitatives entre les deux microcultures sur le plan des processus sociaux et individuels. L'enjeu est de tenter d'appréhender en quoi et comment la situation d'apprentissage et son contexte contribuent, dans un processus dialectique, au développement de certaines formes de connaissances individuelles et collectives de la classe, ainsi que de chercher à identifier quelques dimensions contextuelles de la microculture de classe qui représentent une part de ce que l'élève apprend en étroite relation avec l'apprentissage des contenus de connaissance. Nos questions sont les suivantes: Quelles sont les structures de participation qui apparaissent privilégiées dans chaque microculture de classe? Quelle relation dialectique peut-on observer entre la dynamique de microculture de chaque classe et la qualité des apprentissages mathématiques réalisés par les élèves? Dans quelle mesure la constitution interactive de la microculture de classe incite-t-elle une régulation des activités mathématiques des élèves et, réciproquement, dans quelle mesure les progrès conceptuels des élèves contribuent-ils à l'évolution de la microculture de classe?

Comme ces quelques lignes le montrent déjà, notre objet d'étude tente de considérer les dimensions sociales et communautaires liées à l'apprentissage – notamment au contexte de la microculture de classe – mais toujours dans l'idée d'une relation indissociable avec les processus individuels. Lave (1988) propose de considérer, dans une *même* unité d'analyse, le contexte et l'individu-en-activité. «A dialectical relation is more than a declaration of reciprocal effects of two terms upon one another [...] A dialectical relation exists when its component elements are created, are brought into being, only in conjuncture with one another» (p. 146). Ni l'expérience individuelle ni le contexte ne seraient accessibles sans l'autre dans leur forme particulière et effectivement réalisée. Toutefois, comme relevé par Kirshner et Whitson (1997, 1998), une telle théorisation demeure difficile à opérationnaliser au plan empirique. Greeno *et al.* (1998) signalent qu'une limite de la perspective située serait de focaliser l'analyse uniquement sur les processus interactifs et sociaux en omettant de les questionner dans leur rapport constitutif avec les dimensions individuelles. Le choix argumenté par Cobb, Wood et Yackel (1993) est de conceptualiser les plans sociaux et individuels dans une relation dite *réflexive*, c'est-à-dire vus comme indissociables et sans rapport de subordination entre l'un l'autre. Par contre, chacun des plans est distingué à des fins pratiques d'analyse empirique. Pour Cobb et Bowers (1999), il est possible dans la démarche empirique de focaliser son étude sur un plan privilégié, mais toujours dans la contrainte d'une interprétation qui considère l'autre plan lui étant constitutif. Autrement dit, l'interprétation demande un effort de reformulation de la relation réflexive entre processus sociaux et processus individuels.

Dans notre recherche, nous privilégierons l'analyse des processus sociaux sous-tendant la constitution d'une microculture de classe, une dimension contextuelle encore peu explorée dans les travaux francophones actuels sur l'enseignement/apprentissage des mathématiques à l'école primaire. Cela nous amènera à élaborer un cadre d'analyse de la dynamique d'une microculture de classe qui offre des points d'élargissement par rapport aux propositions de Cobb et de ses collègues (Cobb, Gravemeijer *et al.*, 1997; Cobb, Stephan, McClain & Gravemeijer, 2001; Yackel & Cobb, 1996).

La question de l'observation de la relation réflexive entre les processus sociaux et les apprentissages des élèves sera constamment posée, tout en considérant l'extrême difficulté de pouvoir appréhender celle-ci au plan empirique. Non seulement elle n'est pas directement observable, mais elle apparaît davantage comme un postulat qui a pour intérêt de tenter de considérer, sur un plan plus global, les relations entre les systèmes de pratiques sociales de la classe, les activités et les apprentissages de ses membres. Il est donc important de disposer d'une unité conceptuelle qui permette de rendre compte de quelques mécanismes qui sous-tendent cette relation réflexive. La notion de *régulation* de l'apprentissage, telle que développée notamment dans les travaux d'Allal (1979/1989, 1988, 1993), paraît une piste particulièrement intéressante à exploiter. Cette notion permet d'introduire une dimension dynamique d'ajustement, de guidage et de progression au sein même des processus de participation aux pratiques mathématiques de la classe (Mottier Lopez, 2007). Nous proposerons la notion de *régulation réflexive* entre processus sociaux et individuels, afin de rendre compte de quelques aspects de la relation de co-constitution entre apprentissage et contexte. Cela nous amènera, plus fondamentalement, à interroger la façon dont cette régulation réflexive est *située* dans la dynamique propre à une microculture de classe, eu égard aux systèmes de normes et pratiques mathématiques interactivement construites entre les membres d'une communauté classe.

Contexte de la recherche

Nous avons choisi d'observer les processus de participation d'une microculture de classe dans le cadre de l'enseignement/apprentissage des mathématiques à l'école primaire. En effet, un grand nombre de recherches qui ont alimenté les développements conceptuels de la perspective située portent sur ce champ disciplinaire, que ce soit dans le cadre des recherches anthropologiques sur *everyday cognition* (e.g., Carraher *et al.*, 1985; Lave *et al.*, 1984; Scribner, 1984) ou dans les développements rattachés à la microculture de classe (e.g., Cobb, Gravemeijer *et al.*, 1997; Seeger, Voigt & Waschescio, 1998). Il paraît intéressant de s'appuyer sur les travaux effectués dans ce domaine alors que, de façon plus conjoncturelle, de nouveaux moyens d'enseignement des mathématiques ont été introduits dans les cantons de Suisse romande pour l'ensemble de la scolarité obligatoire (Chastellain, Calame & Brêchet, 2003; Gagnebin, Guignard & Jaquet, 1997). Ceux-ci ont pour particularité, notamment, de promouvoir des activités dites de «résolution de problèmes» impliquant une modification importante des systèmes de rôles et obligations réciproques entre l'enseignant et les élèves, comparativement à des situations dans lesquelles l'enseignant, caricaturalement dit, commence par expliquer un nouveau contenu pour demander ensuite aux élèves de le reproduire. Comme argumenté par plusieurs chercheurs situationnistes, une telle innovation stipule un changement profond des processus sociaux et communautaires de la classe (Cobb *et al.*, 1994; Cobb, Gravemeijer *et al.*, 1997; Kirshner, Jeon, Pang & Park, 1998; Seeger *et al.*, 1998).

Les deux classes de troisième année primaire concernées par notre recherche sont implantées dans deux établissements scolaires différents du canton de Vaud en Suisse. Afin de restreindre notre champ d'observation qui s'est déroulée tout au long d'une année scolaire, nous étudierons les processus participatifs qui portent sur un contenu de savoir spécifique. Il s'agit de l'enseignement/apprentissage de la multiplication dont on ne vise pas, en troisième année primaire, l'enseignement de l'algorithme en colonnes, mais le développement du sens de cette opération eu égard aux résolutions additives, ainsi que la recherche de techniques opératoires personnelles. Celles-ci devraient amener à la construction d'une première appréhension notamment de l'associativité de la multiplication et de la distributivité de la multiplication sur l'addition (Danalet, Dumas, Studer & Villars-Kneubühler, 1998). Notre posture situationniste nous amènera à étudier la construction de cet apprentissage tel qu'il apparaît intimement lié aux systèmes de normes, de pratiques et de significations de chaque classe, négociées dans des activités de résolution de problèmes.

Plan d'écriture

Comme souligné par Brossard (2001), les apports de la perspective située sont encore peu diffusés dans les travaux francophones portant sur l'étude des processus d'enseignement/apprentissage en situation scolaire. L'enjeu du chapitre 1 est de présenter les principales thèses situationnistes, ainsi que certains prolongements en situation scolaire. Tout en soulignant la diversité des approches qui se réclament de ce courant, nous proposerons un discours critique sur les différentes propositions. Nous argumenterons ensuite l'intérêt d'étudier la microculture de classe afin de questionner la relation d'indissociabilité entre apprentissages et contextes. Les questions générales de recherche sont formulées en fin de chapitre. Le chapitre 2 expose le cadre conceptuel élaboré pour étudier finement la dynamique interactive d'une microculture de classe, notamment les patterns interactifs entre l'enseignant et les élèves et les normes qui structurent les processus de participation aux pratiques mathématiques de chaque classe. Relevons déjà ici que ce cadre conceptuel a été défini dans un va-et-vient entre les construits théoriques et résultats de recherches de la littérature, et les analyses de nos propres données empiriques. C'est pourquoi nous parlerons de démarche *inductive délibératoire*. Le chapitre 3 est consacré à la présentation des fondements méthodologiques de cette approche de recherche *interprétative*. Le contexte de notre recherche est présenté, ainsi que les outils et les différentes étapes d'analyse et d'interprétation de nos données. La formulation des questions spécifiques de recherche clôt le chapitre. Les deux chapitres suivants présentent les résultats de la recherche, avec un chapitre pour chaque microculture de classe étudiée. Finalement, le chapitre 6 propose une discussion des deux dynamiques de microculture de classe et de la qualité des apprentissages réalisés par les élèves. Il est à signaler que les deux chapitres de résultats sont relativement techniques et s'adressent, peut-être, à un public averti. Pour les lecteurs qui le souhaitent, il est possible de prendre connaissance des principaux apports de notre recherche en lisant directement le chapitre 6. Nous concluons en esquissant quelques implications pédagogiques et quelques pistes pour d'autres recherches.

Chapitre 1

La perspective située

Ce chapitre présente les principaux travaux de la perspective située sur la base desquels nous questionnerons les processus d'enseignement/ apprentissage en situation scolaire. Suite à une première partie qui explicite les principales sources d'influence, sont présentées, dans la deuxième partie, les conceptions principales liées à la *cognition située* vue comme la manifestation de connaissances acquises telles qu'actualisées en situation. La troisième partie discute les conceptions de l'*apprentissage situé*, stipulant une construction de nouvelles connaissances dans leurs contextes de développement. Quelques prolongements en situation scolaire des thèses situationnistes sont exposés dans la partie suivante, avec une discussion de plusieurs limites de ces exploitations qui nous amènera à l'argumentation de notre objet d'étude empirique: la microculture de classe. Le cadre théorique propre à celle-ci est exposé dans la cinquième partie. Le chapitre se clôt par une synthèse sur la notion de contexte et par la formulation de notre questionnement général de recherche.

SOURCES D'INFLUENCE DE LA PERSPECTIVE SITUÉE

PRÉCURSEURS

Il serait faux de penser que les apports théoriques et épistémologiques de la perspective située représentent une complète nouveauté dans le monde de l'éducation. Ainsi, comme le signalent Greeno *et al.* (1998), si la caractéristique principale de la perspective située est sa centration théorique sur les systèmes plus larges que les processus cognitifs individuels, un certain nombre de psychologues et philosophes avaient déjà argumenté en faveur de cette orientation théorique. Greeno et ses collègues citent notamment: Bartlett, Bateson, Dewey, Lewin, Mead, Merleau-Ponty, Vygotski. Nous n'allons pas développer les apports de chacun de ces auteurs aux construits théoriques situationnistes, excepté pour John Dewey unanimement considéré comme étant un précurseur prépondérant (e.g., Allal, 2001; Barab & Duffy, 2000; Kirshner & Whitson, 1997). Les éléments clé qui illustrent la filiation de la perspective située à la philosophie de ce grand penseur de l'éducation sont notamment le rejet des dualismes traditionnels: l'esprit et l'action, le psychologique et le social, l'individu et la société, les fins et les moyens, l'activité pratique et l'activité intellectuelle, l'homme et la nature. Comme le met en évidence Deledalle (1995), entre autres, la philosophie de Dewey introduit une dimension sociale à la pensée individuelle avec la conception, notamment, de la personne en tant qu'organisme en interaction avec l'environnement. Dans la continuité de cette conception non dualiste, la connaissance n'est pas vue comme étant juste un état mental, mais «it is an experienced relation of things, and it has no meaning outside of such relations» (Dewey, 1910/1981, p. 185). Opposé à l'idée de l'apprentissage comme étant seulement un processus individuel d'acquisition de connaissances, Dewey insiste sur les conditions contextuelles de l'apprentissage: «all activity takes place in a medium, a situation, and with reference to its conditions» (Dewey, 1902, cité par Allal, 2001, p. 407). De l'avis de l'auteur, ces conditions contextuelles représentent un objet d'apprentissage aussi important, voir plus, que l'acquisition des contenus de connaissance (Dewey, 1938/1963). Cette thèse est tout particulièrement développée dans la perspective située. Finalement, signalons encore un des credo de Dewey en faveur d'une continuité entre l'école et la vie sociale, le but étant de faire de l'école une communauté qui reflète la vie de la société (Deledalle, 1995), un argument que l'on retrouve d'une certaine manière lorsque les auteurs situationnistes déplorent la trop grande séparation entre les activités scolaires et les situations de la vie quotidienne hors de l'école.

MULTIPLICITÉ DES SOURCES D'INFLUENCE

La multiplicité des sources théoriques ayant concouru aux thèses situationnistes apparaît dès les premières contributions. Ainsi, dans Brown *et al.* (1989), trois directions de travaux sont citées. Allal (2001) les synthétise comme suit: (1) les recherches anthropologiques portant sur l'étude de l'activité cognitive des individus dans les situations de la vie quotidienne *(everyday cognition)*, (2) les travaux fondés sur les thèses sociohistoriques de Vygotski et des théories de l'activité de l'école russe, (3) certains travaux en linguistique et sémiotique avec, notamment, la notion d'indexicalité qui souligne la relation entre le sens d'un mot – et par extension d'un concept – et son usage en situation. Dans le livre de Lave et Wenger (1991), en plus des apports prépondérants des recherches sur *everyday cognition*, les auteurs se réfèrent également à la théorie de l'activité de Leont'ev, ainsi qu'à la sociologie dans une tradition marxiste avec les propositions de Bourdieu de repenser la dichotomie sujet-objet et l'intégration des notions d'agent, de monde et d'activité dans la notion de pratique – de praxis.

Concernant les prolongements effectués par certains psychologues (Brown & Campione, 1990, 1994, 1995; Collins *et al.*, 1989; Collins, Brown & Holum, 1991) dont le projet est de modéliser les situations d'apprentissage, on observe une articulation manifeste entre les apports de la perspective située et les thèses vygotskiennes relatives à la fonction des processus de médiation dans le développement intellectuel. Enfin, dans les travaux que nous exploiterons tout spécialement dans le cadre de l'enseignement/apprentissage des mathématiques à l'école (Cobb, Gravemeijer *et al.*, 1997; Cobb *et al.*, 2001), outre les sources théoriques susmentionnées, nous mettrons en évidence en quoi certains travaux inscrits dans une approche interactionniste et microsociologique de l'activité humaine (e.g., Erickson, 1986; Voigt, 1985) ont également alimenté une conception située des processus d'enseignement/apprentissage en situation scolaire.

Ces premiers éléments mettent en avant la pluralité des sources qui ont participé à la conceptualisation des thèses de la perspective située, avec un rôle et une importance par ailleurs diversement attribués à celles-ci selon les chercheurs. Cela permet de déjà signaler la nature souvent inter-reliée des concepts offerts par ces différents cadres théoriques, mais également les possibles contradictions entre les différentes interprétations et prolongements des textes initiaux. Les auteurs sont cependant unanimes à reconnaître l'apport majeur et incontournable que représente la direction de recherches anthropologiques sur *everyday cognition* (Lave, 1988, 1991; Lave & Wenger, 1991; Rogoff & Lave, 1984). L'intérêt principal de ces travaux est d'avoir fourni une base empirique importante à la théorisation et à l'argumentation de la nature fondamentalement sociale et contextualisée de la pensée et de l'apprentissage

(Kirshner & Whitson, 1997; Resnick, 1994). Cela a débouché sur une réflexion concernant l'influence du caractère routinier de l'activité ainsi que des informations et significations configurées dans les objets et les contraintes de la situation (Lave, 1988). C'est pourquoi, nous choisissons d'accorder une place toute particulière à la présentation et à la discussion de ces travaux.

LA NATURE FONDAMENTALEMENT SITUÉE DE LA COGNITION

Les deux prochaines sections s'appuient sur des études qui ont pour projet de développer une *anthropologie culturelle de la cognition* (Lave, 1988; Rogoff & Lave, 1984). La première section présente la conceptualisation de la relation de co-constitution entre l'activité et son contexte; quant à la deuxième, elle interroge certains points de rupture constatés entre les situations scolaires et extrascolaires. A noter que la majeure partie des travaux empiriques auxquels nous nous référerons concerne les mathématiques qui représentent le champ disciplinaire principal sur lequel se sont appuyés les auteurs. Comme l'explique Lave (1988), ce choix a été initialement motivé sur le plan méthodologique, notamment pour des questions de facilitation de comparaison de l'activité mathématique – et plus précisément arithmétique – des personnes dans différentes organisations et situations sociales. Nous terminons par l'exposition des conceptions clé de la *cognition située*.

CONSTITUTION RÉCIPROQUE ENTRE L'ACTIVITÉ ET SON CONTEXTE, LES APPORTS DES RECHERCHES ANTHROPOLOGIQUES

Des performances arithmétiques différentes entre les situations

Commençons par citer quelques résultats qui ont trait à la comparaison effectuée par des études de Carraher *et al.* (1985), Lave (1988), Lave *et al.* (1984) et Scribner (1984) entre l'activité mathématique des personnes dans des situations de leur vie quotidienne et des situations dans lesquelles elles ont dû résoudre des équations sous la forme traditionnelle d'un test papier-crayon. Les résultats aux différentes recherches sont remarquablement convergents, avec le constat que le taux de réussite est très nettement supérieur dans le cadre des situations quotidiennes comparativement aux tests tels que souvent pratiqués à l'école. Dans la recherche de Lave *et al.* (1984), les problèmes additifs et multiplicatifs, impliquant les quatre opérations de base ainsi que des notions de fraction, de décimale et d'intégrale, ont été réussis en moyenne à 59% en situation de test, contre 98% de réussite dans le cadre de l'activité arithmétique des personnes saisie dans leurs pratiques quotidiennes lorsqu'elles font leurs courses au supermarché. Il est à noter que ces personnes avaient des niveaux de scolarisation et socioéconomique variables, mais sans observation d'une corrélation significative avec les taux de réussite constatés dans les différentes situations. La recherche de Carraher *et al.* (1985), quant à elle, a examiné l'activité arithmétique de jeunes vendeurs sur les marchés brésiliens qui n'étaient que très faiblement scolarisés. De manière statistiquement significative, il ressort que ces jeunes gens qui ont réussi à 98,2% en moyenne les problèmes arithmétiques dans leurs pratiques quotidiennes de vendeurs – calculer le montant d'un achat et rendre la monnaie – ne sont, par contre, plus capables de les résoudre dans des tests reprenant des calculs similaires sous forme d'opérations à résoudre (36,8%).[1] Par contre, dans le cas de tests sous forme de «petits problèmes» (*real-life problem*), les individus les réussissent en moyenne à 73,7%, une différence non significative par rapport aux performances dans les pratiques quotidiennes.

Plusieurs pistes interprétatives de ces constats sont possibles qui, dans le cas d'une approche cognitiviste, soulèverait la question du transfert des connaissances et compétences acquises entre différentes situations. Lave et ses collègues (1984, 1988) réfutent, quant à eux, la notion de transfert jugée inadéquate car restant sur la définition d'unités purement individuelles et cognitives qui ignorent les dimensions sociales et contextuelles de la cognition. Cela amène les auteurs à interpréter ces constats en termes de *discontinuités situationnelles* et à interroger la nature qualitative de l'activité arithmétique au regard des différentes situations dans et avec lesquelles elle se constitue. L'hypothèse est celle d'une relation et d'une structuration *dialectique* entre l'activité et son contexte de réalisation dans ses aspects sociaux, matériels et significationnels, débouchant sur une diversité de procédures mathématiques compte tenu de la pluralité des mondes signifiants au sein desquels les

---

1 Ces tests ont pour qualité d'avoir été conçus sur la base des observations empiriques des pratiques quotidiennes, assurant de ce fait une meilleure validité à la comparaison des performances arithmétiques dans les différentes situations.

individus agissent. Du coup, un des enjeux des descriptions ethnographiques fines et détaillées réalisées par les chercheurs est de tenter d'appréhender et de théoriser cette relation, les phénomènes associés et les conséquences sur l'activité humaine. Ce projet les amène à développer deux unités d'analyse pour appréhender le contexte de l'activité: l'*arena* et le *setting*.[2] Ces concepts ont été initialement introduits par Barker (1968, cité par Lave *et al.*, 1984) dans une approche de psychologie écologique *(ecological psychology)*, dont les résultats de recherche insistaient notamment sur la nature non objective du contexte, car toujours soustendu par des patterns de comportements et des normes prescrivant les conduites attendues.[3]

L'arena et le setting du contexte

Pour Lave *et al.* (1984; Lave, 1988), la notion d'*arena* désigne les aspects du contexte qui ont des propriétés durables et publiques non directement négociables par l'individu – objets, outils, agencement spatiotemporel, techniques, savoirs, etc. produits de la culture. Si l'on reprend l'exemple donné par les chercheurs sur les pratiques d'achat dans un grand magasin, ce dernier est vu comme une entité économiquement et socialement organisée, résultant d'un modèle politique et économique lié au système capitaliste. Le supermarché représente une institution entre les consommateurs et les fournisseurs, dont une des caractéristiques est, par exemple, de disposer d'un stock constant de plusieurs centaines de produits différents dont l'emplacement dans le magasin est hautement pensé, organisé puis imposé aux consommateurs. En ce sens, le supermarché peut être vu comme une «arène» dans laquelle prennent place les activités des personnes qui font leurs courses et avec laquelle la deuxième dimension du contexte – le *setting* – va se constituer.

Le *setting* désigne, quant à lui, la nature constructible et malléable du contexte en relation avec l'activité de chaque individu. Toujours selon l'exemple du supermarché développé par Lave *et al.*, la personne qui fait régulièrement ses courses expérimente ce cadre institutionnel imposé et, par ce fait, élabore sa propre version structurée du supermarché. Par

---

2   Nous choisissons de conserver les termes anglais.
3   Cependant, Lave et ses collègues se distancient des propositions initiales de Barker, considérées comme trop empreintes d'une conception déterministe du social sur l'activité individuelle.

exemple, pour certains consommateurs n'ayant pas d'animaux domestiques ou n'étant pas enclins à faire du bricolage, certaines allées et rayons du grand magasin ne sont pas compris dans leur cadre d'activité, alors que d'autres emplacements sont stratégiques dans la recherche des produits qu'ils ont l'intention d'acheter. Le *setting* est donc à l'interface de la structure imposée par l'*arena* et de la nature structurée des intentions d'achat du consommateur. Car comme spécifié par Lave et ses collègues, le «setting is not simply a mental map in the mind of the shopper. Instead, it has simultaneously an independent, physical character and a potential for realization only in relation to shoppers' activity» (Lave *et al.*, 1984, p. 75). En ce sens, les chercheurs insistent sur le caractère mutuellement constitutif entre l'activité et le *setting*, chacun se créant réciproquement et simultanément.

L'intérêt de ces propositions théoriques est de questionner l'organisation matériellement et socialement structurée des différentes situations quotidiennes et de leur relation dynamique et dialectique avec le développement des activités et compétences cognitives individuelles (Rogoff, 1984). Les concepts d'*arena* et de *setting* visent à appréhender la nature contextualisée de l'activité non pas vue comme simplement localisée dans un environnement, mais qui se constitue dans, en lien et à partir du contexte. Ce dernier est vu comme étant lui-même expérimenté et structuré de façon différente entre les individus qui l'interprètent et le transforment au regard de leurs pratiques quotidiennes, de leurs intentions et du sens qu'ils y construisent. De notre point de vue, cette articulation judicieuse entre dimensions données et dimensions constructibles permet de dépasser la conception d'un contexte qui serait vu soit comme un environnement déterministe qui s'imposerait aux individus, soit sur un plan interactionnel uniquement, mettant l'accent sur les processus d'interprétation et de construction conjointe de sens mais ignorant les aspects plus matériels et englobants des situations. Comme relevé par Baeriswyl et Thévenaz (2001), un des enjeux devient l'étude de la relation entre l'*arena* et le *setting*, avec la question délicate de la définition des unités d'analyse de cette relation. Et aussi des méthodes qui permettraient de rendre compte de la dynamique entre dimensions données et créés des situations, eu égard à leur rapport avec l'activité humaine en termes de constitution et structuration réciproques. Il est à regretter toutefois que dans les développements de Lave *et al.*, le terme *setting* est fréquemment utilisé au sens générique de *contexte*, ce qui rend plus compliqué, d'une part, la compréhension des démonstrations et qui, d'autre part, restreint l'appréhension de la force théorique de cette distinction.

Sur la base de ces développements conceptuels, et avec en arrière fond les résultats de recherches sur les différences de performances arithmétiques entre situations scolaires et extrascolaires, cette section examine les caractéristiques de l'activité mathématique en termes de discontinuités situationnelles comme proposé par Lave (1988). Outre les points de rupture mis en avant – sans prétention à l'exhaustivité – cette comparaison a pour but de souligner la relation de co-constitution entre l'activité et son contexte de développement. Cette problématique est discutée, dans des termes proches, à la fois par des anthropologues (e.g., Lave, 1992, 1997) et des psychologues (e.g., Resnick, 1987). Nous choisissons dans cette section de croiser les points de vue qui, dans une perspective interdisciplinaire, s'alimentent mutuellement. Mais relevons, d'emblée, une des limites de certains constats qui est de parler en termes de modèle scolaire «traditionnel» vu comme dominant. Pour notre part, nous considérons que celui-ci n'est pas/plus représentatif d'un certain nombre de pratiques actuelles. Toutefois, les considérations suivantes ont pour intérêt, malgré le discours parfois peu nuancé qui s'en dégage, de faire part des conceptions et des objections qui ont contribué au développement des thèses de la perspective située ainsi que des modèles pédagogiques qui en résulteront.

L'activité mathématique en situation

Faire ses courses représente une activité typiquement routinière qui, par définition, ne devrait pas engendrer des problèmes à résoudre. Toutefois, comme les descriptions de Lave *et al.* (1984) le montrent, l'*arena* du supermarché offre un large éventail de produits qui contraint les consommateurs à faire des choix et qui, parfois, les place devant des dilemmes, comme devoir décider entre deux produits qui comportent chacun des qualités et des défauts. Les chercheurs observent que l'activité mathématique sert à la prise de décision finale, notamment par la comparaison des prix qui débouche sur des calculs proportionnels mais une fois seulement que d'autres critères plus qualitatifs (marque du produit, qualités esthétiques, gustatives ou nutritionnelles, etc.) n'entrent plus en ligne de compte.

Ce premier exemple, ainsi que les autres qui suivront, met déjà en évidence que la résolution de problèmes en situation extrascolaire n'a pas pour finalité de «faire des maths pour des maths» (Cobb & Bowers, 1999). Les mathématiques sont perçues dans leur dimension fonctionnelle, en tant qu'outil qui permet d'atteindre d'autres buts (Lave, 1992). En milieu scolaire par contre, les mathématiques ont tendance à être considérées comme une fin en soi, séparées des autres systèmes d'activités socioculturels du monde et coupées des activités humaines qui les ont produites (Brossard, 2001; Lave, 1992; Resnick, 1987; Schliemann & Carraher, 1992, 1996). Une conséquence est que les élèves ne construisent pas des liens entre les activités scolaires et les situations extrascolaires au sein desquelles pourtant ils mobilisent également des raisonnements et procédures mathématiques, mais dans une forme non forcément canonique. Un des risques de cette spécificité de l'activité scolaire est de rendre celle-ci isolée du monde, avec notamment la conséquence que les connaissances et compétences enseignées et apprises à l'école ne soient pas mises en œuvre hors de ce contexte (Lave, 1992; Resnick, 1987).

Un raisonnement qui s'ajuste aux conditions et aux ressources de la situation

Dans des recherches qui étudient l'activité cognitive dans différentes situations quotidiennes extrascolaires – la préparation d'un repas de régime dans sa cuisine (De la Rocha, 1986, cité par Lave, 1988)[4], les différents métiers impliqués dans le fonctionnement d'une laiterie industrielle (Scribner, 1984), les pratiques des jeunes vendeurs dans un marché au Brésil (Carraher *et al.*, 1985; Schliemann & Carraher, 1992) – il ressort que les mathématiques s'inscrivent de façon dynamique dans les caractéristiques matérielles et organisationnelles des situations, avec, par exemple, la création d'unités mathématiques qui reflètent l'organisation des pratiques saisies dans le *setting* de l'activité de l'individu. Dans la recherche de Scribner (1984) qui analyse finement l'activité cognitive telle qu'elle se concrétise dans la pratique professionnelle de métiers

---

4 Dont un des intérêts de cette étude est que les personnes concernées font partie de celles qui ont été observées dans leurs pratiques d'achat dans un grand magasin.

rattachés à la production et à la distribution de lait, cela s'observe dans l'activité des manutentionnaires par exemple qui, pour comptabiliser la marchandise à charger dans les camions selon les quantités indiquées sur des bons de commande, s'appuient visuellement sur les containers de l'entrepôt qui ont des formes et des tailles différentes. Autrement dit, les unités mathématiques, utilisées de façon très souple et efficace par les individus, sont directement liées aux objets familiers et concrets qui médiatisent l'activité cognitive au regard de la finalité de la pratique. Selon Schliemann et Carraher (1992), en situation scolaire, les nombres sont rarement référencés à des objets empiriques inscrits dans une finalité, trop souvent objets de réflexion pour eux-mêmes. Dans les situations d'*everyday cognition* étudiées par les chercheurs, ces nombres correspondent à des quantités physiques et concrètes. Ces quantités, traduites en termes de nombres, ont des significations réelles aux yeux des personnes qui évaluent la plausibilité des résultats obtenus en fonction de cette réalité, chose qui est plus rarement le cas à l'école (Dasen, 2000).

Prenons encore l'exemple, souvent cité, de De la Rocha (1986, cité par Lave, 1988) qui décrit comment une personne qui prépare un repas de régime s'y prend pour mesurer «trois-quarts de deux tiers de tasse de fromage blanc». La personne commence par remplir aux deux tiers une tasse graduée, puis vide son contenu sur une planche à découper, façonne une galette ronde et plate, dessine une croix sur la surface avec un couteau et retire un des quadrants. Pas une seule fois la personne n'a manifesté l'intention d'utiliser l'algorithme 3/4 de tasse x 2/3 de tasse = 1/2 tasse. Comme commenté par Brown *et al.* (1989), cet exemple est très illustratif d'une part de la part prise par l'environnement qui fait totalement partie de la résolution (e.g., outils à disposition) et d'autre part de l'inventivité qui, selon les auteurs, caractérise les activités des gens ordinaires et des professionnels comparativement aux élèves et étudiants. La pensée apparaît comme une activité qui s'ajuste à la demande de la situation (Rogoff, 1984). Lemke (1997) observe, à ce propos, que «‹things› contribute to solutions every bit as much as ‹mind› do; information and meaning is coded into configurations of objects, material constraints, and possible environmental options, as well as in verbal routines and formulas or ‹mental› operations» (p. 38). La solution est une «mise en acte» de l'énoncé du problème, avec pour caractéristique qu'il devient parfois difficile de distinguer le problème de sa solution (Lave, 1988).

Cet exemple, ainsi que ceux déjà cités plus haut, mettent en avant que, dans le monde extrascolaire, les actions sont non seulement intimement et profondément liées aux objets et aux événements, mais ceux-ci contribuent activement au développement du raisonnement et de la pensée, sans passer forcément par l'usage de symboles représentant ce raisonnement (Lave, 1992; Resnick, 1987). Resnick (1991, 1994) déplore qu'en situation scolaire les résolutions de problèmes sont traditionnellement basées sur la symbolisation, valorisant une «pure abstraction mathématique». L'école tend ainsi à valoriser la pensée et la réflexion individuelle sans l'aide des ressources sociales et matérielles qui pourtant, dans les situations quotidiennes extrascolaires, soutiennent constamment et activement l'activité en la contraignant et en la rendant tout à la fois possible. L'auteure pondère toutefois ce constat en précisant que, dans les situations d'apprentissage scolaires, les travaux de groupes sont aujourd'hui chose courante, tout comme l'incitation à l'utilisation de supports à l'activité mentale – calculatrice, livres, guides, notes et autres outils. Par contre en situation d'évaluation, ce sont les performances individuelles des élèves qui sont toujours finalement jugées, sans que ne soit autorisé l'accès aux ressources contextuelles qui, d'ordinaire, médiatisent l'activité cognitive des apprenants. Ainsi est valorisé un «processus de mentalisation pur» (Resnick, 1987) qui est propre aux pratiques scolaires, alors que, comme mis en évidence dans les recherches de Hutchins (1991, 1995) par exemple, les outils en situation extrascolaire représentent des moyens de s'engager dans le monde physique, mais également et surtout permettent l'augmentation, voire la restructuration des capacités individuelles.

Une activité finalisée, porteuse de sens et de significations

Les descriptions ethnographiques, dont nous avons fait état, font très clairement ressortir que, dans les situations quotidiennes, faire des mathématiques n'est ni la motivation majeure ni le but qui guide l'activité de la personne. Dans la situation du supermarché, les calculs sont une aide à la prise de décision dans le cas d'un dilemme. Ils ne représentent néanmoins pas un critère absolu, car s'inscrivant toujours dans un contexte significationnel plus large qui, par exemple, incite un consommateur à ne pas acheter le produit le plus avantageux, car trop volumineux pour son garde-manger. Si l'activité arithmétique des jeunes vendeurs brésiliens est plus évidente quant à elle, il n'en demeure pas moins que celle-ci s'inscrit dans une visée économique qui est de vendre des fruits et légumes afin de subvenir à leurs besoins. Ces quelques commentaires soulignent l'aspect fonctionnel que revêt la pratique mathématique en situation quotidienne, mais également le sens et les significations qui lui sont rattachés. L'idée défendue est que l'activité mathématique ne peut être complètement appréhendée dans sa globalité sans viser une compréhension contextualisée de celle-ci, avec le rôle qu'elle joue, les motifs qui la sous-tendent, les significations qu'elle porte, la relation dialectique qu'elle nourrit avec son environnement social, matériel et culturel (Lave, 1988, 1992; Lave *et al.*, 1984; Rogoff, 1984).

Ces études montrent que la forme de l'activité cognitive – ici mathématique – est fondamentalement liée au «monde de significations» dans lequel elle s'inscrit. Les solutions sont générées dans une relation dialectique et dynamique entre l'activité individuelle et les dimensions contextuelles, données et focalisées de la situation, ainsi que dans un rapport rationnel et pragmatique qui oriente et donne sens à la résolution mathématique. Resnick (1987) et Lave (1991, 1992) critiquent l'école qui, à leurs yeux, n'accorde pas suffisamment d'importance à la construction du *sens* des apprentissages tels qu'ils devraient être saisis dans cette dynamique individu/environnement. Un des risques est que l'apprenant perde de vue la finalité de son activité et plus généralement de ses apprentissages. Baeriswyl et Thévenaz (2001) soulignent que cette perte de sens peut également concerner l'enseignant – élément peu mentionné dans les écrits relèvent les auteurs – les savoirs scolaires étant vus par définition comme des savoirs abstraits indépendants qui n'ont plus à être requestionnés. A noter cependant que, dans les travaux cités, le sens apparaît très fortement lié à l'usage fonctionnel et opérationnel – voire utilitaire – des connaissances. Cette conception demanderait à s'élargir, comme l'argumente Develay (1996) dans son ouvrage *Donner du sens à l'école*, au regard notamment des rapports des savoirs au passé – la genèse historique des savoirs par exemple – mais également des rapports des savoirs à l'avenir – tels que les projections et les désirs des apprenants. Ce sens devrait, selon l'auteur, toujours s'inscrire dans la capacité du sujet à relier intention et action.

Premiers objets de débat

Les exemples de résolution mathématique en situation extrascolaire, et peut-être de façon encore plus frappante dans la description De la Rocha, soulève la question légitime de «qu'est-ce que faire des mathématiques?». Peut-on considérer, en effet, que la personne dans sa cuisine qui a délimité une certaine quantité de fromage blanc a réellement résolu un problème mathématique? Comme le relève Lemke (1997), ce qui est interprété dans ce type de situation comme une résolution de problèmes, c'est pour la personne impliquée «simply a way of participating in immediate, concrete, specific, meaning-rich situations» (p. 38). A ce propos, les anthropologues cités plus haut précisent que leur objet d'étude concerne les «mathématiques-en-pratique» *(math-in-practice)* qu'ils distinguent des mathématiques en tant que système de propositions et de relations formelles formant un domaine structuré de connaissances. La conséquence est qu'il devient parfois difficile de différencier l'activité mathématique de la pratique finalisée (Lave, 1988; Rogoff & Lave, 1984). Cette conception contribue à la thèse situationniste que la connaissance humaine n'est pas une collection de faits, de règles, de procédures, mais qu'elle représente la capacité de l'individu à agir, à se coordonner et à s'adapter de façon dynamique aux circonstances changeantes de son environnement (Clancey, 1995; Sfard, 1998); autrement dit, la connaissance est vue comme inhérente à l'action finalisée. A noter, à la suite de Salomon et Perkins (1998) et de Sfard (1998), que cette conception de la connaissance soulève la question cruciale de la définition de l'objet même d'enseignement/apprentissage en situation scolaire, du rôle des disciplines scolaires, ainsi que de la définition des critères d'évaluation des apprentissages des élèves par exemple.

D'une façon générale, nous regrettons un manque d'explicitation des différentes acceptions utilisées par les auteurs des concepts d'activité, de pratique, de situation, de contexte qui, si l'on reprend les mots de Brossard (2001) ne semblent pas toujours couvrir une seule et même réalité. Les chercheurs, par exemple, disent examiner l'activité individuelle – cognitive, mentale, mathématique – et, tout à la fois, ils parlent d'activité pour désigner le fait de faire ses courses, de préparer un repas, de vendre des fruits et des légumes, etc. Dans le deuxième cas de figure, le terme d'activité est associé aux termes de situation et de pratique, ce qui confère à l'acception d'activité une dimension plus sociale et culturelle. Comme nous le développerons plus loin, certains auteurs situationnistes proposeront de conceptualiser le raisonnement lui-même en tant qu'activité sociale de l'individu (Cobb, Gravemeijer *et al.*, 1997; Resnick, Pontecorvo & Säljo, 1997). En d'autres mots, la nature sociale de l'activité est également attribuée à la cognition – faire des mathématiques devient une activité sociale et culturelle en tant que type spécial d'activité humaine (Greeno, 1991; Voigt, 1996; Yackel & Cobb, 1996), tout comme faire ses courses ou préparer un repas. Mais peut-on prétendre qu'on est sur un même niveau d'activité?

Un constat proche peut être fait concernant la notion de pratique: d'une part, les chercheurs disent étudier la «cognition en pratique» *(cognition-in-practice)* qui transmet une idée d'utilisation *in situ* par l'individu de ses connaissances (Lave, 1988; Rogoff & Lave, 1984). Simultanément, la notion de pratique laisse apparaître la nature culturellement organisée et structurée des activités significatives et finalisées d'un champ, d'un métier (Scribner, 1984). Cette double dimension n'est pas toujours, de notre point de vue, suffisamment et explicitement problématisée. D'autre part, on observe, à la suite de Cole (1995), que les concepts de pratique et activité sont intimement liés, voire parfois utilisés dans une relation de synonymie. Certains auteurs choisissent, par contre, de considérer que la pratique recouvre une séquence d'activités coordonnées par une finalité qui va au-delà du but immédiat de l'action (e.g., Miller & Goodnow, 1995). Outre la question de la nature polysémique de ces concepts, par ailleurs fortement chargés de sens selon leurs ancrages théoriques, cette limite ressentie aux travaux étudiés pourrait être aussi comprise comme une conséquence de la complexité théorique et méthodologique de chercher à prendre en compte la globalité des personnes et de leurs activités dans le monde, impliquant des tensions constantes entre les plans individuel, interpersonnel et socioculturel.

DIVERSES CONCEPTIONS DE LA COGNITION SITUÉE

Toute connaissance est indissociablement liée aux situations

Dans les prolongements de Lave (1988) concernant la relation dialectique entre l'activité et son contexte de développement, Brown *et al.* (1989) conceptualisent et argumentent en termes de *cognition située* les relations entre la cognition, l'activité et la situation. Leur conception – que l'on peut considérer comme étant leur thèse principale – est que toute connaissance acquise est fondamentalement liée et structurée par les situations et les circonstances dans et par lesquelles elle s'est développée au travers de l'activité.

> The activity in which knowledge is developed and deployed [...] is not sepa-rable from or ancillary to learning and cognition. Nor is it neutral. Rather it is an integral part of what is learned. Situations might be said to co-produce knowledge through activity. Learning and cognition, it is now possible to argue, are fundamentally situated. (Brown *et al.*, 1989, p. 32)

Avec la conception d'une relation indissociable entre la cognition et la situation, les auteurs considèrent que les conditions contextuelles dans lesquelles les connaissances ont été acquises constituent une part de la connaissance elle-même. Cette dernière ne pouvant être complètement détachée des situations et des activités desquelles elle a émergé, et au cours desquelles elle continue de se construire au fil des nouvelles situa-tions expérimentées. En ce sens, cette thèse s'éloigne d'une recherche de structures générales des connaissances et de la pensée, pour l'étude des environnements particuliers de l'activité cognitive, ainsi que de la façon dont celle-ci s'ajuste aux contraintes et potentialités des situations dans lesquelles elle se produit (Greeno *et al.*, 1998 ; Resnick, 1994).

Les connaissances en tant qu'outils de la culture / des cultures

Brown *et al.* (1998) proposent de concevoir les connaissances comme des *outils intellectuels*, avec la conception qu'apprendre est un processus continu qui résulte d'actions dans des contextes. Les connaissances outil prennent sens au travers de leur usage, entraînant l'adoption du sys-tème de croyances de la culture (des cultures) dans laquelle on les uti-lise. Autrement dit, les connaissances sont vues comme reflétant les cultures et les activités qui les ont produites – et qui continuent de les produire – dans une conception dialectique des rapports entre individu, activité et culture.

> Activity, concept, and culture are interdependent. No one can be totally understood without the other two. [...] The culture and the use of a tool act together to determine the way practitioners see the world; and the way the world appears to them determines the culture's understanding of the world and of the tools. (Brown *et al.*, 1989, p. 11)

Il est intéressant de noter le rapprochement entre la conception de l'acti-vité instrumentale et du rôle prépondérant attribué à la culture dans les travaux vygotskiens (e.g., Vygotski, 1930, in Schneuwly & Bronckart, 1985 ; Vygotski, 1997/1934) et la façon dont Brown et ses collègues conceptualisent les connaissances dans leur usage en tant qu'outils liés à des activités socioculturelles. Du point de vue de ces auteurs, les connaissances ne peuvent être totalement comprises sans comprendre la communauté ou les cultures qui les ont produits ou les utilisent. «Their meaning is not invariant but a product of negotiation within the community. Again, appropriate use is not simply a function of the abstract concept alone. It is a function of the culture and the activities in which the concept has been developed» (p. 11). Resnick (1991, 1994) établit explicitement un lien entre les apports de Vygotski et cette conception de la cognition située qui s'incarne des produits de la culture et de l'histoire, ainsi que des significations socioculturelles des communautés d'appartenance. Mais comme le précise l'auteure, les processus de transmission intergénérationnelle étant en plus mis en avant dans une perspective vygotskienne, l'individu apparaît du coup *historiquement* situé.

Ces quelques développements mettent en évidence l'élargissement de la notion de *situation* à celle de *culture*. Plus généralement, on peut établir une distinction dans les travaux situationnistes – qui parfois se traduit par certaines ambiguïtés dans le discours des auteurs – concernant la dimension désignée par le contexte. Pour certains auteurs, le contexte se réfère à un environnement local, immédiat, contingent et circonstancié (e.g., Cobb, Gravemeijer *et al.*, 1997; Yackel & Cobb, 1996). D'autres chercheurs privilégient, quant à eux, la relation entre l'activité et un contexte culturel plus large, social et historique tel que véhiculé par des communautés socioculturelles, voire de la société au sens large (e.g., Barab & Duffy, 2000; Lave & Wenger, 1991; Rogoff, 1990, 1995). Dans ce dernier cas, on observe que les termes de contexte et de culture sont parfois utilisés dans une relation de synonymie, dans la continuité d'ailleurs de certaines propositions anthropologiques (e.g., Rogoff, 1984; Scribner, 1984). Un des enjeux devient la théorisation de la relation et de l'articulation entre ces différents niveaux. Cet enjeu est particulièrement marqué en situation scolaire comme nous le montrerons dans la section plus loin portant sur le développement d'environnements et de dispositifs pédagogiques.

Globalement, retenons que les notions de *situation* et de *culture* sont exploitées par les théoriciens situationnistes afin de mettre en exergue la nature située de la cognition – puis plus spécifiquement de l'apprentissage. Il est ainsi argumenté que les dimensions contextuelles constituent une part de ce que l'individu apprend, au même titre que les contenus de connaissance (Allal, 2001; Allal *et al.*, 2001; Mercer, 1992; Resnick,

1991), que se soit les pratiques, les outils, les normes, les croyances, les rituels, les significations partagées par les membres d'une même communauté culturelle au sens large mais également par les membres d'un groupe classe par exemple (Cobb & Bowers, 1999). Dans un contexte donné, ces dimensions contextuelles englobent, entre autres, la structuration sociale, matérielle, spatio-temporelle des situations, les formes d'interaction et de discours entre les personnes, les modalités d'accès aux ressources matérielles. Non seulement ces éléments sont vus comme appris – avec un jeu entre l'implicite et l'explicite (Brown *et al.*, 1989) – mais ils sont considérés comme une composante intégrale des connaissances et compétences construites (Allal *et al.*, 2001; Brown *et al.*, 1989; Greeno *et al.*, 1998; Lave, 1997; Resnick, 1991).

La nature sociale et distribuée de la cognition

Dès nos premiers développements, nous avons insisté sur la problématisation par la perspective située de la relation entre plans social et individuel dans la cognition et l'apprentissage. Toutefois, comme le souligne Crahay (1999),

> d'une manière ou d'une autre, toutes les théories psychologiques prennent en considération l'interaction de l'être humain avec son milieu. C'est assurément le cas des behavioristes qui considèrent que les contingences de renforcement façonnent les comportements. C'est aussi le cas du constructivisme piagétien qui se déclare explicitement interactionniste. C'est encore le cas du cognitivisme qui se fonde sur l'axiome d'un système cognitif qui traite les informations venant, pour l'essentiel, de l'environnement. Tout en se distinguant, ces courants partagent un point commun: le milieu est conçu dans une perspective physicienne et universaliste, qui néglige les variations historico-culturelles du contexte social. (p. 317)

C'est à cette conception physicienne et universaliste du milieu que les théories sociohistoriques et socioculturelles s'opposent, réunissant en ce sens les thèses vygotskiennes et situationnistes. Cependant, l'hypothèse épistémologique de la perspective située ne s'inscrit pas totalement dans la thèse de la *loi de la double formation* formulée par Vygotski. Celle-ci stipule que

> chaque fonction psychique supérieure apparaît deux fois au cours du développement de l'enfant: d'abord, comme activité collective, sociale, et donc fonction interpsychique, puis la deuxième fois comme activité individuelle,

comme propriété intérieure de la pensée de l'enfant, comme fonction intra-psychique. (Vygotski, 1935, in Schneuwly & Bronckart, 1985, p. 111)

La conception situationniste est que l'un est un aspect essentiel de l'autre et réciproquement, ne supposant aucune relation de primauté entre les deux plans (Cobb & Bowers, 1999; Cobb, Boufi, McClain & Whitenack, 1997; Cobb, Gravemeijer *et al.*, 1997; Resnick, 1991; Rogoff, 1990, 1995; Salomon & Perkins, 1998). Cette question demanderait cependant des approfondissements, notamment si l'on considère certaines interprétations néo-vygotskiennes qui rappellent l'importance du niveau actuel de développement de l'apprenant dans l'interaction et qui, en ce sens, repositionne le plan individuel dans les processus interpsychiques (e.g., Allal & Pelgrims Ducret, 2000; Cole, 1985; Newman, Griffith & Cole, 1989; Schneuwly, 1994).

Dans une approche de la cognition située, les connaissances ne sont plus vues comme uniquement localisées dans le cerveau et l'esprit de l'individu, en tant qu'entité individuelle possédée, mais elles sont entendues comme des constructions sociales liées aux relations entre individus et situation/culture.

In the view of situated cognition, we need to characterize knowing, reasoning, understanding, and so on as relations between cognitive agents and situations, and it is not meaningful to try to characterize what someone knows apart from situations in which the person engages in cognitive activity. (Greeno, Smith & Moore, 1993, p. 100)[5]

Parmi les développements situationnistes, il est possible de distinguer plusieurs niveaux principaux d'argumentation[6] concernant les propriétés à la fois individuelles et sociales de la cognition:

1. L'activité cognitive des individus est vue comme s'ajustant, s'appropriant et, du coup, étant marquée de certaines formes et caractéristiques des situations sociales dans lesquelles elle se développe – que

---

5   A relever que les auteurs privilégient les verbes – connaître, savoir, comprendre, etc. – plutôt que leurs substantifs, afin de souligner l'idée d'activité dans la relation cognition/situation.

6   Plus ou moins développés et inter-reliés dans les contributions des auteurs cités précédemment.

ce soit dans le cadre de circonstances spécifiques et contingentes ou plus largement de pratiques socioculturelles d'une communauté. Il est considéré que les contenus de connaissance ne peuvent pas être séparés de leurs dimensions contextuelles et des activités qui leur donnent sens.

2. L'environnement de l'activité est lui-même conceptualisé dans ses dimensions cognitives, au travers des interactions et constructions conjointes entre les individus produisant des systèmes de connaissances et des croyances collectives, socialement reconnues et partagées, ainsi qu'au travers des outils et artefacts culturels et historiques qui incarnent des formes d'intelligence et de connaissances. En ce sens, la cognition et l'apprentissage sont conçus comme étant distribués dans l'entier du système social plutôt que possédés par des individus. Certains auteurs parlent de *cognition distribuée* (e.g., Salomon, 1993a; Salomon & Perkins, 1998), considérée comme une dimension de la cognition et de l'apprentissage situés (Cobb, 2001a; Dillenbourg, Baker, Blaye & O'Malley, 1996; Moro, 2001; Salomon, 1993b). Cette approche théorique met en avant la thèse développée par Pea (1993) et Perkins (1995) notamment, à savoir que la cognition est distribuée entre les esprits, les personnes, l'environnement symbolique et physique. Autrement dit, l'environnement devient une ressource au raisonnement individuel et collectif (Cobb, 2001a).

3. Enfin, dans une perspective radicale, certains chercheurs comme Lave et Wenger (1991) dont les thèses seront discutées dans la prochaine partie, choisissent d'écarter toute référence aux processus cognitifs individuels, vus comme entièrement inclus dans les processus participatifs aux pratiques sociales d'une communauté. Les termes mêmes de *connaissance* et de *cognition* sont remplacés au profit de celui de *pratique sociale* (Cobb & Bowers, 1999; Greeno, 1997); l'individu est vu comme participant à ces pratiques sociales.

Apprendre par la participation aux pratiques sociales d'une communauté

«In a significant way, learning is, we believe, a process of enculturation» (Brown *et al.*, 1989, p. 33). La conception de l'apprentissage qui découle de la cognition située est que tout apprentissage résulte d'un «agir en situation» qui, progressivement, amène l'apprenant à s'approprier les modèles, les normes, les pratiques, les outils qui caractérisent une culture d'appartenance. Apprendre à lire, à écrire, à compter, apprendre à utiliser des outils physiques ou cognitifs, argumentent Brown *et al.*, c'est adopter des systèmes de valeurs et de pratiques qui sont les produits d'une culture. D'autre part, eu égard à la conception de la relation dialectique entre processus individuels et sociaux, «knowledge, rather than being transmitted or internalized, becomes jointly constructed (‹appropriated›) in the sense that it is neither handed down ready-made nor constructed by individuals on their own» (Salomon & Perkins, 1998, p. 9).

La première section de cette partie commence par une présentation à grands traits de la théorie de l'*apprentissage situé* de Lave et Wenger (1991) dont le principe épistémologique est que les processus de participation aux pratiques socioculturelles d'une communauté sont à la fois les moyens et les buts de l'apprentissage. Compte tenu de l'importance attribuée par la perspective située au concept de participation, nous consacrons la section suivante à une discussion de différentes approches théoriques de la participation dans le champ éducatif. La conception épistémologique de Lave et Wenger est ainsi progressivement affinée.

UNE THÉORIE D'APPRENTISSAGE EN TERMES DE PRATIQUES SOCIALES

Fidèles à leur approche anthropologique, Lave et Wenger (1991) choisissent d'étudier les formes d'*apprenticeship* dans des cultures traditionnelles – par exemple les tailleurs Vai et Gola du Libéria ou encore les sages-femmes de la culture maya de la péninsule Yucatán au Mexique – pour ensuite les contraster et interroger les formes d'apprentissage dans le monde socioculturel occidental, telles qu'elles sont promues à l'école par exemple. Cette approche originale permet de mettre en avant que, dans le cadre de l'apprentissage d'un métier dans des cultures traditionnelles, les processus d'apprentissage et de compréhension sont intimement liés à la participation aux pratiques d'une communauté socialement et culturellement organisée qui est sous-tendue par des processus de reproduction liés à l'apprentissage par des nouveaux membres des pratiques qui la constituent.

Sur la base de ces principaux constats, Lave et Wenger proposent une théorie de l'*apprentissage situé*, dans laquelle l'apprentissage est théorisé comme étant une partie intégrante et indissociable des pratiques sociales et culturelles du monde:

> In our view, learning is not merely situated in practice – as if it were some independently reifiable process that just happened to be located somewhere; learning is an integral part of generative social practice in the lived-in world. (Lave & Wenger, 1991, p. 35)

La conception défendue par les auteurs est que l'apprentissage prend place dans des processus de participation qui impliquent des différences de positions entre les participants qui médiatisent l'apprentissage (Hanks, 1991). La «situativité» de l'apprentissage n'est donc pas à associer à un lieu physique ou un cadre interactif mais plutôt à une place dynamique dans un ensemble de relations entre des personnes qui interagissent et se coordonnent de par leur appartenance à une même communauté de pratique sociales et culturelles. Cette conception de l'apprentissage situé confère un caractère fondamentalement *relationnel* aux processus et produits de l'apprentissage. Ce dernier étant vu comme lié à des situations, comprenant des systèmes de relation et d'activités sociales, des structures de participation, des normes et des valeurs propres à une ou plusieurs communautés d'un monde socialement, historiquement et culturellement organisé (Greeno, 1997; Lave, 1991).

L'objectif de la théorie développée par Lave et Wenger est de proposer un nouveau regard sur les processus d'apprentissage – «we wanted above all to take a fresh look at learning» (p. 39) – pour questionner, dans un deuxième temps, les modèles occidentaux d'enseignement formel. Voire même remettre fondamentalement en question l'organisation sociale des lieux de formation que sont les écoles. La critique, plus ou moins directement adressée, est que celles-ci n'offrent pas un environnement aussi efficace que les formes d'*apprenticeship* des communautés extrascolaires. Toutefois, choisir d'exploiter la notion de participation, notion déjà fréquemment utilisée en sciences de l'éducation, ne paraît *a priori* pas très novateur. Passons en revue quelques-uns de ses différents registres d'application pour mieux cerner l'originalité de la conception de l'apprentissage en termes de participation à des pratiques sociales et culturelles.

Différentes acceptions du concept de participation

Il est intéressant de contraster les propositions de Lave et Wenger (1991) avec la notion de participation développée dans le *paradigme processus-produit* de l'étude des processus d'enseignement, puis avec le concept de *participation guidée (guided participation)* proposé par Rogoff (1990) dans une approche développementale et socioculturelle des compétences cognitives. Nous terminons sur une une discussion critique de la conception de participation de Lave et Wenger.

Participer, une manifestation de l'engagement de l'apprenant

Dans le courant de recherche sur les processus d'enseignement, développé initialement dans les pays anglo-saxons comme le précise Crahay (1986) puis en Europe avec la parution de l'ouvrage de De Landsheere (1979/1981), *Comment les maîtres enseignent. Analyse des interactions en classe*, la notion de participation est utilisée pour désigner les manifestations observables de l'implication de l'apprenant dans des situations scolaires. La centration principale de ces travaux porte toutefois sur les comportements d'enseignement et leur classification. S'appuyant sur des résultats de recherches issues du *paradigme processus-produit*, Rosenshine (1986) présente un modèle d'action éducative représentatif de ces travaux, dont une des fonctions d'enseignement inclut l'objectif «d'assurer la participation des élèves». Celle-ci est décrite en termes de comportements observables – souvent sous forme de manifestations verbales – qui vise essentiellement à fournir des informations à l'enseignant sur l'adéquation des réponses de l'élève. L'instrument d'analyse de la participation des élèves développé par Bayer (1979), par exemple, vise à comptabiliser la fréquence de ces manifestations de l'engagement de l'apprenant, notamment dans des situations d'interaction entre l'enseignant et les élèves. Il est intéressant de relever que, dans cette approche de recherche quantitative, l'auteur aspire sur le plan méthodologique à la construction «d'un système de signes aussi peu interprétatif que possible» (p. 46). Une visée qui sera réfutée par plusieurs chercheurs inscrits dans la perspective située dont les approches revendiquent des démarches de recherche principalement qualitatives et interprétatives pour étudier les processus participatifs en situation scolaire (e.g., Cobb *et al.*, 2001; Erickson, 1986; Voigt, 1985).

Ce courant de recherche ne développe pas un questionnement théorique et épistémologique rattaché au concept de participation comme le font Lave et Wenger (1991) par exemple. Cette critique pourrait, par ailleurs, s'adresser de façon plus générale à ce courant qui se caractérise par une absence de modèle explicatif explicite (Doyle, 1986a). Mais il est intéressant de relever que les recherches processus-produit s'inscrivent dans une même préoccupation que la perspective située qui est celle de l'amélioration de l'efficacité des dispositifs de formation. Son axe privilégié d'étude questionne, dans une conception plus ou moins explicitement behavioriste, les types de comportement de l'enseignant et les apprentissages réalisés par les élèves vus comme les produits résultant des comportements d'enseignement. Cette hypothèse de causalité sera fortement remise en question débouchant sur le paradigme dit des *processus médiateurs* qui étudie «les processus humains implicites qui s'interposent entre les stimuli pédagogiques et les résultats de l'apprentissage» (Levie & Dickie, 1973, cités par Doyle, 1986a, p. 445). Un troisième paradigme dit *écologique* a ensuite émergé, introduisant dans l'analyse des processus d'enseignement la dimension contextuelle de la classe, entre autres (Doyle, 1986b). Les apports de certains chercheurs inscrits dans ce dernier courant de recherche alimenteront la conceptualisation situationniste de la relation entre contexte social de la classe et apprentissages des élèves (e.g., Lampert, 1990; Mehan, 1979).

Participation guidée par l'expert

Rogoff (1990) développe le concept de *participation guidée (guided participation)* sur la base, tout comme Lave et Wenger (1991), d'observations ethnographiques afin d'étudier, initialement, les processus de guidage interactif entre un expert et un novice appréhendés dans les contextes socioculturels de leur(s) communauté(s) d'appartenance. La participation guidée est rattachée aux processus de construction de l'intersubjectivité entre les participants, vus comme contribuant à la négociation des significations culturelles de la communauté et à l'établissement d'une compréhension partagée à la base des processus sociaux de communication (Rogoff, 1990, 1995; Rogoff, Mosier, Mistry & Göncü, 1993). S'appuyant explicitement sur les thèses de Vygotski, la participation guidée fait référence à la fonction des processus d'étayage de l'expert dans le développement par l'apprenant des compétences valorisées dans sa communauté. Il est intimement lié au concept de *zone proximale de développement*, défini comme «la différence entre le niveau de résolution de problèmes sous la direction de et avec l'adulte et celui atteint seul» (Vygotski, 1933, in Schneuwly & Bronckart, 1985, p. 109). Dans le même mouvement que plusieurs continuateurs des travaux de Vygotski qui tentent d'élargir le concept de zone proximale de développement (e.g., Newman *et al.*, 1989), Rogoff *et al.* (1993) considèrent qu'en plus des dimensions interactives entre expert et novice, ce concept cherche à considérer également

> the societal basis of the shared problem solving – the nature of the problem the partners seeks to solve, the values involved in determining the appropriate goals and means, the intellectuals tools available (e.g., language and number systems, literacy and mnemonic devices), and the institutional structures of the interaction (e.g., schooling and political and economic systems). (Rogoff *et al.*, 1993, p. 232)

Cet élargissement est intéressant alors qu'il tente précisément d'inclure les aspects plus englobants des situations, comme c'est le cas de la perspective située, en termes notamment d'appropriation par l'apprenant des pratiques et artefacts culturels d'une communauté. L'écrit de Rogoff de 1995 témoigne de cet élargissement en proposant de concevoir la participation guidée dans la perspective suivante:

> The concept [of guided participation] [...] provides a perspective on how to look at interpersonal engagements and arrangements as they fit in sociocultural processes, to understand learning and development. Variations and similarities in the nature of guidance and of participation may be investigated, but the concept of guided participation itself is offered as a way of looking at all interpersonal interactions and arrangements. (Rogoff, 1995, p. 147)

Comme nous le mettrons en évidence dans la prochaine section, cette *perspective*, étayée ensuite par l'argumentation de Rogoff, Matusov et White (1996), se rapproche très clairement des développements théoriques du «paradigme participatif» de Lave et Wenger (1991). Mais poursuivons, pour l'heure, avec la conception d'une relation asymétrique guidée par l'expert et dont les auteurs étudient les caractéristiques dans le cadre d'activités et communautés culturelles et historiques. Une des hypothèses de Rogoff et de ses collègues (1990; Rogoff *et al.*, 1993) est que certains traits seraient universels alors que d'autres varieraient en fonction des différences culturelles[7]. Cette recherche de points communs met en avant l'idée que certains processus

---

7   La culture étant définie comme les pratiques organisées et communes des communautés particulières dans lesquelles vivent les personnes (Rogoff, 1990, p. 110).

ne seraient pas totalement contingents et spécifiques à la situation et aux communautés socioculturelles d'appartenance.

Parmi les points universels, Rogoff (1990) souligne l'existence, dans toutes les communautés socioculturelles observées, de processus de participation guidée par un adulte dans l'amélioration des connaissances et compétences des enfants. L'implication mutuelle et active du novice et de l'expert est mise en avant, comprenant notamment des conduites de l'adulte qui structurent les activités de l'enfant: découper en étapes les tâches complexes afin de les rendre plus accessibles, guider et réaliser conjointement la tâche avec l'enfant, ajuster progressivement l'aide fournie en fonction de l'amélioration des compétences de celui-ci. Ces constats sont proches des différentes fonctions d'étayage définies par Bruner (1983) dans le cadre d'interactions de tutelle entre un adulte et un enfant. Ces conduites interactives apparaissent également dans les descriptions des pratiques d'apprentissage d'un métier de Lave et Wenger (1991) dans diverses communautés culturelles.

Participation à une communauté de pratique

Afin de théoriser l'apprentissage en termes de processus de participation à des pratiques sociales, Lave et Wenger (1991) définissent le concept de *participation périphérique légitime*[8] *(legitimate peripheral participation)*. Il englobe les formes de participation d'un nouveau membre de la communauté – l'apprenant – vues comme actives, engagées, mais dont la particularité est qu'elles se situent dans la périphérie par rapport à une participation complète et centrale d'un expert. «Central participation would imply that there is a centre (physical, political, or metaphorical) to a community with respect to an individual's place in it» (p. 36). Bien qu'ayant un degré limité de participation et un niveau de responsabilité restreint en raison de son statut de membre novice, l'apprenant peut avoir plusieurs rôles impliquant différents degrés d'engagement possibles et ainsi occuper des positions plus ou moins centrales dans le champ de participation défini par la communauté. Le qualificatif *périphérique* souligne ces différents modes d'engagement possibles et dont on reconnaît précisément la légitimité.

---

8 A concevoir comme une seule unité, sans rechercher une définition de chaque terme qui le constitue, précisent Lave et Wenger.

Le concept de participation périphérique légitime est considéré par Lave et Wenger comme «un descripteur de l'engagement dans la pratique sociale» (p. 35). Il représente une unité d'analyse de l'apprentissage qui a l'ambition de prendre en compte les processus communs et co-déterminés entre le changement des personnes et le changement des communautés. Les auteurs sont très attentifs à mettre en avant, outre les processus de reproduction, les processus de *transformation* des communautés de pratique en raison même de l'intégration de nouveaux membres qui vont agir sur et donc transformer cette communauté. De même sont soulignés les aspects imprévisibles que garde toute action humaine. Cette théorisation permet ainsi de se distancier d'un déterminisme et conformisme social. L'apprentissage se manifeste par un changement de forme de participation qui devient plus experte au regard des possibilités des systèmes de relations dans la communauté de pratique. Ce faisant, la notion d'identité est intimement liée à l'apprentissage, car apprendre implique un changement de position dans la communauté. Autrement dit un changement d'identité, reconnue sur le plan communautaire, d'un membre novice dont la participation devient de moins en moins limitée et de plus en plus responsable au regard des pratiques sociales et des produits qui en résultent (Greeno, 1997; Hanks, 1991; Lave, 1991). Vu comme étant à la fois les moyens et les finalités de l'apprentissage – le but ultime est d'être capable de participer pleinement aux pratiques de sa communauté et c'est en participant à ces pratiques que l'on y parvient – étudier les processus participatifs inclut la prise en compte des ressources sociales, matérielles et représentationnelles, ainsi que des contraintes et plus généralement des conditions dans lesquelles et avec lesquelles se produisent l'apprentissage (Allal *et al.*, 2001; Baeriswyl & Thévenaz, 2001; Greeno *et al.*, 1998).

Comparativement à la conception de *participation guidée* en tant que processus intersubjectif de guidage dans une relation asymétrique – la plus souvent dyadique – (Rogoff, 1990; Rogoff *et al.*, 1993), plusieurs points d'élargissement et développements théoriques sont offerts par la théorie des pratiques sociales de Lave et Wenger. Un premier point important est que la notion de participation ne se réduit pas à la relation entre une personne experte et novice, bien que soulignant son importance. En effet, dans une perspective située, la conception de participation aux pratiques sociales représente un cadre plus général pour questionner la participation des individus, dans leur relation avec les autres, mais également avec les systèmes matériels et représentationnels qui contribuent à la production de l'activité (Greeno, 1997). Ainsi, la participation guidée représente un type particulier de participation parmi d'autres possibles. Les interactions de collaboration entre pairs par exemple, mais également des rapports de compétition constituent des formes légitimes de participation aux pratiques sociales. Outre les interactions entre participants, l'agencement matériel des lieux d'activité sociale, ainsi que le fait d'observer les autres et d'être soi-même observé représentent également une source importante d'apprentissage. Cette forme de participation, parfois qualifiée «d'apprentissage informel par observation et imitation», est considérée comme un moyen puissant pour les nouveaux membres de s'approprier la culture de la communauté de pratique.

La conception situationniste de participation n'impose pas la co-présence directe des participants dans la situation locale et immédiate. «Instead, all individual actions are viewed as elements or aspects of an encompassing system of social practices and individuals are viewed as participating in social practices even when they act in physical isolation from others» (Cobb & Bowers, 1999, p. 5). L'évocation mentale des pratiques sociales liées à l'action individuelle, ainsi que l'utilisation d'artefacts culturels qui véhiculent les arrangements sociaux qui les ont produits sont vus comme conférant une composante sociale à toute action individuelle (Allal, 2001; Cobb, 2001b; Greeno, 1997). La nature *sociale* de l'activité se réfère au fait que l'activité est porteuse des normes et significations partagées par le groupe social (Clancey, 1995). Grossen (2000), s'intéressant à la part constitutive des institutions sociales dans les façons de penser, enseigner, apprendre, parle de *«invisible audience»* qui apporte, indirectement, ses règles, normes, valeurs dans la situation.

Comme brièvement dit plus haut, le prolongement de la conception de *participation guidée* de Rogoff, en tant que *perspective d'analyse* et non plus seulement en tant que relation asymétrique de guidage (Rogoff, 1995; Rogoff *et al.*, 1996), revêt des caractéristiques proches de l'apprentissage situé de Lave et Wenger. Citons les points principaux: engagement de l'individu avec les autres membres et le matériel dans le cadre d'activités socialement et culturellement structurées, interactions directes ou indirectes, tacites ou explicites, face à face ou à distance, avec des pairs ou des experts, avec des personnes plus ou moins connues, impliquant des processus de communication et de coordination, une construction de sens partagé *(a commun ground of understanding)*, une compréhension commune des objectifs sous-tendant les pratiques (Rogoff, 1995, pp. 146-150). Mais, de façon plus marquée que dans les travaux de Lave et Wenger, Rogoff est très attentive à identifier les *aspects délibérés d'enseignement* dans les processus de participation guidée aux pratiques d'une communauté socioculturelle.

Pour conclure, la conception d'apprentissage par la participation à des pratiques sociales offre, à notre sens, un regard effectivement novateur sur l'apprentissage, bien que la question de la pertinence des propositions théoriques de Lave et Wenger (1991) pour étudier les processus d'enseignement/apprentissage en milieu scolaire demande à être débattue – nous aborderons ce point plus loin. D'autre part, comme soulevé par Engeström et Cole (1997), une des limites du concept de participation périphérique légitime est qu'il théorise l'apprentissage dans un seul mouvement dominant qui est celui de la participation périphérique des novices vers une participation centrale des membres compétents. Les experts n'apparaissent, en ce sens, pas comme des apprenants potentiels, ce qui peut paraître paradoxal alors que la perspective située insiste sur l'apprentisssage en tant que processus continu par l'expérimentation active de nouvelles situations, technologies, relations sociales par exemple. Une autre limite que nous identifions à ce concept est sa façon de trop fortement globaliser les différents plans intervenant dans les processus participatifs, à savoir:

– Le plan individuel, avec l'idée de la participation d'un individu qui passe d'un champ de participation périphérique à central – que nous associons, pour notre part, aux modes individuels de participation;
– le plan culturel, vu comme étant ancré dans une culture porteuse de significations et de pratiques – se référant ainsi à la dimension communautaire de la participation;
– le plan interactif, renvoyant aux processus interpersonnels et intersubjectifs de la participation qui supportent des négociations, des conflits, des collaborations, des constructions conjointes d'un sens partagé.

L'intérêt des propositions de Rogoff (1995) est d'identifier clairement ces trois dimensions: le plan personnel[9] associé aux processus d'appropriation participative *(participatory appropriation)* de l'individu, le plan inter-

---

9   Nous utilisons ici les termes précis de l'auteur; nous aurons tendance quant à nous à nous référer ici au plan «individuel» ou «intra-psychique».

personnel associé à la participation guidée *(guided participation)* et le plan communautaire associé à *l'apprenticeship* en tant que métaphore – au sens de Sfard (1998) – des formes d'apprentissage d'un métier dans des communautés culturelles et historiques. Ces trois plans sont considérés comme inséparables et mutuellement constitutifs. Nous développerons plus en détail cette conception dans les prochaines parties avec des travaux de chercheurs qui partagent cette idée de relation dite «réflexive» entre plans individuel et social dans le cadre plus spécifique de l'enseignement des mathématiques (e.g., Cobb, Gravemeijer *et al.*, 1997). Mais d'une façon générale, notre objection à la position radicale de Lave et Wenger est que les processus cognitifs individuels sont écartés de la théorisation et de l'analyse. Si le plan individuel n'est pas nié par les auteurs, celui-ci apparaît totalement absorbé dans et par la pratique sociale. Cela se traduit notamment par un refus de la conceptualisation et de la problématisation des représentations mentales et des concepts, ainsi que des processus d'intériorisation de l'apprenant – si l'on se réfère à la théorie de Vygotski. Moro (2001) voit à ce dernier point une des limites principales de la perspective située qui, selon elle, permet difficilement de rendre compte des mécanismes de la construction de la pensée. Notre point de vue est que le radicalisme reproché aux théories cognitivistes ne considérant pas suffisamment les processus sociaux contribuant à l'apprentissage peut être adressé, dans l'autre sens, à la théorie de Lave et Wenger. Peut-on, en effet, exclure toute référence aux processus cognitifs dans une théorie de l'apprentissage? Dans quelle mesure est-il envisageable – pertinent – de se focaliser quasi exclusivement sur l'étude des systèmes interactifs et activités sociales dans les communautés de pratique en tant que systèmes explicatifs des processus d'apprentissage? Nous opterons, quant à nous, pour des positions qui reconnaissent et tentent d'articuler explicitement plans cognitifs individuels et sociaux.

Thèses situationnistes et milieu scolaire

De l'avis de Renkl (2001), une ambiguïté véhiculée par la notion de situativité provient du fait qu'elle est utilisée soit dans une approche descriptive, soit dans une approche prescriptive. Dans le cas d'une exploitation descriptive, l'apprentissage situé renvoie à l'analyse des processus d'apprentissage tels qu'ils sont saisis dans leur relation avec les situations et contextes. Mais en milieu scolaire, l'apprentissage situé a souvent été développé dans une acception prescriptive, dans le but notamment de promouvoir des *pratiques authentiques* (s'apparentant aux contextes d'application du «monde extrascolaire»). Avec en arrière-fond la question de ces deux exploitations, cette partie a pour but de discuter quelques prolongements en situation de classe des principes théoriques présentés précédemment. Sur la base de la distinction proposée par Barab et Duffy (2000) entre les apports des anthropologues et ceux des psychologues de l'éducation, nous commençons par la présentation de la notion anthropologique de *communauté de pratique*. S'en suit un questionnement critique de la pertinence de ce concept pour une modélisation prescriptive des dispositifs d'enseignement/apprentissage en situation de classe, mais également et plus fondamentalement en tant que cadre général d'analyse et d'interprétation des apprentissages scolaires. Nous poursuivons par une rapide présentation de quelques modèles prescriptifs développés par les psychologues de l'éducation. Nous terminons en discutant quelques limites de ces développements prescriptifs, nous amenant à l'argumentation de notre objet d'étude et de notre posture théorique.

A PARTIR DES ÉTUDES ANTHROPOLOGIQUES

*La notion d'*apprenticeship

Comme mentionné plus haut, l'*apprenticeship* dans les travaux de Lave (1991; Lave & Wenger, 1991) fait référence aux formes d'apprentissage d'un métier valorisées dans différentes communautés socioculturelles. Un des buts est de mettre en évidence les signes distinctifs de cette forme d'apprentissage vue comme particulièrement efficace. S'appuyant sur ses propres recherches ainsi que sur celles de collègues anthropologues, Lave (1991) met en avant les caractéristiques principales suivantes:

– L'apprentissage se développe dans le cadre de la participation à des pratiques qui, sous-tendues par une logique principalement de production, n'ont pas de structuration didactique délibérée.
– Dès le début, les apprentis ont une vision large de ce qui doit être appris et de l'ensemble du processus de production, même s'ils commencent par une participation aux étapes les plus simples.

- Les apprentis progressent dans le cadre de champs de pratiques multiples et structurés, entre pairs et avec l'exemple de pratiques expertes.
- Les connaissances et les compétences développées sont intimement liées au fait de s'identifier aux praticiens experts de la communauté de pratique (pp. 71-72).

Ces éléments mettent en évidence combien la notion d'*apprenticeship* est intimement liée, dans le discours de l'auteure, à celles de *communauté de pratique* et de *participation périphérique légitime*, en tant que modèle d'apprentissage saisi dans un système d'activités culturellement et historiquement organisées dans des lieux non formels d'enseignement et d'apprentissage. Il est intéressant de relever que, dans la contribution de Lave de 1991, les caractéristiques énoncées plus haut sont indifféremment associées à la forme d'apprentissage par *apprenticeship* et à la *communauté de pratique*.

Comme dit précédemment, Rogoff (1990, 1991, 1995) s'intéresse aux dimensions d'enseignement/apprentissage dans les processus de participation guidée manifestés dans les formes d'*apprenticeship* et plus généralement dans les communautés socioculturelles du monde. Pour l'auteure, la métaphore de l'*apprenticeship*, «encourages the recognition of that endeavours involve purposes (defined in community of institutional terms), cultural constraints, resources, values relating to what means are appropriate to reaching goals (such as improvisation versus planning all moves before beginning to act)» (Rogoff, 1995, p. 143). Un des apports de l'auteure est notamment d'établir explicitement la relation entre l'*apprenticeship* et l'analyse d'un plan communautaire non seulement centré sur les buts et la nature des activités d'une communauté de pratique – d'un métier – mais également dans leur relation avec des institutions plus larges – économiques, politiques, historiques par exemple.

La communauté de pratique

Dans Lave et Wenger (1991) la communauté de pratique

implies participation in an activity system about which participants share understandings concerning what they are doing and what it means to their lives and for their communities. [...] The community of practice is a set of relations among persons, activity, and world over time and in relation with other tangential and overlapping communities of practice. A community of practice is an intrinsic condition for the existence of knowledge, not least because it provides the interpretive support for making sense of its heritage. Thus participation in the cultural practice in which any knowledge exists is an epistemological principle of learning. (p. 98)

Les auteurs mettent en avant que la communauté de pratique fournit un cadre interprétatif qui donne sens aux activités et connaissances de ses membres. Ce sont les pratiques communautaires qui créent le curriculum potentiel – les possibilités d'apprentissage – autrement dit ce qui peut être appris par les membres grâce à leur participation aux pratiques culturelles. D'autre part, les membres d'une communauté de pratique partagent une compréhension commune de ce qu'ils font, des activités, des pratiques, des outils, des normes, des rituels, des discours. Etablissant un lien explicite avec la conception vygotskienne, Cobb (2000b) souligne que les outils culturels utilisés véhiculent «a substantial portion of a practice's intellectual heritage» (p. 14122).

Lave (1991) met en avant un double processus qui sous-tend toute communauté de pratique. Dans une logique de continuité et de reproduction de la communauté, les personnes sont amenées à agir et à collaborer ensemble; experts et novices sont interdépendants. Mais la communauté implique également des intérêts contradictoires jugés irréductibles entre les participants, dans une logique de «déplacement de la communauté». Lave donne l'exemple des tensions résultant des nouveaux membres qui potentiellement remplaceront les anciens membres; ces tensions sont conçues comme étant également fondamentales aux processus d'apprentissage, liées notamment à la construction de l'identité inséparable de l'apprentissage des pratiques socioculturelles.

Malgré ces développements, de l'avis même de Lave et Wenger (1991), le concept de *communauté de pratique* demanderait davantage de précisions et d'investigations: «The concept of community of practice is left largely as an intuitive notion, which serves purpose here but which requires a more rigorous treatment» (p. 42). Des études seraient également à entreprendre sur les interrelations entre plusieurs communautés et la formation de l'identité de l'individu en tant que membre de celles-ci, avec notamment la question des formes possibles de tensions et de conflits entre différentes communautés auxquelles on appartiendrait (Cobb, 2001a; Lave, 1991).

La contribution de Wenger de 1998 a précisément pour objectif de développer le concept de communauté de pratique. Elle présente, dans un premier temps, une étude de cas portant sur un service de gestion des dossiers de remboursement dans une entreprise américaine d'assurance maladie. L'auteur offre, ensuite, un cadre théorique dense avec la définition de nombreux concepts inter-reliés et offrant, de fait, une théorie de l'*apprentissage organisationnel* (Chanal, 2000) qui inclut la perspective de l'apprentissage situé tout en la débordant. Wenger qualifie sa théorie de «théorie sociale de l'apprentissage».

Trois dimensions principales sont définies par Wenger (1998) servant à caractériser le type de relation qui fait qu'une pratique constitue la source de cohérence d'un groupe d'individus:

– Un engagement mutuel *(mutuel engagement)* qui implique les personnes entre elles dans le cadre de pratiques et actions dont le sens est socialement négocié. L'auteur développe trois aspects principaux de cet engagement mutuel: le fait qu'il soit possible *(enabling engagement)*, la diversité et l'hétérogénéité entre les personnes et le développement de relations interpersonnelles entre les membres de la communauté.
– Une entreprise conjointe *(joint enterprise)* qui implique des processus de négociation et de transactions entre membres. Cette entreprise est considérée comme «indigène» *(indigenous enterprise)* – dans le sens que la communauté de pratique se développe dans des contextes larges mais avec des contraintes et ressources spécifiques – et stipule un «rendre compte mutuel» *(a regime of mutual accountablity)*.
– Un répertoire partagé *(shared repertoire)* qui peut englober des éléments très hétérogènes tels que des routines, des mots, des outils, des façons de faire, des histoires, des gestes, des symboles, des actions, des concepts. Ceux-ci ont été produits et adoptés par la communauté au cours de son existence et s'incarnent dans ses pratiques.

De ces quelques caractéristiques définies – par ailleurs fortement réductrices des apports de Wenger – il ressort clairement que tout groupe ne forme pas *de facto* une communauté de pratique; cette dernière revêt une dimension relationnelle et interpersonnelle impliquant un mode particulier de fonctionnement social.

Barab et Duffy (2000) dégagent de la revue de littérature consultée trois caractéristiques majeures à la communauté de pratique: (1) un héritage culturel et historique commun, incluant des buts et des pratiques partagées, des significations négociées; un héritage qui est transmis aux nouveaux membres par les plus anciens; (2) un système interdépendant dans lequel «individuals are a part of something larger as they work within the context and become interconnected to the community, which is also a part of something larger» (p. 37); apprendre implique que l'on devienne une part d'un «tout plus grand» *(greater whole)* (Sfard, 1998); (3) un cycle qui se reproduit, avec l'idée que la communauté possède la capacité de se reproduire lorsque de nouveaux membres s'engagent dans des pratiques avec des pairs et des membres experts; dans le temps, ces derniers seront amenés à être remplacés par les nouveaux membres. Par ces quelques caractéristiques, il ressort à nouveau clairement que la notion de communauté de pratique va au-delà de la formation d'un groupe de personnes qui auraient été réunies en réponse à un besoin spécifique par exemple.

Prolongements en situation scolaire

Quels sont les prolongements prescriptifs ou descriptifs en situation scolaire du concept de communauté de pratique? Il ressort de notre revue qu'un grand nombre de recherches exploitant cette notion ne concernent pas la salle de classe et ses membres.[10] Comme spécifié par Cobb, McClain, de Silva Lamberg et Dean (2003), dans un certain nombre de travaux cette notion sert à caractériser les communautés professionnelles des enseignants, notamment dans le cas d'une collaboration avec des chercheurs. Elle peut également offrir un cadre d'analyse pour l'étude des pratiques enseignantes saisies dans leur contexte d'action quotidienne. Durand, Ria et Flavier (2003), par exemple, tentent d'analyser simultanément la cognition et «la culture en action» des enseignants. Cobb *et al.* (2003) exposent, quant à eux, une approche analytique des pratiques enseignantes dans le cadre d'une étude sur l'utilisation de moyens didactiques en mathématiques, introduits dans le cadre d'une réforme scolaire aux Etats-Unis. L'existence de différentes communautés de pratique est observée dans les contextes institutionnels de l'école et du district des enseignants concernés, avec la mise en évidence, entre autres, de compréhensions, rapports et préoccupations différentes d'une communauté à l'autre concernant l'utilisation des moyens didactiques et les apprentissages mathématiques des élèves. Dans ce cas, la notion de

---

10 Si l'on exclut les contributions qui y font référence dans leur développement théorique mais qui ne l'utilisent pas en tant que cadre analytique et interprétatif de leurs données empiriques.

communauté de pratique offre un cadre d'analyse interprétative aux phénomènes étudiés.

Un autre champ d'exploitation du concept de communauté de pratique apparaît dans le cadre de la formation et du développement professionnel des enseignants (e.g., Barab, Barett & Squire, 2002; Putnam & Borko, 2000), dont certains dispositifs prescriptifs sont liés à l'implantation d'une réforme scolaire par exemple (e.g., Gallucci, 2003). Sans entrer dans le détail de ces études, il est intéressant d'observer que certains de ces dispositifs sont basés sur l'utilisation de l'Internet (e.g., Barab, Makinster, Moore, Cunningham & the ILF team, 2001), s'inscrivant dans un mouvement plus général de développement de communautés virtuelles à des fins d'apprentissage (e.g., Taurisson & Senteni, 2003). La communauté de pratique apparaît ici comme un modèle de fonctionnement de groupe que l'on cherche à promouvoir eu égard aux conceptions théoriques et épistémologiques de la perspective située.

Mais qu'en est-il alors du groupe classe et de ses élèves? Considérant la notion de communauté de pratique et les concepts situationnistes associés comme une voie prometteuse pour la conception d'environnements pédagogiques pour les élèves et étudiants, Barab et Duffy (2000) passent en revue plusieurs dispositifs scolaires dont certaines caractéristiques pourraient relever d'une communauté de pratique.[11] Celui qui, selon les auteurs, se rapprocherait d'un apprentissage par la participation à une communauté de pratique est «The National Geographic Kids Network and Teleapprenticeship» qui regroupe des projets concernant, à chaque fois, une dizaine de classes dispersées géographiquement et reliées par des moyens de télécommunication. Les élèves des différentes classes sont engagés dans des problèmes «réels» du monde – par exemple la question des pluies acides – délimités ensemble, et dont l'étude les amène à développer un discours scientifique avec d'autres étudiants et des spécialistes du champ. De l'analyse de Barab et Duffy, il ressort que, pour que l'on puisse parler de communauté de pratique, les relations entre personnes doivent sortir du cadre limité de la salle de classe. Le but «is to develop a sense of self in relation to society – a society outside of the classroom» (p. 43), ce qui implique, selon les

---

11 En étant très attentifs à souligner les éléments qui divergent du modèle théorique dégagé des apports de Lave et Wenger (1991) et de Wenger (1998) notamment.

auteurs, un processus de construction identitaire lié au plan sociétal. On note que la communauté de pratique n'est pas le groupe classe mais qu'elle est rattachée aux pratiques professionnelles liées à la problématique traitée par les étudiants.

L'aspect novateur du dispositif décrit par Barab et Duffy est à relever; il implique un changement profond des pratiques pédagogiques, ce qui devrait certainement répondre aux aspirations de Lave (1997) de réformer radicalement les formes d'enseignement/apprentissage à l'école. On se demande néanmoins dans quelle mesure ce type de dispositif est possible pour tous les domaines disciplinaires – compte tenu par exemple des ressources sociales, matérielles et financières à disposition, des contenus des programmes – ainsi que des effets réellement produits sur les apprentissages des élèves et des modalités de leur «rendre compte» aux différents partenaires concernés.

Pertinence du concept de communauté de pratique pour qualifier la classe

Malgré l'objectif déclaré de Lave et Wenger (1991) d'offrir «un nouveau regard» pour questionner les processus d'apprentissage des élèves en situation formelle d'enseignement, il ressort de notre revue que peu de recherches portant sur le contexte de la classe se sont véritablement emparées de leur conception de communauté de pratique et de participation périphérique légitime. Reprenons quelques pistes explicatives évoquées dans Mottier Lopez et Allal (2004) sur deux points critiques: les processus identitaires et la spécificité des objets de connaissances en situation scolaire.

Les processus identitaires et l'apprentissage. Rappelons que les notions de participation périphérique légitime et de construction d'identité du membre novice sont les fondements de la conception épistémologique de la théorie de l'apprentissage situé de Lave et Wenger (1991). Rapidement dit, apprendre c'est participer à une communauté de pratique et se construire une identité; l'un ne va pas sans l'autre. Si l'on prend l'exemple bien connu des tailleurs Vai et Gola du Libéria, le membre expert est le maître tailleur qui incarne les pratiques, les valeurs, la culture de sa communauté; le membre novice est l'apprenti tailleur qui, par une participation de plus en plus centrale, va s'approprier les gestes spécifiques du métier – les savoirs et savoir-faire, mais également les discours, les significations, les routines, etc. Le processus identitaire entre expert et novice est ici spécifique et proximal; l'apprenti se prépare à accéder au métier du maître qu'il côtoie, partageant une même identité professionnelle bien qu'à des niveaux d'expertise différents. Dans le contexte de l'enseignement primaire, les processus identitaires entre l'enseignant/expert et l'élève/novice sont d'un autre ordre, plus diffus et davantage découplés dans le temps. En effet, l'objectif n'est pas que l'élève s'enculture aux pratiques professionnelles de la communauté des enseignants, mais qu'il s'approprie des savoirs et savoir-faire culturels généraux, utiles pour n'importe quel métier et pour la vie en société. En ce sens, l'enseignant incarne une culture scolaire générale et l'élève se prépare à partager cette culture véhiculée par le maître. Quant à l'identité socioprofessionnelle de l'élève, elle se définira ultérieurement.

Cette première comparaison met en évidence une rupture identitaire et épistémologique manifeste entre les processus de participation périphérique légitime dans les communautés de pratique tels que théorisés par Lave et Wenger et la nature des processus participatifs et identitaires des élèves au regard des pratiques sociales et de la culture véhiculée par la communauté scolaire ainsi que des finalités qui lui sont assignées.

Les objets de connaissance en situation scolaire. Le développement, à l'instant présenté, argumente la nécessité de considérer, dans la théorisation des processus d'enseignement/ apprentissage, l'éventuelle spécificité des pratiques et des enjeux de connaissances en situation scolaire. Bereiter (1997), tout en souscrivant à cette argumentation, estime que l'école constitue une communauté dont les pratiques possèdent les caractéristiques d'activités d'apprentissage situé, c'est-à-dire s'inscrivant dans un contexte socioculturel, s'ajustant aux contraintes et affordances des situations et activités, exploitant les ressources sociales, matérielles et représentationnelles des situations. Toutefois, de l'avis de l'auteur, les pratiques scolaires diffèrent sur deux points majeurs comparativement aux situations de *everyday cognition.* (1) Par leur participation aux pratiques scolaires, les élèves travaillent sur des *connaissances générales,* c'est-à-dire susceptibles d'être utilisées dans un grand nombre de situations différentes. Ce n'est pas le cas lors de l'apprentissage des gestes et des connaissances professionnels montrés dans les communautés de pratique étudiées par Lave et Wenger (1991). (2) Pour Bereiter, les connaissances scolaires doivent progressivement se détacher des situations et communautés qui les ont produites. La finalité des pratiques scolaires devient dès lors l'appropriation de «pratiques d'une cognition non-située» (p. 298).

La position de Bereiter a pour intérêt d'interroger la nature propre des apprentissages visés en situation scolaire. Elle s'inscrit dans un débat porté par plusieurs détracteurs de la perspective située (e.g., Anderson, Reder & Simon, 1996, 1997) qui considèrent que les principes épistémologiques de cette théorie amènent à une conception limitée de connaissances spécifiques et concrètes.[12] Mais pour les auteurs situationnistes, il s'agit d'un faux débat, car toutes connaissances, qu'elles soient générales ou spécifiques, concrètes ou abstraites, sont vues comme étant situées dans des systèmes d'activités socialement et culturellement organisées (Greeno, 1997; Lave, 1991). La conception de Greeno (1997) est que «generality depends on learning to participate in interactions in ways that succeed over a broad range of situations» (p. 7). C'est la multiplication des expériences situées qui contribuerait au processus d'abstraction.

Il convient toutefois de reconnaître que la perspective située doit relever le défi d'une conceptualisation plus étayée – sur le plan théorique et empirique – des processus de généralisation, d'abstraction et de transfert des connaissances. Comme évoqué dans Mottier Lopez et Allal (2004), l'idée de recontextualisations successives élargissant le champ d'exploitation des objets de connaissance et de leurs significations pourrait constituer une piste d'investigation. Certaines questions seraient à étudier dans cette perspective. Par exemple, suffit-il de multiplier les expériences d'apprentissage dans une diversité de situations pour aboutir à une abstraction conceptuelle? Quels sont les mécanismes sous-jacents aux recontextualisations successives? Dans quelle mesure la multiplicité des expériences dans une diversité de situations aboutit-elle effectivement à une abstraction conceptuelle de plus en plus épurée ou contribue-t-elle plutôt à une forme «d'épaississement» des connaissances par le «marquage» d'éléments contextuels toujours plus nombreux et variés, ainsi qu'à la reconfiguration des significations correspondantes?

LES PROPOSITIONS DES PSYCHOLOGUES SITUATIONNISTES DE L'ÉDUCATION

Comme dit précédemment, plusieurs psychologues de l'éducation ont eu pour projet une modélisation prescriptive des situations de médiation de la cognition et de l'apprentissage en situation scolaire. Eu égard aux apports des recherches anthropologiques sur les formes d'apprentis-

---

12 Anderson *et al.* (1996) réfutent, en effet, la thèse de la relation indissociable entre cognition et contexte, considérant que si la «cognition is partly context-dependant, it is also partly context-independent» (p. 10).

sage d'un métier – notamment de Lave – leur hypothèse est que la promotion d'environnements d'apprentissage revêtant les caractéristiques des contextes de la vie extrascolaire promeuvent des apprentissages plus «robustes». Deux modèles principaux sont présentés dans cette partie: le modèle *cognitive apprenticeship* et celui de *communauté d'apprentissage* qui s'appuient à la fois sur les thèses situationnistes et vygotskiennes. Compte tenu que notre objet d'étude empirique ne porte pas directement sur ces dispositifs, nous n'entrerons pas dans une discussion approfondie de chacune de leurs caractéristiques. Notre but est ici de souligner la conception de l'apprentissage situé qui apparaît dans ces travaux. La conclusion porte un regard critique sur certains rapprochements prescriptifs entre situations scolaires et extrascolaires, amenant à l'argumentation d'une exploitation de la perspective située dans une approche analytique et interprétative.

Un modèle d'apprentissage: cognitive apprenticeship

S'inspirant explicitement des formes d'*apprenticeship* sur les lieux de travail, Collins *et al.* (1989) développent un modèle d'apprentissage nommé *cognitive apprenticeship* (CoAS). Comme spécifié par les auteurs, le qualificatif *cognitif* désigne la centration portée sur «the learning-through-guided-experience on cognitive and metacognitive, rather that physical, skills and process» (p. 457). Notons ici la mention explicite à l'aspect guidé de l'apprentissage, proche de la conception de *participation guidée* de Rogoff (1990). La médiation sociale de l'expert est associée à ce que les auteurs nomment des «méthodes d'enseignement» (voir tableau 1) qui sont la *modélisation, le coaching, l'étayage* et le *déstayage.*[13] Järvelä (1995) et Hiebert *et al.* (1996) considèrent que cette forme de relation prônée entre l'enseignant et l'élève/les élèves est au cœur du modèle CoAS. Les résultats de la recherche de Järvelä mettent notamment en avant l'importance de la construction d'une compréhension partagée entre les participants, plus particulièrement la nécessité d'une interprétation commune de la tâche entre les élèves et l'enseignant afin que le guidage de ce dernier produise des effets positifs sur la participation et les apprentissages des élèves.

---

13 Ces «méthodes» sont clairement inspirées des écrits de Vygotski (1997) sur l'origine socioculturelle des «fonctions psychologiques supérieures» et sur la notion de zone proximale de développement.

On observe que le plan cognitif est clairement théorisé dans le modèle CoAS, se démarquant ainsi des thèses de Lave et Wenger (1991). Selon Collins *et al.* (1991), le but principal du modèle est de *rendre visibles* les processus à l'œuvre lorsque l'on écrit, lit, résout des problèmes par exemple. Si, dans le cadre de l'apprentissage d'un métier, les apprentis peuvent appréhender l'entier du processus de travail, les processus cognitifs à l'œuvre dans une tâche scolaire ne sont pas aussi facilement perceptibles. Il s'agirait dès lors de mettre en place des conditions favorables à l'«externalisation» de ces processus par le moyen de problèmes résolus ensemble par exemple, d'alternance de rôles entre enseignant et élèves, de discussions, de descriptions et de réflexions sur la façon dont expert-enseignant et novice-élève réalisent les tâches. La prise de conscience et la visibilisation des processus cognitifs sont une source d'information importante pour la régulation de l'enseignement et pour le soutien des processus d'autorégulation de l'apprenant.

Le tableau 1 offre une synthèse des caractéristiques majeures du modèle CoAS définies par Collins *et al.* (1989). Trois dispositifs développés dans la littérature de recherches répondant aux caractéristiques définies sont désignés. L'*apprentissage situé* apparaît comme un *trait distinctif parmi d'autres* du modèle CoAS. Il est rattaché à la construction d'un environnement de classe, reflétant les usages multiples des connaissances par rapport aux cultures des pratiques des communautés socioculturelles de référence. Il est lié à la promotion de pratiques dites *authentiques* (Brown *et al.*, 1989), stipulant un engagement actif des élèves dans le développement de compétences rattachées à l'expertise. Cette conception de l'apprentissage situé est évidemment plus restreinte que celle de la perspective théorique générale présentée plus haut.

Pratiques authentiques et communautés d'apprentissage

Brown *et al.* (1989) définissent les pratiques authentiques comme «les pratiques ordinaires de la culture», vues comme des pratiques signifiantes, finalisées et cohérentes dans le groupe socioculturel qui les produits (p. 34). Dans le discours des auteurs, la notion de pratique authentique renvoie à la fois à l'apprentissage d'un métier *(craft apprenticeship)* – en référence aux travaux anthropologiques de Lave (1988) – et à la culture des communautés d'expertise du monde extrascolaire ayant produit les objets de connaissance à enseigner et à apprendre à l'école.

Tableau 1.
Modèles et caractéristiques du modèle CoAS[14]

Exemple de CoAS	Caractéristiques générales de CoAS
	Contenu et type de connaissances
Lecture Enseignement réciproque (Brown & Palincsar, 1989)	Contenu de connaissance Stratégies heuristiques Stratégies de contrôle Stratégies d'apprentissage
	Méthodes d'enseignement
Production écrite Facilitation procédurale (Scardamalia & Bereiter, 1985)	Modeling Coaching Etayage et désétayage Articulation des connaissances Réflexion sur les procédures Exploration
	Séquentialisation des activités
	Complexité croissante Diversité croissante Compétences globales puis spécifiques
	Environnement d'apprentissage
Mathématiques Enseignement de la résolution de problèmes mathématiques (Schoenfeld, 1985)	Apprentissage situé Culture des pratiques expertes Motivation intrinsèque Coopération à exploiter Compétition à exploiter

Dans le cadre de l'enseignement des mathématiques par exemple, des pratiques authentiques demanderaient que l'on apprenne en faisant ce que font les mathématiciens, en s'engageant dans des problèmes à résoudre, dans des argumentations mathématiques typiques d'une pratique reconnue dans la communauté scientifique de référence (Hiebert

---

14 Selon Collins *et al.* (1989, p. 476).

et al., 1996). Les activités de résolution de problèmes mathématiques sont considérées, en ce sens, comme des pratiques authentiques (Brown *et al.*, 1989; Collins *et al.*, 1989, 1991; Schoenfeld, 1985) requerrant l'utilisation active de la part des élèves des concepts et compétences à acquérir. Schoenfeld (1985), en référence aux pratiques de la *recherche scientifique*, considère que l'on devrait inciter les élèves à développer une forme d'activité, d'argumentation, de discours social promouvant un processus de problématisation et de mathématisation. Ce faisant, les élèves sont amenés à rompre avec la représentation contreproductive des mathématiques comme étant seulement un corps de connaissances, de procédures, de routines qu'il s'agit d'apprendre – même sans les comprendre – pour remplir les conditions des évaluations certificatives notamment. Il s'agirait donc de stimuler la curiosité et la créativité des élèves, de les amener à affronter des dilemmes, à se poser des questions, à résoudre des énigmes, à relever des défis.

Le modèle *community of learning*[15] développé par Brown et Campione (1990) propose un environnement d'apprentissage promouvant également des pratiques authentiques sous forme de projets, de recherches, de résolution de problèmes, de situations de collaboration entre pairs et de débats dans la classe. Un des objectifs de la communauté d'apprentissage est d'encourager le partage des compétences entre les participants et de créer des conditions favorables à l'émergence de *multiples* zones proximales de développement dans la classe. Celles-ci se construisent non seulement dans la dynamique des processus interactifs entre personnes, mais également par l'accès à des ressources matérielles et informationnelles variées. Comme spécifié par Collins (1998), la modélisation de ce type de fonctionnement communautaire de la classe, toujours liée à l'intention de créer des ponts entre contextes scolaires et extrascolaires, s'inspire de celui des communautés scientifiques de référence. Il s'oppose à un enseignement traditionnel de nature «transmissive», vu comme entraînant une posture passive de l'apprenant.

---

15 Que nous traduisons par «communauté d'apprentissage», bien que dans la version française (Brown & Campione, 1995), la traduction soit «communauté d'élèves». Cette variation de terminologie se retrouve également en anglais: «community of learning and thinking» (Brown & Campione, 1990), «community of learners» (Brown & Campione, 1994).

Ces quelques éléments nous permettent de souligner qu'un des développements de la perspective située en milieu scolaire porte sur la modélisation de la dimension *communautaire* de la classe – de l'école, de l'établissement scolaire. Une profusion de termes dans la littérature anglophone est apparue pour ce faire: *cooperative community, inquiry community, community-building activities, community of learners instructional model*, pour ne citer qu'eux. Retenons que ces modélisations désignent un fonctionnement particulier du groupe social. Dillenbourg, Poirier et Carles (2003) argumentent en faveur, d'ailleurs, d'une utilisation restrictive du concept de communauté, l'assignant à certaines formes d'organisations et dynamiques sociales. De l'avis des auteurs, le qualificatif de *communauté* ne devrait pas recouvrir un fonctionnement scolaire traditionnel par exemple. Cette recommandation nous paraît particulièrement pertinente dans le cadre d'une approche prescriptive. Nous allons, quant à nous, nous distancier de cette position en argumentant l'intérêt d'une exploitation des thèses situationnistes dans une approche analytique et interprétative. Cela nous amènera à étudier le plan communautaire que toute classe comporte, notamment en termes de *microculture de classe*.

Quelques limites des approches prescriptives

Comme cela apparaît dans les travaux que nous avons présentés, l'intention de rapprocher les situations scolaires des situations extrascolaires est omniprésente. L'intérêt de ce rapprochement est de créer des liens entre la dynamique d'enseignement/apprentissage en classe et le fonctionnement social hors de l'école. Un objectif clairement formulé est de préparer les élèves à leur future vie socioprofessionnelle (Brown *et al.*, 1989; Collins *et al.*, 1989, 1991; Resnick, 1987). Le pari est que l'école a les moyens de proposer des situations suffisamment proches de celles de la vie du monde extrascolaire avec l'hypothèse que les élèves développeront ainsi des connaissances plus «robustes». Toutefois, Cobb et Bowers (1999) critiquent certains auteurs qui, de façon trop radicale, ont traduit les conceptions situationnistes en termes de tâches scolaires qui devraient obligatoirement revêtir l'habillage des contextes de la vie réelle et les caractéristiques des pratiques quotidiennes extrascolaires. Sans nier l'intérêt des résultats de recherches sur *everyday cognition*, les auteurs reprochent une forme d'application directe des principes théoriques en des prescriptions pédagogiques.

Il serait faux néanmoins de prétendre que les psychologues situation-nistes cités précédemment ne sont pas conscients des limites du rapprochement entre situations scolaires et extrascolaires – même si parfois une impression d'idéalisation des pratiques quotidiennes apparaît. Ainsi Brown *et al.* (1989) spécifient que dès qu'une situation authentique est transférée en classe, elle subit inévitablement des transformations et devient, de fait, une *activité scolaire*, inscrite dans une *culture scolaire*, plus précisément dans une culture liée aux *disciplines scolaires*. L'enjeu serait de conserver certaines «caractéristiques contextuelles» de la culture des professionnels, afin de permettre aux élèves de s'enculturer aux pratiques de la communauté d'expertise concernée. Hiebert *et al.* (1996) mettent en garde contre un usage excessif de la notion de pratique authentique, avec la métaphore – qualifiée de romantique – de l'élève qui serait tout à la fois «petit mathématicien, historien, critique littéraire, etc.»:

> From our perspective, children need not to be asked to think like mathematicians but rather to think like children about problems and ideas that are mathematically fertile. [...] The similarities between mathematicians and children lie in the fact that they are both working on situations that they can problematize with the goal of understanding the situations and developing solution methods that make sense for them. (p. 19)

L'avis de Brown *et al.* (1993) est que la notion d'authenticité devrait être associée au fait que les élèves puissent développer des stratégies et pratiques utilisables dans des contextes d'activité sociale autres que l'école (critère du transfert), plutôt que de désigner un habillage de surface identique entre situations. Allal (2001), dans une approche qui devient clairement analytique, relève:

> A task designed to simulate an out-of-school problem-solving situation might be carried out within a transmissive, teacher-dominated lesson, whereas a classic school task (e.g., filling out a worksheet) might become the object of participatory interaction mirroring the qualities of exchanges between practitioners outside school. (p. 415)

En ce sens, l'authenticité des activités et pratiques scolaires serait davantage fonction de la nature des dynamiques interactives entre les participants ainsi que de l'usage des ressources contextuelles en situation d'enseignement/apprentissage. Ce développement souligne l'intérêt d'étudier les pratiques *effectivement* développées dans le contexte de la classe; une situation initialement conçue pour favoriser un environnement riche en ressources contextuelles et un rapport significatif *(meaningful)* des élèves aux apprentissages peut, dans sa mise en œuvre effective, ne pas répondre aux finalités assignées.

Dans son discours sur les apprentissages mathématiques, Lave (1992, 1997) considère que l'école constitue sans conteste un lieu dans lequel se développe un *type* de *pratiques mathématiques quotidiennes*. «Math in school *is* situated practice: school is the site of children's everyday activity. [...] It is a site of specialized everyday activity» (Lave, 1992, p. 81). Tout en déplorant le décalage entre les pratiques scolaires et les autres systèmes d'activités culturelles, Lave discute les limites du modèle des pratiques quotidiennes extrascolaires. Malgré leur efficacité démontrée par les recherches, les pratiques quotidiennes ne garantissent pas une compréhension «en profondeur» des mathématiques – du fait par exemple que l'on tende à réduire, voire à éliminer, dans la vie quotidienne les résolutions convoquant des formulations mathématiques. Le but de l'école n'est donc pas de préparer les élèves aux pratiques quotidiennes extrascolaires, mais plutôt de promouvoir le développement d'un rapport des élèves aux mathématiques qui soit empreint de sens comme c'est le cas de l'activité dans les situations quotidiennes extrascolaires.

> The real trick may not be one of finding a correspondence between the everyday problems and school problems, but making word problems truly problematic for children in school – that is, part of a practice for which the children are practitioners. Given lively imaginations, it does not matter whether the problems conform to life experience, but it is important that they engage the imagination, that they become really problematic. (Lave, 1992, p. 88)

On note ici un rapprochement des points de vue entre Lave et les psychologues de l'éducation cités plus haut qui, tous, insistent sur l'importance des processus amenant l'élève à s'engager de façon signifiante dans la tâche, notamment par la problématisation et la mathématisation de l'activité en classe. Mais comme le souligne Lave (1992), le fait de proposer des problèmes mathématiques aux élèves ne suffit pas à garantir une véritable problématisation. Ses observations d'une classe de troisième année ont montré, par exemple, que l'activité des élèves lors de problèmes multiplicatifs consistait essentiellement à rechercher et fournir les réponses attendues par l'enseignante – y compris lorsqu'un élève développait une résolution originale, il choisissait cependant de ne pas la «donner à voir et à entendre» à la classe. Lave considère que les problèmes mathématiques restent ainsi artificiels, sans être réellement sous-tendus, aux yeux des élèves, par des «dilemmes» mathématiques. Les résultats de plusieurs recherches vont dans le sens de ces constats, mettant en évidence que le *métier d'élève* (Perrenoud, 1994; Sirota, 1993) consiste souvent à produire les réponses attendues par l'enseignant au détriment du développement d'une activité mathématique réellement signifiante (e.g., Cobb, Wood *et al.*, 1992; Lampert, 1990; Schoenfeld, 1985, 1988; Voigt, 1985). Notre point de vue, dans une conception située de l'apprentissage, est que quel que soit le fonctionnement de la classe, les systèmes d'attentes et obligations réciproques entre l'enseignant et les élèves existent et font partie intégrante de leurs activités. L'enjeu est de se demander dans quelle mesure ces systèmes encouragent une véritable problématisation et raisonnement mathématiques des élèves. Autrement dit, dans quelle mesure encouragent-ils des apprentissages qui prennent sens non seulement en réponse aux systèmes de rôles et d'attentes recelés par le contexte social de la classe, mais qui, surtout, favorisent un rapport et une compréhension à l'objet mathématique saisi dans des situations finalisées, notamment de résolution de problèmes? Ce point de vue nous incite à interroger et à problématiser la *microculture de classe*, en tant que contexte immédiat à l'activité des élèves et avec lequel se développent, dans une relation de constitution et structuration réciproques, les apprentissages des élèves.

Ouverture sur l'objet d'étude:
LA MICROCULTURE DE CLASSE

Dans le cadre de l'enseignement/apprentissage des mathématiques, Cobb et ses collègues (Cobb & Bowers, 1999; Cobb & Yackel, 1998; Cobb, Gravemeijer *et al.*, 1997) proposent une approche situationniste pour appréhender la relation entre l'apprentissage et le niveau contextuel plus local de la classe:

> A situated perspective on the mathematics classroom sees individual students as participating in and contributing to the development of the mathematical practices established by the classroom community. From this point of view, participation in these communal practices constitutes the immediate social context of the students' mathematical development. (Cobb & Bowers, 1999, p. 5)

Pour ce faire, les auteurs développent un cadre analytique et interprétatif de la *microculture de classe* qui a pour particularité de se distancier des positions situationnistes radicales excluant tout plan cognitif individuel de l'analyse et de l'interprétation.

Cette partie expose les grandes lignes de cette conception située de la microculture de classe, reprise et détaillée dans le chapitre suivant afin de définir précisément les dimensions retenues pour notre démarche empirique. Mais précisons d'emblée que la notion de culture de classe ou de microculture de classe n'est pas spécifique aux travaux situationnistes. Les revues de recherches de Doyle (1986b), d'Erickson (1986) et de Gallego, Cole and the Laboratory of comparative human cognition (2001) dans les *Handbook of research on teaching* (3e et 4e éditions) montrent que plusieurs directions de recherche se sont emparées de l'étude du contexte de la classe et de ses formes et propriétés culturelles. Sans entrer dans des développements approfondis, signalons deux orientations qui ont une relation plus ou moins directe avec les propositions de Cobb et de ses collègues: (1) des travaux inscrits dans une approche interactionniste et sociolinguistique (Cazden, 1986; Erickson, 1986), (2) des travaux inscrits dans le paradigme écologique des processus d'enseignement (Doyle, 1986a, 1986b). Sans entrer dans une présentation de chacun de ces champs, nos prochains développements s'y référeront parfois afin de compléter l'étayage théorique de notre objet d'étude.

LA MICROCULTURE DE CLASSE ET LES APPRENTISSAGES DES ÉLÈVES

Dans le cadre d'une série de recherches menées dans des classes d'élèves de 7-8 ans, les constats de Cobb et de ses collègues (Cobb, Wood *et al.*, 1992; Cobb *et al.*, 1994) montrent que l'enseignant et les élèves, au cours de leurs interactions continues, construisent une *microculture* dans la classe qui influence profondément l'activité mathématique et l'apprentissage des élèves. Sur la base de leurs résultats de recherche, et empruntant une distinction initialement introduite par Richards (1991, cité par Cobb *et al.*, 1994), deux types de microculture de classe sont dégagés: (1) *une tradition mathématique scolaire*, (2) *une tradition investigatrice (inquiry tradition)*. Les caractéristiques principales de chacune de ces traditions sont synthétisées dans le tableau 2.

Il ressort que, dans une microculture de classe vue comme traditionnelle, les pratiques mathématiques consistent essentiellement à des manipulations opératoires de symboles et à une communication mathématique rituelles et autoréférentielles ne favorisant pas une réelle compréhension conceptuelle. En d'autres mots, symbolisation et communication ne se réfèrent qu'à elles-mêmes, coupées d'actions qui pourraient leur donner un sens autre que celui de répondre aux attentes de l'enseignant par exemple. Et plus généralement aux pratiques de la microculture de classe, séparées du vécu des enfants et de la résolution de problèmes qu'ils pourraient rencontrer dans leur vie quotidienne extrascolaire. Ce constat s'accorde largement avec les objections de Resnick (1987) exposées précédemment.

Tableau 2.
Deux types de microculture de classe[16]

Tradition scolaire	Tradition investigatrice
Pratiques mathématiques	
Instructions procédurales, autoréférentielles Manipulation des symboles conventionnels ne se référant qu'à eux-mêmes	Poser des questions, résoudre des problèmes, se livrer à des conjectures, etc. Manipulation d'objets mathématiques abstraits liée à la métaphore d'une action dans la réalité physique
Autorité et vérité mathématique	
Validation par l'enseignant	Validation par la communauté, enseignant et élèves Vérités mathématiques construites par la communauté
Discours public de la classe	
Pattern dominant: «sollicitation de l'enseignant – réponse par l'élève – évaluation de l'enseignant» (Mehan, 1979)	Explication et justification par les élèves de leurs interprétations et solutions Argumentations mathématiques servant aux processus de validation notamment

---

16 Selon Cobb *et al.* (1994).

Dans une tradition investigatrice, les observations empiriques des chercheurs montrent que la manipulation des symboles conventionnels prend la forme d'actions sur des objets mathématiques construits et partagés par les élèves et l'enseignant. Autrement dit, elle est liée, métaphoriquement, à des actions effectuées dans une réalité concrète qui donne sens aux concepts mathématiques.

Les chercheurs mettent en avant l'importance, en début de séquence d'enseignement, de proposer aux élèves

> des situations réelles par rapport au vécu expérientiel des enfants, rendant ainsi possible pour eux l'engagement immédiat dans des activités mathématiques informelles. [...] L'activité initiale informelle des enfants constitue une base à partir de laquelle ils pourront se livrer ensuite à une abstraction réflexive et ainsi effectuer une transition vers une activité mathématique plus formelle, personnellement signifiante. (Cobb *et al.*, 1994, p. 56)

Contrairement à une microculture traditionnelle, enseignant et élèves sont responsables, ensemble, de la validation et de l'établissement des «vérités mathématiques» construites dans et par la communauté classe, notamment par le moyen de procédures argumentatives. Les chercheurs montrent que ce type de microculture de classe tend à encourager le développement d'une *autonomie intellectuelle et sociale* des élèves. Ce constat est fondé sur l'analyse d'un ensemble relativement important de données: enregistrement de toutes les leçons de mathématiques pendant l'année scolaire, récolte de l'ensemble des travaux écrits des élèves, notes de terrain, enregistrements vidéo d'entretiens individuels avec les élèves en début, milieu et fin d'année scolaire. L'expérimentation décrite s'est déroulée sur plusieurs années, impliquant un certain nombre de classes dont malheureusement le nombre exact n'est pas précisé. Relevons encore, en vue de nos propres développements présentés dans le prochain chapitre, le travail d'analyse du discours de la classe effectué par les chercheurs, en termes notamment de patterns interactifs vus comme des indicateurs des systèmes d'attentes et obligations reconnus et partagés dans la microculture de classe.

Plusieurs recherches inscrites dans une perspective située corroborent ces interprétations, dont celle de Bowers (1996, citée par Cobb & Bowers 1999) qui met en avant les différences qualitatives de compréhension mathématique des élèves – relative ici à la valeur de position d'un chiffre dans un nombre – en fonction des pratiques et des normes de la microculture de classe. Selon si celles-ci privilégient un enseignement centré sur les algorithmes conventionnels ou si elles privilégient des résolutions initiales des élèves mais sans viser une standardisation algorithmique immédiate. Il en va de même pour la recherche de large envergure de Boaler (1998, 1999, 2000) qui a effectué une étude longitudinale sur trois ans, en comparant les pratiques mathématiques de deux établissements scolaires de Grande Bretagne: les unes traditionnellement fondées sur l'utilisation de manuels scolaires, les autres proposant des situations d'apprentissages ouvertes et finalisées *(goal oriented)* sous forme de projets. Les résultats mettent en évidence que la majorité des élèves ayant bénéficié d'un enseignement basé sur l'utilisation des manuels ont une représentation des mathématiques à l'école comme étant principalement des activités de mémorisation et d'application de règles, de formules, d'équations. En conséquence, ces élèves semblent ne pas chercher à développer un raisonnement sur le sens et l'utilité des savoirs mathématiques. Les résultats des élèves à plusieurs tests montrent qu'ils ont tendance à développer des connaissances procédurales limitées dans des situations inhabituelles, ayant des difficultés à interpréter la situation mathématique proposée. Par contre, les élèves qui ont profité d'un enseignement par projets ont développé, pour la plupart, une compréhension conceptuelle plus étendue. Pour l'auteure, cette différence de forme de connaissances mathématiques, mais également de représentations que l'élève se fait des mathématiques, s'explique par la relation entre les apprentissages et les normes et pratiques valorisées dans les différentes communautés classe (Boaler, 2000). Si une des normes valorisées est de reproduire la technique mathématique exposée par le maître – le manuel – ou si, au contraire, il s'agit de développer des procédures de résolution sans attendre une démonstration initiale de la part de l'enseignant, l'élève apprend à participer à ces pratiques et développe les connaissances, représentations et croyances en rapport avec ces contextes.

D'une façon générale, ces constats soulignent la relation entre la microculture de classe et la forme des apprentissages mathématiques des élèves. Mais nous pouvons objecter qu'une conception très dichotomique se dégage de ces travaux. Dans quelle mesure, par exemple, des variations dans les pratiques et les normes pourraient-elles exister dans une même microculture de classe? au regard des objets de connaissances? du développement conceptuel, social et affectif des élèves? du développement des connaissances collectives et partagées dans la classe? Ou constate-t-on effectivement des tendances principales qui contraignent et rendent possible une forme d'apprentissages mathématiques plutôt qu'une autre? pour tous les élèves? pour certains d'élèves? Ces constats nous éclairent, d'autre part, peu sur les mécanismes à l'œuvre dans la relation dialectique et dynamique entre situation et apprentissage, entre plans individuel et social tels que saisis dans la conception de participation aux pratiques sociales de la communauté classe.

UN CADRE D'ANALYSE ET D'INTERPRÉTATION

En lien avec la problématique de l'innovation des pratiques pédagogiques et sur la base de leurs constats de recherche, Cobb et ses collègues développent un cadre d'analyse et d'interprétation de la microculture de classe (Bowers, Cobb & McClain, 1999; Cobb, Gravemeijer *et al.*, 1997; Cobb *et al.*, 2001). Il est intéressant d'observer que les chercheurs explicitent un élargissement de la microculture de classe sur un plan sociétal comme montré dans la figure 1, bien que leur objet spécifique d'études concerne le niveau propre à la communauté classe (en italique dans la figure 1).

Social perspective	Psychological perspective
General societal norms	Beliefs about what constitutes normal or natural development in mathematics
General social norms	Conception of the child in school – beliefs about own and others' role in school
Classroom social norms	*Beliefs about own role, others' roles, and general nature of mathematics in school*
Sociomathematical norms	*Mathematical beliefs and values*
Classroom mathematical practices	*Mathematical conceptions (interpretations and activity)*

Figure 1. Cadre d'analyse et d'interprétation de la microculture de classe[17].

Dans une conception non dualiste entre plans individuel et social, la microculture de classe n'est pas conçue comme un environnement qui serait pré-structuré, voire imposé aux élèves. Elle est vue dans une

---

17 Selon Cobb, Gravemeijer *et al.* (1997, p. 154).

perspective interactionniste de l'activité humaine, c'est-à-dire se construisant au fil des interactions entre l'enseignant et les élèves (Cobb, Wood & Yackel, 1993; Erickson, 1986; Voigt, 1985).

Relation réflexive entre processus sociaux et processus individuels

Cobb et ses collègues se distinguent des positions situationnistes radicales en choisissant d'articuler une «perspective sociale» qui se centre sur les processus collectifs et communautaires de la classe, et une «perspective individuelle» qui s'intéresse à l'activité psychologique individuelle des élèves lorsqu'ils participent aux processus collectifs de la classe (Cobb, Gravemeijer *et al.*, 1997). Les chercheurs justifient l'importance d'une définition d'un plan individuel non intégré dans le plan social en raison, notamment, de l'observation de différences de compréhensions individuelles dans le cadre de la participation à des pratiques pourtant établies au plan communautaire. Malgré une apparente unanimité dans des discussions collectives de la classe, Cobb, Wood *et al.* (1993) montrent, par le moyen d'entretiens individuels, des différences qualitatives dans l'interprétation mathématique des élèves. Les chercheurs défendent la conception d'une relation dite *réflexive*[18] entre plan social et plan psychologique individuel, afin de signifier que ceux-ci sont vus comme étant indissociablement liés, se co-constituant sans rapport de subordination entre eux et ne pouvant exister séparément (Cobb & Bowers, 1999; Cobb, Gravemeijer et al., 1997; Cobb, Gravemeijer et al., 1997; Cobb, Stephan, McClain & Gravemeijer, 2001). Un des enjeux des chercheurs devient de documenter la relation réflexive entre ces deux plans, notamment par l'étude du développement et de l'évolution à la fois des apprentissages mathématiques des élèves et des pratiques mathématiques communautaires de la classe.

Dans le prolongement de cette relation réflexive entre processus individuels et sociaux, trois niveaux inter-reliés d'analyse et d'interprétation de la microculture de classe sont définis par les chercheurs: (1) les normes sociales générales et croyances individuelles, (2) les normes sociomathématiques et croyances et valeurs mathématiques indivi-

---

18 Le choix de ce terme peut être vu comme problématique alors qu'il est souvent associé à l'idée de «réflexion sur». Nous choisissons cependant de garder cette terminologie qui est omniprésente dans les travaux de Cobb qui sont à la base de notre propre conceptualisation de la microculture de classe.

duelles, (3) les pratiques mathématiques et activités mathématiques individuelles.

Normes sociales générales et croyances individuelles

Les *normes sociales générales* de la classe désignent les aspects normatifs et les régularités de la participation des élèves quelle que soit la discipline scolaire. L'analyse des normes sociales générales délimite ce que certains chercheurs nomment les *structures de participation* représentant les systèmes d'attentes et d'obligations réciproques entre l'enseignant et les élèves (Erickson, 1986; Lampert, 1990), ou encore ce que Voigt (1985) appelle la *grammaire de la vie de la classe (grammar of classroom life)* vue comme les façons consensuelles de participer. Quant à Edwards et Mercer (1987), ils parlent de *«educational ground-rules»* pour désigner les règles implicites sous-tendant les discours et les pratiques éducatives. Dans le cadre d'une microculture de classe valorisant une tradition investigatrice, les normes suivantes ont été inférées: expliquer son interprétation et résolution, essayer de donner du sens aux explications des camarades, indiquer sa compréhension ou incompréhension, questionner les alternatives (Bowers *et al.*, 1999; Yackel & Cobb, 1996). Les chercheurs considèrent que ces normes ne sont pas spécifiques à la participation aux pratiques mathématiques, mais caractérisent aussi la participation des élèves dans d'autres disciplines scolaires. A noter cependant que cette assertion de la nature «transdisciplinaire» des normes sociales générales repose sur une argumentation théorique des chercheurs; elle n'est pas fondée sur des observations empiriques.

Le plan individuel associé aux normes sociales générales est constitué des croyances individuelles de l'enseignant et des élèves «about their own role, others' roles, and the general nature of *mathematical activity* (nous soulignons) in the classroom» (Cobb, Gravemeijer *et al.*, 1997, p. 155). On note ici une certaine contradiction lorsque les auteurs définissent le plan individuel en référence «malgré tout» aux mathématiques *(mathematical activity)* alors qu'ils considèrent que les normes sociales générales concernent toutes les disciplines scolaires.

Normes sociomathématiques et croyances et valeurs mathématiques individuelles

Les *normes sociomathématiques* (NSM) désignent plus spécifiquement les aspects normatifs et les régularités des processus de participation propres aux pratiques mathématiques. Notre analyse conceptuelle dans

Mottier Lopez (2005) a mis en avant que ces NSM trouvent leur correspondance dans les *règles pérennes* du contrat didactique (e.g., Brousseau,
1986; Schubauer-Leoni, 1986, 1996) ou encore dans la notion de *coutume
de classe* développée par Balacheff (1988). Toujours dans le cadre de
microcultures de classe de tradition investigatrice, les chercheurs ont
observé des NSM telles que: qu'est-ce qui compte comme une différence
mathématique acceptable dans la classe[19], une explication mathématique
acceptable, une résolution mathématique efficace, experte, «élégante»
(Bowers *et al.*, 1999; Cobb, Gravemeijer *et al.*, 1997; Yackel & Cobb, 1996).
Dans une classe de 2e année primaire, Yackel et Cobb (1996) ont effectué
une analyse qualitative des interactions entre l'enseignant et les élèves
dans des discussions collectives faisant suite à des résolutions par petits
groupes. Il ressort que, dans cette microculture de classe, lorsqu'il s'agit
de proposer différentes décompositions d'un même nombre, une solution qui reprend les mêmes termes mais dans une combinaison différente, n'est pas acceptée comme une résolution différente – bien que
pertinente.[20] Les chercheurs mettent en avant que la NSM de ce que
représente une différence mathématique incite les élèves à tenter de
comprendre les propositions des pairs, à comparer les solutions expliquées, à juger les différences et similarités avec leur propre résolution.
En ce sens, les NSM incitent le développement d'activités métacognitives: la résolution de l'élève devient un objet de réflexion pour soi et
pour les autres.

Selon les chercheurs, la constitution interactive de certains NSM
contribue à promouvoir une autonomie intellectuelle et sociale[21] des
élèves qui, par exemple, peuvent progressivement exprimer leur avis et
porter des jugements mathématiques sans passer systématiquement par
la validation de l'enseignant. D'autre part, elles incitent le développement d'activités cognitives de haut niveau, dans le sens qu'elles contraignent et tout à la fois rendent possible l'explication de son interprétation

---

19 La traduction est littérale, par exemple: «what counts as a mathematical dif-
    ference» (Cobb *et al.*, 1997, p.156).
20 Par exemple, une première proposition d'élève est acceptée: (18 = 10 + 2 + 6),
    mais ensuite refusée si elle propose: (18 = 6 + 2 + 10).
21 Dans une approche située, l'autonomie des élèves est définie en relation avec
    les pratiques et la microculture de la classe et non pas comme une caractéris-
    tique individuelle qui serait indépendante du contexte (Cobb & Bowers,
    1999; Yackel & Cobb, 1996).

et raisonnement mathématiques, ainsi que l'expression de jugements et avis argumentés (Mottier Lopez & Allal, 2004).

Le plan individuel lié aux NSM est constitué des croyances et valeurs individuelles spécifiques aux mathématiques, avec la conception que la construction de ces dernières permet aux élèves d'agir de façon de plus en plus autonome lorsqu'ils participent à la négociation des normes sociomathématiques (Cobb, Gravemeijer *et al.*, 1997; Cobb *et al.*, 2001; Yackel, 2000; Yackel & Cobb, 1996).

Pratiques mathématiques et activités mathématiques individuelles

Le troisième niveau d'analyse et d'interprétation de la microculture de classe concerne les *pratiques mathématiques* de la classe qui, selon Cobb *et al.* (2001), peuvent être vues comme les situations sociales immédiates au développement des élèves. Elles fournissent le cadre aux interprétations mathématiques collectives et communautaires liées à un contenu spécifique. Comme souligné précédemment, la définition du concept de pratique, au cœur des perspectives socioculturelles, reste un concept extrêmement polysémique et souvent mal défini dans les travaux (Cole, 1995). Avant de poursuivre avec les développements propres à la microculture de classe, tentons de circonscrire ce que l'on entend par *pratique*, tout en soulignant à nouveau les rapports très proches entre ce concept et ceux de contexte, situation, activité, action.

Dans une approche socioculturelle, Scribner et Cole (1981, cités par Miller & Goodnow, 1995) proposent de définir la pratique «as a reccurent goal-directed sequence of activities using a particular technology and particular systems of knowledge» (p. 6). Pour Miller et Goodnow, «practices are actions that are repeated, shared with others in a social group, and invested with normative expectations and with meanings or significances that go beyond the immediate goals of the action» (p. 7). Les auteurs soulignent qu'une des caractéristiques des pratiques est qu'elles sont observables, non pas dans une acception d'un comportement observable au sens behavioriste du terme, mais avec l'idée d'actions qui prennent sens *(meaningful)* car situées dans un contexte socioculturel et ouvertes à l'interprétation. Dans le cadre d'une étude située des processus d'évaluation en classe, Allal (2002) qualifie les pratiques de la classe de «conduites sociales et individuelles en rapport avec les contenus et les contextes d'un domaine d'expertise. Les pratiques ne sont pas transversales, ni transférables; elles sont spécifiques à un domaine défini par une structuration de savoirs et de savoir-faire» (p. 6). Cette dernière définition partage la conception de Cobb et ses collègues concernant l'attache au domaine disciplinaire. Par contre, la dimension individuelle citée par Allal reste en arrière-fond avec la thèse de la relation réflexive entre processus sociaux et individuels, la dimension sociale et communautaire de la pratique étant clairement privilégiée. Nous retiendrons que la conception de pratiques mathématiques de la classe englobent la façon dont elles se réalisent dans le contexte de la classe, comprenant les modalités interactives, les discours, les outils, les symbolisations, les significations mathématiques associées à un contenu mathématique à enseigner et à apprendre. Les valeurs, normes et attentes réciproques socialement reconnues et partagées entre les membres de la communauté classe sous-tendent et s'incarnent dans les pratiques qui, comme définies par Miller et Goodnow, recèlent l'idée d'actions répétées et partagées par le groupe social – la classe – allant au-delà du but immédiat de l'action. En tant que «créations locales», il se peut que certaines pratiques mathématiques de la classe soient provisoirement éloignées des pratiques socioculturelles de référence, même si, à terme, elles doivent pouvoir y répondre.

Dans les travaux de Cobb, les pratiques mathématiques de la classe sont vues comme se développant principalement lorsqu'enseignant et élèves discutent des situations, des problèmes, des solutions, notamment dans des interactions collectives faisant suite à des activités de résolution en petits groupes ou individuelles (Cobb *et al.*, 1994). Bowers *et al.* (1999) parlent de compréhension mathématique collective qui inclut l'argumentation, la validation, l'utilisation des conventions mathématiques relatives à des situations, des tâches et des contenus mathématiques particuliers. Concernant la construction des notions d'unités et de dizaines, Cobb, Gravemeijer *et al.* (1997) citent l'exemple suivant observé dans plusieurs classes de deuxième année primaire: au début de l'année scolaire, quelques élèves seulement sont capables de développer des solutions qui impliquent la conceptualisation d'unités de 1 et d'unités de 10. Lors de discussions collectives, la participation normative et rituelle des élèves consiste à expliquer et justifier leurs solutions et interprétations, les amenant ainsi à argumenter leur interprétation mathématique en termes d'unités et de dizaines. Les observations empiriques montrent que, plus tard dans l'année scolaire, cette interprétation a été institutionnalisée en une pratique mathématique vue comme socialement reconnue et partagée par la classe et qui ne nécessite plus de justifications collectives; elle est devenue une «vérité mathématique» établie dans et par la communauté classe.

Dans le modèle de Cobb *et al.*, les pratiques mathématiques de la classe sont rattachées, sur le plan individuel, aux activités psychologiques d'interprétation et de raisonnement mathématiques des élèves. Toujours dans une idée de relation réflexive, les activités individuelles des élèves sont vues comme se développant – et se restructurant – lors de la participation aux pratiques mathématiques de la classe. Réciproquement, l'évolution des pratiques communautaires ne peut se faire que par la réorganisation des activités individuelles. Les observations empiriques de Cobb *et al.* (2001) mettent en évidence l'arrière-fond contextuel (*background*) fourni par les normes qui structurent et orientent la participation des élèves et les pratiques mathématiques établies par la communauté classe. Il est à relever cependant qu'une plus grande conceptualisation des pratiques mathématiques demanderait à être faite dans des configurations sociales autres que collectives.

Constitution des pratiques, des normes, des significations «taken-as-shared»

Cobb et ses collègues se réfèrent explicitement aux travaux d'Erickson (1982, 1986) et de Voigt (1985, 1995), dans une approche interactionniste de l'activité humaine, considérant que la microculture de classe désigne une culture locale, propre à un groupe de personnes amenées à s'associer de façon récurrente et qui en construisent et partagent une compréhension spécifique. Yackel (2000) effectue une démonstration de la filiation entre les construits théoriques de normes sociales et sociomathématiques et le courant pragmatique de l'interactionnisme symbolique, avec les travaux de Blumer (1969) notamment. Un des fondements clé de la pensée de cet auteur porte sur les processus d'interprétation qui sous-tendent toute action et interaction et qui permettent de communiquer et de comprendre le sens des actions d'autrui. Ce sont les processus d'interprétation qui confèrent le statut *symbolique* à l'interaction et à l'action, signifiant que celles-ci sont interprétées; il n'existe pas de signification hors d'un processus interprétatif intersubjectif. Enseignant et élèves sont vus comme des personnes qui interprètent et donnent activement sens au(x) monde(s) qui les entoure(nt). Les normes sociales et sociomathématiques résultent des processus d'interprétation et de coordination dans l'activité conjointe entre les participants.

Blumer (1969) souligne la dimension collective et individuelle intervenant dans l'action conjointe qui résulte de l'articulation de l'activité des participants: «the joint action of the collective is an interlinkage of the seperate acts of participants» (p. 17). Concernant les normes de la microculture de classe, celles-ci représentent les compréhensions normatives des attentes et obligations telles qu'elles se constituent interactivement dans les processus participatifs, bien que chaque élève dans la classe développe sa propre interprétation et compréhension de celles-ci (Yackel, 2000; Yackel & Cobb, 1996). Les normes offrent, de par leur régularité et prévisibilité émergentes, une continuité dans les activités quotidiennes sans que ne soient nécessaires de continuelles délibérations sur les options possibles pour agir (Voigt, 1985; Wood, 1996).

Dans le prolongement de cette conception, les pratiques, les normes, les significations au plan communautaire de la classe sont entendues comme étant *taken-as-shared* – que nous traduisons par l'expression «vu comme socialement reconnu et partagé» (Cobb, Wood *et al.*, 1992; Cobb, Gravemeijer *et al.*, 1997; Voigt, 1994). Ce concept a pour but de mettre en avant que l'on n'a jamais l'assurance que les pratiques, normes, significations soient effectivement partagées et interprétées de façon identique entre les participants. Il est pourtant nécessaire de faire «comme si» elles l'étaient, afin de rendre possible les processus de communication et de compréhension partagée entre les membres de la communauté classe (Cobb & Bauersfeld, 1995; Cobb, Gravemeijer *et al.*, 1997; Krummheuer, 1988; Voigt, 1994, 1996). Clark et Brennan (1991) parlent de *grounding mechanisms* pour désigner cette construction de compréhension suffisamment partagée entre les personnes, afin de mener à bien l'activité conjointe.

Ainsi, enseignant et élèves sont amenés à *négocier*, de façon le plus souvent implicite, les interprétations intersubjectives des activités et pratiques mathématiques de la classe. Dans une approche interactionniste et microsociologique, Krummheuer (1988) définit les processus de négociation comme «l'essai d'un établissement d'une interprétation commune (interprétation dont la validité est communément partagée) dans un processus de communication, sur la base d'interprétations intersubjectives activées séparément» (p. 48). Ainsi, «from the interactionist perspective, mathematical meanings are negotiated even if the participants do not explicitly argue from different points of view» (Voigt, 1994, p. 177). Dans cette conception, toute interaction verbale suppose une négociation qui, ici, ne désigne pas un type de dialogue particulier

(Dillenbourg *et al.*, 1996). Voigt (1985, 1995) et Krummheuer (1988) mettent en avant la production de *thèmes mathématiques* lors de ces processus de négociation. Ils sont vus comme spécifiques aux situations et interactions développées et reconnus par les participants lors de leur constitution interactive. Ces thèmes mathématiques ne sont pas du même ordre que les significations que des mathématiciens attribueraient à l'objet mathématique, mais relèvent des processus de production d'une compréhension locale et partagée entre les participants qui sous-tendent les processus sociaux de communication. Toutefois, comme signalé par Cobb, Yackel *et al.* (1992), dès que l'on se centre sur les interprétations individuelles des élèves ou de l'enseignant

> it becomes apparent that they do not have direct access to each others' mathematical experiences and consequently have no way of knowing whether their individual interpretations of a situation actually respond to those of others (von Glaserfeld, 1990). We therefore view the process of attaining intersubjective as one in which the teacher and students each construct individual interpretations that they take as being shared with the others. (p. 17)

Les chercheurs considèrent que cette construction d'intersubjectivité entre les participants et de négociation des objets vus comme *taken-as-shared* dans la microculture de classe représente une source puissante d'apprentissage en situations scolaires: (1) en raison des processus nécessaires d'appropriation mutuelle – souvent implicite – des significations, des interprétations, des raisonnements d'autrui, des processus d'appropriation qui concernent autant l'enseignant que les élèves; (2) en raison des confrontations de perspectives différentes entre élèves et avec l'enseignant qui se manifestent par des tensions, des conflits, des négociations d'interprétations différentes entre les membres de la communauté classe.

QUELQUES POINTS CRITIQUES DU CADRE CONCEPTUEL DE LA MICROCULTURE DE CLASSE

Tout en reconnaissant l'intérêt du cadre conceptuel de la microculture de classe développé par Cobb et ses collègues, plusieurs points demandent à être discutés à notre avis, dont: (1) la distinction entre les normes sociales générales et les normes sociomathématiques, (2) la nature émergente des normes et pratiques mathématiques.

De la question des types de normes

La distinction, *subtile* aux dires des auteurs, entre norme sociale générale (NSG) et norme sociomathématique (NSM) nous paraît problématique. En effet, l'argument concernant le fait que les NSG pourraient – en termes de potentialité – être présentes dans d'autres disciplines scolaires que celle des mathématiques nous paraît insuffisant pour affirmer leur statut de «généralité» ou de transdisciplinarité. Au plan empirique, il paraît concevable que dans une classe, l'explication de son interprétation et compréhension, par exemple, puisse sous-tendre les processus participatifs des élèves aux pratiques mathématiques, mais pas lorsqu'il s'agit d'apprendre l'orthographe. Du coup, la norme de l'explication serait propre aux pratiques mathématiques dans cette classe; cela pourrait ne pas être le cas dans une autre classe. D'autre part, concernant les NSM (e.g., qu'est-ce qu'une explication mathématique acceptable), il n'est pas très clair si elles relèvent des significations et critères, socialement reconnus, qui portent sur le processus (la façon d'expliquer), sur le produit (l'explication en tant qu'objet) ou sur les deux. En outre, on note que certaines NSM sont clairement associées aux NSG (expliquer vs. qu'est-ce qu'une explication mathématique acceptable). D'autres semblent, par contre, ne pas avoir de correspondance (e.g., NSG «manifester sa compréhension»; NSM «qu'est-ce qu'une résolution experte»). Eu égard à ces quelques objections que nous reprendrons dans le chapitre prochain, nous proposerons *d'élargir* le concept de norme sociomathématique dans une conception articulant processus et produit de la participation.

De la question de la nature émergente de la microculture de classe

Yackel et Cobb (1996) et Yackel (2000) soulignent que les normes et les pratiques mathématiques sont interactivement constituées, émergeant au cours des processus de négociation entre les membres de la classe lors de leurs activités mathématiques conjointes. Les normes sociales générales et sociomathématiques ne sont pas vues comme déterminées par des critères qui seraient préalablement définis et imposés aux élèves. Elles n'existent pas hors des interactions qui les produisent, affirme Yackel. Nous objectons qu'il paraît difficile de prétendre que tous systèmes d'attentes et obligations mutuelles n'auraient aucune part préexistante à l'interaction. L'enseignant, par exemple, a connaissance des programmes, des moyens d'enseignement, des recommandations didactiques et pédagogiques qu'il va interpréter en fonction de sa culture professionnelle, empreinte des règles, des normes, des croyances, des pratiques constitutives de l'institution scolaire. Un enseignant qui partage les valeurs, représentations et pratiques liées à une microculture de classe de tradition investigatrice, peut avoir pour projet de favoriser une certaine forme de participation qui valorise des explications par les élèves de leur raisonnement mathématique développé en cours de résolution de problèmes. Il peut également décider, préalablement, de ne pas se contenter de valider une seule résolution mais de solliciter différentes procédures de calcul possibles, afin de faire discuter les alternatives aux élèves. En tant qu'autorité sociale et mathématique, l'enseignant influence les processus de constitution et de négociation des normes sociomathématiques eu égard à une représentation préexistante de ce qu'il souhaite privilégier dans la classe. Cette objection apparaît encore plus fondée concernant la construction des pratiques mathématiques de la classe qui, comme le soulignent Cobb et ses collègues, doivent tendre vers les pratiques socioculturelles de référence; l'enseignant en a connaissance et elles sous-tendent son projet d'enseignement. De même, les enfants peuvent avoir des représentations de ce que devraient être les rôles d'élève et d'enseignant, eu égard à un discours familial par exemple, à l'expérience d'un frère aîné, à leurs propres exprériences scolaires précédentes.

Grossen (2000), dans une approche également située, s'attache à démontrer la part constitutive des *institutions sociales* dans la construction de l'interaction sociale entre un adulte (enseignant ou chercheur) et un enfant.

> Institutions play an integral part in thinking, learning and teaching, and solving a problem or learning a new body of knowledge are only parts of a broader activity: constructing the interaction itself, and more specifically constructing the institutional frame in which some roles are enacted, others rejected, identities are negotiated, questions, bodies of knowledge or answers, are considered as legitimate or not. (p. 33)

De ce point de vue, les interactions sont symboliquement médiatisées par les institutions sociales, dont l'institution scolaire qui a la légitimité de déterminer quelles connaissances doivent être enseignées et apprises dans la microculture de classe, en fonction de quel curriculum, avec quelle méthode, pour quels objectifs, etc. Les interactions sociales et, en extension, les pratiques de la classe sont «marquées» par la représentation qu'ont les participants de cette institution et qui va également donner sens à leurs activités. Les apports de Grossen nous amènent donc à souligner la part prise par le contexte plus large que celui de la classe dans la constitution de la microculture et, dans une relation réflexive, dans le développement des activités individuelles et interpersonnelles de ses membres. Mais, comme la posture de Cobb et ses collègues nous incite à le conceptualiser, il y a toujours une part indéterminée dans la construction conjointe des normes et pratiques de la classe. Les contributions des uns et des autres ne peuvent, d'une part, être totalement connues à l'avance et, d'autre part, elles sont médiatisées et donc transformées dans et par les processus participatifs et activités conjointes. La reconnaissance et le partage entre les membres de la classe de ce que représente, par exemple, une résolution mathématique admise comme efficace dans la communauté classe ne peut se construire que dans l'interaction et l'interprétation intersubjective entre les participants. De même, le statut *taken-as-shared* des pratiques mathématiques ne peut s'établir qu'au travers des processus participatifs de la classe. C'est pourquoi, nous proposons, à la suite de Grossen, Liengme Bessire et Perret-Clermont (1997), de concevoir les pratiques mathématiques de la classe comme des pratiques sociales *et* institutionnelles, afin de rendre compte de leur construction et négociation entre les participants tout en considérant la part constitutive des institutions sociales – et donc des éléments pré-existants – dans la constitution interactive de la microculture de classe.

L'APPRENTISSAGE: UN PROCESSUS DE CONSTRUCTION INDIVIDUELLE
ET UN PROCESSUS D'ENCULTURATION

Le cadre théorique de la microculture de classe de Cobb et de ses collègues se fonde sur plusieurs conceptions épistémologiques clé. L'activité mathématique en classe est conceptualisée comme étant à la fois une activité humaine collective – qui, dans la communauté classe, produit des formes de connaissances, d'argumentations et de validations collectives qui sont vues comme socialement reconnues, partagées et distribuées – et une activité individuelle activement construite et qui se réorganise par la participation aux pratiques communautaires. L'hypothèse épistémologique est que les apprentissages mathématiques relèvent à la fois d'un processus actif de construction individuelle et d'un processus d'enculturation aux pratiques sociales et culturelles reconnues dans la société (Cobb & Bowers, 1999; Cobb, Yackel *et al.*, 1992; Cobb *et al.*, 1994; Cobb, Gravemeijer *et al.*, 1997; Cobb *et al.*, 2001; Yackel, 2000).

Le postulat fort de Cobb et de ses collègues est que lorsque les élèves participent à la constitution interactive des normes et des pratiques de la classe, ils sont amenés, dans une conception constructiviste de l'apprentissage, à réorganiser et restructurer activement leur façon de raisonner, d'interpréter, de comprendre et de faire des mathématiques, mais également leurs croyances et leurs dispositions à l'égard des mathématiques. Cobb se réfère aux notions piagétiennes d'assimilation et d'accommodation, et à la fonction des perturbations dans le développement cognitif qui contraignent le sujet à réorganiser son activité. Mais, dans une relation réflexive entre plans individuel et social, les apprentissages sont également conceptualisés comme résultant d'un processus d'enculturation, avec la tension entre (a) les pratiques constituées au sein de la communauté classe sur la base des contributions individuelles de ses membres – enseignant et élèves; (b) et eu égard aux pratiques «institutionnalisées dans la société» et auxquelles les pratiques mathématiques locales de la microculture de classe doivent pouvoir répondre (Cobb, Yackel *et al.*, 1992; Cobb, Wood & Yackel, 1993; Cobb *et al.* 1994). Toutefois, il est à préciser que la conception des auteurs est celle d'une relation *indirecte* entre processus sociaux et individuels, considérant que c'est toujours l'enfant qui doit activement construire son interprétation et sa compréhension lorsqu'il participe aux pratiques sociales, amenant à des différences qualitatives entre individus (Cobb, Boufi *et al.*, 1997). Dans cette conception que nous pouvons qualifier de *constructivisme situé*, le raisonnement de l'élève n'est plus vu comme étant seulement un phénomène mental individuel, mais il est interprété comme un acte de participation à des pratiques mathématiques communautaires et par lequel l'élève construit activement ses apprentissages (Cobb & Bowers, 1999). En ce sens, le raisonnement et la compréhension en tant que caractéristiques individuelles sont aussi vus comme des activités sociales de l'individu avec autrui (Resnick *et al.*, 1997), intimement liés à un contexte socioculturel empreint de normes, de valeurs, de pratiques et de significations socialement négociées et constituées.

Une triple tension en situation scolaire

Sur la base des développements théoriques exposés précédemment, trois tensions fondamentales peuvent être dégagées dans les processus d'enseignement/apprentissage en situation scolaire: (a) les processus de construction individuelle, (b) les processus de constitution des pratiques, normes et significations de la microculture de classe, (c) les processus d'enculturation aux connaissances et pratiques socioculturelles de référence (figure 2).

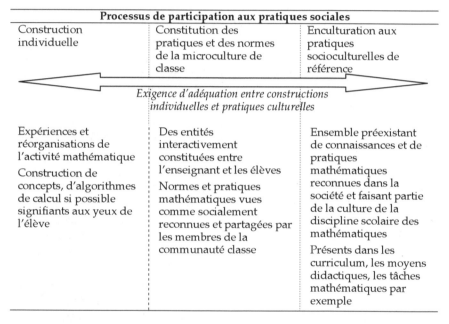

Processus de participation aux pratiques sociales		
Construction individuelle	Constitution des pratiques et des normes de la microculture de classe	Enculturation aux pratiques socioculturelles de référence
Exigence d'adéquation entre constructions individuelles et pratiques culturelles		
Expériences et réorganisations de l'activité mathématique	Des entités interactivement constituées entre l'enseignant et les élèves	Ensemble préexistant de connaissances et de pratiques mathématiques reconnues dans la société et faisant partie de la culture de la discipline scolaire des mathématiques
Construction de concepts, d'algorithmes de calcul si possible signifiants aux yeux de l'élève	Normes et pratiques mathématiques vues comme socialement reconnues et partagées par les membres de la communauté classe	Présents dans les curriculum, les moyens didactiques, les tâches mathématiques par exemple

Figure 2. Tensions entre processus individuels, interpersonnels et socioculturels.

Si les processus de participation, sous-tendus par les normes de la microculture de classe, visent à soutenir la construction active par l'élève d'algorithmes de calculs signifiants, on ne peut garantir que ces algorithmes soient forcément les plus efficaces, experts, adéquats. Un des enjeux devient donc de favoriser certaines constructions conceptuelles plutôt que d'autres, en référence aux symbolismes, aux outils, aux modèles, aux conventions, aux pratiques socioculturelles de référence – des pratiques et outils culturels qui sont représentés par l'enseignant, ainsi que dans les objectifs des programmes, les moyens d'enseignement, les objets de connaissance visés par les tâches mathématiques, autrement dit présents dans la culture de la discipline scolaire.

Un des développements qui nous paraît propre à la notion de microculture de classe est d'introduire en relation avec les processus de construction individuelle active de l'élève et les processus sociaux d'enculturation, la dimension de la constitution interactive de systèmes de pratiques et de significations locales et immédiates qui se construisent au cours des interactions continues entre l'enseignant et les élèves. La conception défendue est que

> la finalité éducative ne peut consister à introduire une culture mathématique préétablie dans la classe. Il s'agit plutôt d'orienter le développement du raisonnement individuel de l'enfant et l'évolution collective des pratiques mathématiques de la classe de façon que ceux-ci deviennent de plus en plus compatibles avec ceux de la société. (Cobb *et al.*, 1994, p. 52)

De l'importance du rôle de l'enseignant

Les chercheurs s'accordent à souligner le rôle important joué par l'enseignant dans la tension entre construction individuelle et processus sociaux d'enculturation. En tant que représentant dans la classe de la culture de référence, l'enseignant guide la constitution interactive de la microculture de classe et l'évolution des pratiques mathématiques vers les modèles visés (Cobb, Yackel *et al.*, 1992; Cobb *et al.*, 1994; Cobb, Gravemeijer *et al.*, 1997; Voigt, 1985; Yackel & Cobb, 1996). Des observations empiriques de classes de mathématiques à l'école primaire ont mis en avant certains phénomènes liés aux *processus de guidage* de l'enseignant, que ce soit dans le cadre de microcultures traditionnelles ou investigatrices. Ainsi sont notamment soulignées les contributions de l'enseignant consistant à *légitimer* certains aspects de l'activité mathématique des élèves eu égard aux pratiques et conventions socioculturelles de référence, et les contributions enseignantes consistant à *sanctionner* d'autres aspects de l'activité de l'élève ou, plus implicitement, à les ignorer ou ne pas les valoriser (Cobb, Wood *et al.*, 1992; Cobb, Yackel *et al.*, 1992; Lampert, 1990; Voigt, 1985, 1995, 1996; Yackel & Cobb, 1996). En ce faisant, les interventions de l'enseignant orientent le développement mathématique des élèves et les pratiques de la classe dans certaines directions plutôt que dans d'autres.

Dans le cadre de microcultures de classe investigatrices, Cobb *et al.* (1994) soulignent l'exercice difficile que représente, pour l'enseignant, à la fois de capitaliser sur les contributions des élèves concourant au développement des pratiques mathématiques de la classe et d'assurer l'adéquation entre des constructions individuelles signifiantes et les connaissances et pratiques culturelles de référence. Mais, plus généralement, la difficulté dans le guidage de l'enseignant est de ne pas produire des séquences interactives de questions/réponses qui relèvent davantage d'un «jeu de devinettes» dans lequel les élèves tentent d'inférer les réponses attendues par l'enseignant (e.g., Voigt, 1985), sans développer de véritables réflexions sur les activités mathématiques entreprises (Cobb, Boufi *et al.*, 1997). Faisant référence au questionnement socratique, plusieurs auteurs comparent ce type de séquences interactives à une «maïeutique» dans laquelle l'enseignant pose de «fausses questions» – car connaissant l'information sollicitée – qui laissent très peu d'autonomie à la personne questionnée. Mais quelles que soient les difficultés inhérentes aux processus de guidage de l'enseignant, un certain nombre de chercheurs dans le cadre de l'enseignement/ apprentissages des mathématiques (e.g., Cobb, Yackel *et al.*, 1992; Cobb *et al.*, 1993; Hiebert *et al.*, 1996) s'insurgent, en lien avec certaines applications de réformes scolaires des mathématiques, contre la conception qui confinerait l'enseignant à un rôle passif sous prétexte de «laisser les élèves construire leurs connaissances».

> The conclusion that teachers should not attempt to influence students' constructive efforts seems indefensible, given our contention that mathematics can be viewed as a social practice or a community project. From our perspective, the suggestion that students can be left to their own devices to construct the mathematical ways of knowing compatible with those of wider society is a contradiction terms. (Cobb, Yackel *et al.*, 1992, pp. 27-28)

Il est à souligner que la conception du rôle clé de l'enseignant est partagée et défendue – avec différentes variations théoriques évidemment – par l'ensemble des auteurs situationnistes, anthropologues et psychologues de l'éducation que nous avons cités dans ce chapitre, que ce soit dans une approche prescriptive ou interprétative.

Synthèse conclusive
et questionnement général de recherche

Synthèse autour de la notion de contexte

Tout au long de ce chapitre, il a été montré que la perspective située regroupe différents points de vue théoriques, mais avec la conception commune de l'indissociabilité entre apprentissage et situation. Plusieurs principes organisateurs pourraient être utilisés pour effectuer une synthèse des travaux examinés. Nous choisissons, pour notre part, la notion de contexte compte tenu de son importance théorique et épistémologique dans la perspective située. Comme mis en évidence dans le tableau 3, certains développements situationnistes invoquent plutôt le contexte social immédiat à l'activité, en termes de situation et des conditions contextuelles, sociales, matérielles et significationnelles notamment. D'autres se réfèrent, quant à eux, aux pratiques et significations culturelles et historiques d'une communauté ou de la société au sens large. En situation scolaire, une tension/articulation entre les deux plans apparaît de façon récurrente dans les travaux.

Les pratiques socioculturelles de référence, mais de quelles pratiques parle-t-on?

Afin de questionner les champs de référence convoqués par les chercheurs situationnistes lorsqu'ils se réfèrent au contexte plus large que la classe, faisons un détour sur la notion de *pratique sociale de référence* développée par Martinand (1986). Dans le cadre de sa thèse de doctorat, ce professeur en sciences physiques et en didactique des sciences introduit cette notion suite à l'analyse de programmes et dispositifs de formation dans le cadre d'une «initiation aux techniques de fabrication» dans l'enseignement supérieur en France.

Tableau 3.
Conceptualisation du contexte dans les travaux présentés

Le contexte culturel et historique à l'activité	Le contexte immédiat et local à l'activité
Conceptions épistémologiques et théoriques	
	Everyday cognition Lave (1988), Lave *et al.* (1984), Scribner (1984) – Relation dialectique entre activité et contexte
Cognition située Brown *et al.* (1998) – Relation entre connaissances / outils et cultures *Apprentissage situé* Lave (1988), Lave et Wenger (1991), Wenger (1998) – Participation aux pratiques socioculturelles – Communauté de pratique / «apprenticeship»	*Cognition située* Brown *et al.* (1989) – Relation entre activité, situation et contexte *Apprentissage situé* Greeno (1997), Greeno *et al.* (1998) – Ajustement aux contraintes et affordances des activités et situations
... en situation scolaire	
– Apprentissage d'un métier (communautés traditionnelles et contemporaines) – Pratiques et culture des communautés d'expertise productrices des savoirs à enseigner / apprendre	*Une approche prescriptive* Brown *et al.* (1989), Brown et Campione (1995), Collins *et al.* (1989, 1991) – «Cognitive apprenticeship» – Communauté d'apprentissage – Pratiques authentiques
– Pratiques et culture des communautés d'expertise productrices des savoirs à enseigner / apprendre – Pratiques mathématiques institutionnalisées dans la société, culture au sens large	Cobb *et al.* (1992, 1994) – Tradition investigatrice *Une approche analytique et interprétative* Cobb *et al.*, (1997, 2001) – Microculture de classe (normes et pratiques *taken-as-shared*)

La pratique sociale de référence renvoie à trois aspects:

- Ce sont des activités objectives de transformation d'un donné naturel ou humain («pratique»);
- elles concernent l'ensemble d'un secteur social et non des rôles individuels («social»);
- la relation avec les activités didactiques n'a pas d'identité, il y a seulement terme de comparaison («référence»). (p. 137)

Relevons que cette notion est discutée dans le cadre de contenus d'enseignement qui ont une certaine proximité avec des situations professionnelles – fabrication d'un objet technique utilitaire. Tout comme certains théoriciens situationnistes, Martinand l'associe à la notion d'*authenticité*, tout en précisant qu'il ne s'agit pas d'une recherche de conformité mais d'une recherche de cohérence, de finalisation de l'activité et de construction de sens. Bien que la thèse de la relation de co-constitution entre activité et contexte ne soit pas soutenue, la dimension contextuelle véhiculée par la notion de pratique sociale de référence apparaît dans le discours de l'auteur: «[la pratique sociale de référence] a sa propre cohérence, qui se traduit sur le plan des situations caractéristiques: problèmes qui se posent, types de projets, matériel disponible, fonctions et relations des acteurs dans ces situations, savoirs et attitudes mises en œuvre» (p. 138). Martinand soulève la question complexe du choix des pratiques sociales servant de référence aux activités scolaires. Il souligne la pluralité des champs possibles: recherche scientifique fondamentale ou appliquée, production industrielle vs. artisanale, pratiques domestiques, idéologiques, politiques.

Dans les écrits des auteurs situationnistes consultés, il ressort que la multiplicité des champs possibles de référence n'est pas réellement problématisée. On note d'autre part que certains champs, par exemple ceux liés à l'application technique et spécialisée des savoirs savants, sont peu mentionnés. Plus généralement, les différentes pratiques convoquées sont parfois traitées de façon peu différenciée, bien que couvrant des réalités différentes. Nous distinguons, quant à nous, trois champs de référence principaux cités par les auteurs situationnistes.

1. Les travaux qui portent sur les situations quotidiennes, dont ceux sur *everyday cognition* (e.g., Lave, 1988; Rogoff & Lave, 1984) et ceux sur la *cognition distribuée* (e.g., Hutchins, 1991, 1995). Ces travaux ont

pour intérêt de souligner le rôle que joue l'environnement dans le développement de l'activité cognitive des individus, ainsi que la distribution de la cognition au travers des différentes ressources sociales et matérielles disponibles dans le contexte. Ces résultats de recherche incitent à questionner la qualité de l'environnement social, matériel, significationnel en situation scolaire quotidienne, ainsi que l'exploitation encouragée ou, au contraire, restreinte de cet environnement dans le développement des activités et pratiques à l'école.

2. Une deuxième référence fréquemment citée par les auteurs situationnistes en tant que source de modélisation des activités scolaires concerne l'*apprentissage d'un métier (craft apprenticeship)*. Les exemples fournis concernent, pour la plupart, des métiers qui ne nécessitent pas un niveau élevé de scolarisation – tailleurs, vendeurs, manutentionnaires, bouchers. Le but est de mettre en évidence la dimension socialement et culturellement située des processus d'apprentissage intentionnels ou non. Ce qui est appris est vu comme fondamentalement lié et marqué des modalités de l'apprentissage, avec notamment les concepts de participation périphérique légitime et de communauté de pratique au sens de Lave et Wenger (1991). La métaphore de l'*apprenti en apprentissage* est utilisée pour conceptualiser le rôle et les activités de l'élève dans la classe qui, quant à elle, est modélisée dans sa dimension communautaire (e.g., Brown & Campione, 1990).

3. La troisième référence, qui parfois dans le discours des auteurs apparaît peu différenciée de la deuxième, concerne les pratiques et la culture des *communautés d'expertise* qui ont produit les savoirs à enseigner/apprendre à l'école. Ce ne sont pas les processus d'apprentissage d'un apprenti engagé dans la participation aux pratiques sociales qui sont ici modélisés, ce ne sont pas non plus les savoirs experts traités par les scientifiques, mais ce sont les caractéristiques des pratiques elles-mêmes, saisies dans les systèmes de croyances et de valeurs socialement partagés. La référence à la communauté des mathématiciens met en avant les processus de recherche (*inquiry process*) qui caractérisent leurs activités, avec l'exemple du chercheur qui se pose des questions, suit ses intuitions, émet des conjectures, tente de les prouver et parfois est amené à les réfuter. La dimension sociale et publique apparaît, entre autres, dans la reconnaissance et la validation du savoir par le moyen d'un discours social, des argumentations et démonstrations mathématiques, des démarches de diffusion, com-

munication et publications, d'échanges et de coopération, voire de confrontations et de divergences entre scientifiques. Relevons, au demeurant, que les savoirs enjeux des pratiques de la communauté des mathématiciens sont très abstraits, hautement conceptualisés et symbolisés, voire peu «matérialisés». En ce sens, ils ne correspondent pas aux recommandations de Resnick (1987), entre autres, incitant à réduire la forte abstraction et symbolisation des activités mathématiques en classe et à accroître l'exploitation des ressources contextuelles en situation. Mais cette recommandation de l'auteur s'appuie sur des résultats de recherche sur *everyday cognition*, témoignant d'un chevauchement des champs de référence dans le discours de l'auteur.

Enfin, signalons que la tradition investigatrice de la microculture de classe modélisée par Cobb et ses collègues puisent dans les caractéristiques des pratiques de la communauté scientifique des mathématiciens (Cobb, Wood *et al.*, 1992, 1993). Par contre, lorsque ces auteurs discourent sur les processus d'enculturation «aux pratiques mathématiques institutionnalisées dans la société», ils se réfèrent à la société au sens large *(broader society)*, indépendamment d'un champ professionnel particulier (e.g., Cobb, Gravemeijer *et al.*, 1997). Cela met en avant, à notre sens, la spécificité des connaissances et pratiques que l'on cherche à enseigner et faire apprendre à l'école, à savoir qu'elles doivent être généralisables à un grand nombre de situations. Pensons, par exemple, aux quatre opérations mathématiques de base – addition, soustraction, multiplication, division – qui, bien qu'issues de la discipline des mathématiques, peuvent être vues, au XXIe siècle, comme faisant partie de la culture des personnes scolarisées en Suisse. Toutefois, lorsqu'il s'agit de modéliser et de prescrire des conditions et modalités d'apprentissage liées à l'enseignement de ces savoirs, ce sont les caractéristiques des pratiques des communautés d'expertise qui deviennent source de référence. La thèse situationniste est que ces conditions contextuelles, vues comme marquant et donnant sens aux apprentissages scolaires, devraient permettre de lutter contre le développement de connaissances «inertes» chez les élèves (e.g., Resnick, 1987). Pour Cobb et Yackel (1998), une microculture de classe qui cherche à fonctionner comme une «communauté de validation» vise à promouvoir des pratiques scolaires autres que celles que les auteurs appellent des *procedural instructions*. Dans ces dernières symbol-manipulation acts do not appear to carry the significance of acting mentally on taken-as-shared mathematical objects. As a consequence, mathematics as it is constituted in these classrooms appears to be a depersonalized, self-contained activity that is divorced from other aspects of students' lifes. (p. 162)

Mais soulignons à la suite d'Ernest (1998) que les pratiques scolaires, y compris si elles cherchent à s'approcher des pratiques de la communauté scientifique de référence, conserveront toujours des propriétés qui leur sont propres. Le fait, par exemple, que les élèves apprennent un savoir mathématique existant, alors que les chercheurs mathématiciens créent de nouveaux savoirs. Le but serait, notamment par des processus plus élaborés de négociation des normes de la classe, d'encourager la construction d'une réalité mathématique socialement partagée, amenant à considérer les symboles, les règles, les algorithmes comme des actions significatives sur des objets mathématiques *taken-as-shared* expérimentés et objectivés (Cobb & Yackel, 1998; Cobb *et al.*, 1994).

Il est aujourd'hui largement admis en sciences de l'éducation qu'il ne suffit pas de sélectionner les savoirs et matériaux culturels pour les rendre effectivement «appropriables» par les élèves, sans un important travail de réorganisation, de restructuration, de transformation des savoirs savants en des savoirs d'enseignement. Brown *et al.* (1989) le mentionnent, par exemple, lorsqu'ils précisent que toute activité authentique transférée en classe est inévitablement transformée, devenant de fait une tâche scolaire, inscrite dans une culture scolaire et plus précisément dans une culture de la discipline scolaire concernée. Les lecteurs francophones avertis en sciences de l'éducation auront certainement fait le lien avec le concept de *transposition didactique* développé par Chevallard (1985), puis par d'autres auteurs avec la distinction, notamment, de différents niveaux du curriculum – formel, enseigné, appris – impliquant à chaque fois des opérations de transformation. Allal *et al.* (2001) soulignent que la transposition didactique «ne se limite pas aux contenus d'enseignement mais s'étend aux activités d'enseignement/apprentissage et aux moyens et outils fournis aux enseignants» (p. 9). Dans cet esprit d'élargissement, deux composantes du curriculum sont ajoutées par les auteurs en plus des objectifs à atteindre et contenus à enseigner: les modes d'organisation et d'animation des activités d'enseignement/apprentissage, et les moyens didactiques et outils d'évaluation. Autrement dit, les processus de transposition concernent non seulement les savoirs de référence, mais également les conditions contextuelles dans et par lesquelles ces savoirs seront enseignés/appris en situation de classe. Cet aspect de la transposition est tout spécialement abordé dans les travaux de la perspective située. Cette dernière incite cependant à questionner la construction interactive de certaines de ces dimensions contextuelles – transposées – entre les participants de la communauté classe, avec la thèse de la relation de co-constitution entre apprentissage et contexte donné et construit/interprété (Lave, 1988).

POSTURE DE LA RECHERCHE ET QUESTIONNEMENT GÉNÉRAL

Comme annoncé dès le chapitre d'introduction, nous exploiterons les développements situationnistes en tant que cadre d'analyse et d'interprétation des processus d'enseignement/apprentissage en situation scolaire, sans visée prescriptive de notre part. L'apprentissage scolaire sera conçu comme une forme particulière de *everyday cognition*, l'école et la classe représentant un lieu d'activité socialement et culturellement organisé dans lequel se développe un *type* de *pratiques mathématiques quotidiennes* (Lave, 1992, 1997). Nous choisissons d'exploiter plus particulièrement le cadre théorique de la *microculture de classe*, afin de questionner la relation de *co-constitution* entre les apprentissages et le contexte construit et négocié lors des processus de participation aux pratiques mathématiques de la classe. Souvent évoquée dans les approches socioculturelles, la conception de *co-constitution* cherchera ici à appréhender comment, lors des processus participatifs, la constitution de la microculture de classe (normes et pratiques mathématiques) crée des conditions à l'apprentissage des élèves et, réciproquement, comment l'apprentissage des élèves permet le développement de la microculture de classe. La notion de *régulation*, que nous proposerons en termes de développement et d'évolution, visera à saisir cette relation de co-constitution, dont on postule qu'elle contribue au «marquage» des apprentissages individuels et collectifs de leurs conditions contextuelles de développement.

   Pour des raisons de clarification conceptuelle, notre questionnement général de recherche est exposé selon les points suivants: (1) la constitution interactive de la microculture de classe et les structures de participation privilégiées au plan communautaire, (2) les normes sociomathématiques dans le cadre d'activités de résolution de problèmes, (3) la relation entre le plan social et le plan mathématique de la microculture de classe, (4) la régulation entre processus sociaux et individuels, telle que saisie dans une dynamique de microculture de classe. Mais il est à spécifier que les différents axes de questionnement s'interpénétreront et s'alimenteront mutuellement dans les analyses et interprétations, formant de fait un *système de questionnement* dont l'opérationnalisation méthodologique est présentée dans le chapitre 3.

Constitution interactive de la microculture de classe
et structures de participation

Nous choisissons de centrer notre questionnement sur les processus de constitution interactive de la microculture de classe, nous appuyant sur les résultats de recherche de Cobb, Wood *et al.* (1992) notamment qui montrent que ces processus sont des révélateurs puissants des caractéristiques des apprentissages favorisés. Comme mis particulièrement en évidence dans les recherches de Voigt (1985, 1994, 1996, 1998), la constitution des normes et des pratiques mathématiques de la microculture de classe est constamment sous-tendue par des processus de négociation qui se développent au cours des interactions entre l'enseignant et les élèves. Les résultats d'une de nos études pilote (Mottier Lopez, 2001b) ainsi que les premières analyses de nos données (Mottier Lopez, 2003b) ont montré qu'une norme *identique* dans deux classes peut se constituer de façon *différente* en fonction de la nature de la dynamique interactive entre l'enseignant et les élèves. La norme «expliquer sa résolution mathématique», par exemple, peut déboucher sur des formes différentes d'explication de la part des élèves, contraintes et rendues possibles par des *patterns interactifs* différents qui structurent les processus de négociation entre l'enseignant et les élèves. Sur la base de ces considérations, notre hypothèse est que les normes sociomathématiques ainsi que la forme de dynamique interactive entre les membres de la classe *co-définissent les structures de participation* privilégiées dans la microculture de classe.

En conséquence, notre questionnement porte à la fois sur les normes sociomathématiques et sur les patterns interactifs qui caractérisent les processus de constitution de la microculture de classe et les systèmes de rôles et d'attentes réciproques entre les participants. Notre questionnement de recherche est donc le suivant: Quelles sont les normes sociomathématiques vues comme socialement reconnues et partagées dans la classe et quels sont les patterns interactifs qui sous-tendent leur négociation et constitution entre l'enseignant et les élèves? Quels types de contribution les élèves apportent-ils à la constitution de la microculture de classe et qui tout à la fois sont contraintes et rendues possibles par la dynamique de cette même microculture de classe? Quelle est la nature du guidage de l'enseignant?

Les extraits d'interactions donnés à voir notamment par Cobb *et al.* (1994), Yackel (2000), Yackel et Cobb (1996) et par Wood (1999) mettent en évidence, dans les processus de négociation entre l'enseignant et les élèves, deux niveaux de discours qui se supportent mutuellement: (1) des interactions qui servent à la négociation des significations mathématiques – lieu où l'on discute des mathématiques – et au travers desquelles les normes sociomathématiques se constituent de façon *implicite*; (2) des interactions qui servent à négocier les attentes et les façons de procéder pour faire et pour parler des mathématiques – lieu où l'on apprend à discuter *sur* les mathématiques; ces interactions représentent des occasions de constitution *explicite* des normes sociomathématiques de la classe.

Il deviendra intéressant d'observer dans quelle mesure ces deux niveaux de discours apparaissent effectivement dans les classes et de tenter d'interpréter les événements qui ont conduit à la négociation explicite des normes sociomathématiques entre l'enseignant et les élèves. D'autre part, on se demandera dans quelle mesure la dynamique interactive entre l'enseignant et les élèves est de même nature lorsque les normes sont implicitement constituées lors des processus de négociation des significations mathématiques (premier niveau de discours) ou lorsqu'elles sont explicitement constituées, en tant qu'objet de négociation des interactions collectives (deuxième niveau de discours).

Normes sociomathématiques et activités de résolution de problèmes

Parmi les différentes dimensions définies par Cobb et ses collègues, le concept de *norme sociomathématique* paraît particulièrement prometteur pour questionner la relation entre apprentissage et microculture de classe. Sans nier l'importance de la médiation des outils culturels et matériels, ceux-ci ne seront pas en tant que tels étudiés dans leur relation avec les apprentissages développés par les élèves. Les recherches de Cobb et ses collègues montrent, entre autres, comment dans une classe qui cherche à promouvoir une microculture de classe de tradition investigatrice, enseignant et élèves sont amenés à *re*-négocier les normes sociomathématiques de la classe. Le but est que les élèves développent un nouveau rapport aux mathématiques qui les encourage à chercher la solution aux problèmes sans une démonstration préalable de l'enseignant par exemple, à expliquer et à justifier la résolution mathématique entreprise lors de discussions collectives. Cette re-négociation des systèmes d'attentes et obligations entre l'enseignant et les élèves, relativement au «faire des mathématiques en classe et parler des résolutions mathématiques développées», contribue à la constitution de ce que représentent une explication et justification mathématiques vues comme acceptables au plan communautaire de la classe, ainsi qu'à la négociation de ce que signifie une résolution experte, efficace, acceptable par exemple (e.g., Cobb, Wood *et al.*, 1992; Yackel & Cobb, 1996). Cette forme de participation contraint et privilégie tout à la fois le développement d'une compréhension conceptuelle vue comme plus signifiante et qui permet, dans une relation réflexive, le développement de certaines pratiques mathématiques privilégiées dans la microculture de classe.

Dans les moyens d'enseignement romands des mathématiques qui, rappelons-le, cherchent à promouvoir des activités de résolution de problèmes, les finalités de l'enseignement des mathématiques à l'école primaire sont spécifiées en ces termes:

> L'option choisie est de confier un plus grand rôle à l'élève dans la construction de ses connaissances, de le faire agir pour abstraire, de lui demander de créer un langage pour rendre compte et communiquer, de lui faire adopter une démarche scientifique, d'élaborer ses instruments. [...] L'enseignant fait comprendre à l'élève qu'il doit prendre des initiatives personnelles, choisir sa méthode, faire des essais, recommencer, car la recherche d'une solution n'est pas toujours facile et peut prendre du temps. L'élève doit accepter de s'engager dans la résolution, mais aussi d'expliquer sa solution, de la justifier, d'en débattre. (Gagnebin *et al.*, 1997, p. 9)

Comme en témoigne cette citation, la philosophie des moyens d'enseignement stipule un changement important des systèmes de rôles et obligations réciproques entre l'enseignant et les élèves. Elle devrait être favorable à la constitution de microcultures de classe de tradition investigatrice. Toutefois, comme argumenté par Allal (2001), une situation qui devrait *a priori* favoriser des activités de résolution de problèmes de la part des élèves peut se transformer en une tâche scolaire traditionnelle selon comment elle se concrétise et s'inscrit dans les situations et la dynamique sociale de la classe. La constitution de certaines normes de la microculture de classe représente, en ce sens, un élément crucial pour le succès de l'implantation de réformes de l'enseignement/apprentissage des mathématiques qui, comme ici, impliquent un changement profond des rôles des participants et plus généralement des processus sociaux et communautaires de la classe (Cobb *et al.*, 1994; Cobb, Gravemeijer *et al.*, 1997; Kirshner *et al.*, 1998; Mottier Lopez & Allal, 2004; Seeger *et al.*, 1998).

Dans le cadre de notre recherche, notre intérêt est d'inférer les normes sociomathématiques dans des classes qui utilisent les moyens d'enseignement romands des mathématiques. Il s'agira de questionner le rôle et la responsabilité de chacun dans la construction des connaissances individuelles et collectives. Nous questionnerons les possibles variations et évolution des structures de participation définies en termes de patterns interactifs et de normes sociomathématiques. Ce sera dans le cadre de mêmes activités didactiques mises en œuvre au sein de deux microcultures de classe contrastées au plan de la dynamique interactive. Nous postulons que des variations peuvent exister entre le début et la fin d'une séquence d'enseignement/apprentissage, en raison de la construction de l'objet de savoir sous-tendue par la contrainte de l'adéquation entre constructions individuelles et processus d'enculturation aux pratiques mathématiques de référence.

Quelles différences et similarités peut-on observer entre deux microcultures de classe dans le cadre de mêmes activités didactiques proposées par les moyens d'enseignement romands des mathématiques? Dans quelle mesure observe-t-on une variation ou au contraire une stabilité des structures de participation au fil d'une séquence d'enseignement/apprentissage et au cours de l'année scolaire?

Régulations situées dans la dynamique de microculture de classe

La notion de régulation (Allal, 2007) va nous permettre de questionner la relation réflexive entre processus sociaux et individuels. Elle vise à appréhender à la fois la progression de la participation individuelle au sein des processus participatifs et l'évolution des pratiques communautaires et collectives auxquelles les élèves participent et s'enculturent (Mottier Lopez, 2007). Prenons l'exemple d'une NSM inférée par Cobb et ses collègues qui est de développer différentes résolutions de problèmes, avec la négociation de ce que signifie une «différence mathématique acceptable» dans la classe (Yackel, 2000; Yackel & Cobb, 1996).

Dans quelle mesure la constitution interactive de cette norme est-elle favorable à une régulation de la résolution des problèmes mathématiques, incitant l'élève à une problématisation plus réfléchie et délibérée de son activité mathématique par le choix possible entre plusieurs possibilités par exemple? Réciproquement, dans quelle mesure les *différentes* procédures de résolution développées par les élèves contribuent-elles à l'évolution de ce que signifie une différence mathématique au plan communautaire?

Nous parlerons de *régulation située*, afin d'appréhender cette *relation de régulation* dans une dynamique de microculture de classe porteuse de ressources et contraintes contextuelles, de significations, de normes, de pratiques sociales et culturelles. Le but est de formuler quelques hypothèses interprétatives sur le «marquage» des apprentissages selon le contexte propre à chaque microculture de classe.

Chapitre 2

Dynamique interactive
de la microculture de classe

Ce chapitre présente le cadre conceptuel qui servira à l'étude de la dynamique interactive de la microculture de classe. A des fins de validité scientifique, l'objectif est de proposer une conceptualisation et explicitation rigoureuses de ce cadre défini dans un va-et-vient entre les apports de la littérature et nos analyses empiriques. Les méthodes de recueil de données et les outils d'analyse, conjointement développés, sont présentés dans le chapitre suivant. La première partie du chapitre expose notre cadre d'interprétation de la microculture de classe. La deuxième partie argumente l'intérêt de cibler l'étude sur les interactions collectives faisant suite aux résolutions de problèmes en petits groupes d'élèves. Un cadre d'analyse est présenté. La troisième partie revient sur la notion de structure de participation dans différentes orientations de recherche; notre propre définition en termes de patterns interactifs et normes sociomathématiques est argumentée. Le chapitre se clôt sur des éléments qui ont trait à l'enseignement/apprentissage de la multiplication.

NOTRE CADRE D'ANALYSE ET D'INTERPRÉTATION
DE LA MICROCULTURE DE CLASSE

Comme développé dans le chapitre précédent, Cobb et ses collègues conceptualisent la microculture de classe en deux plans conçus dans une relation de réflexivité au sens fort du terme. C'est-à-dire se co-constituant mutuellement, sans rapport de subordination, et ne pouvant exister l'un sans l'autre. Rappelons qu'il s'agit: (1) des processus individuels en termes de croyances et valeurs individuelles, raisonnement et interprétation mathématiques des individus; (2) des processus sociaux en termes de normes sociales générales et sociomathématiques, et de pratiques mathématiques. Sur la base des propositions de Rogoff (1995) que nous avons adaptées, nous introduisons, d'une part, un plan portant sur les *processus interpersonnels* entre les membres de la communauté classe. D'autre part, nous modélisons plus explicitement la relation avec des contextes plus larges que celui de la classe.

Plans mutuellement constitutifs de la microculture de classe		
Plan communautaire de la classe	*Plan interpersonnel*	*Plan individuel*
Dimension contextuelle et interprétative de la microculture de classe	Constitution interactive de la microculture de classe	Contributions individuelles à la constitution de la microculture
Structures de participation (patterns interactifs et normes *taken-as-shared*) Pratiques et connaissances mathématiques *taken-as-shared*	Négociation des normes sociomathématiques et des pratiques mathématiques	Valeurs, croyances individuelles Interprétation et raisonnement mathématiques individuels
Contextes plus larges que celui de la classe		

Figure 3. Plans constitutifs de la microculture de classe.

Le *plan communautaire de la classe* désigne la dimension contextuelle et interprétative aux activités et apprentissages des élèves propre à la microculture de classe. Les éléments retenus dans notre étude sont les structures de participation et les pratiques et connaissances mathématiques vues comme socialement reconnues et partagées *(taken-as-shared)* par les membres de la classe.

Le *plan interpersonnel* (ou inter-psychique) désigne les processus interactifs entre les membres de la classe qui sous-tendent la constitution de la microculture lors de leur participation aux pratiques mathématiques de la communauté classe. Nous mettrons tout particulièrement en avant les processus de négociation des significations des normes et des pratiques mathématiques *taken-as-shared* lors d'interactions collectives entre l'enseignant et les élèves. Précisons que ce plan pourrait également concerner d'autres modalités interactives entre les membres de la classe, dont les interactions entre élèves dans des travaux de groupes par exemple; cela ne sera pas l'objet de notre recherche.

Le *plan individuel* (ou intrapsychique) comprend les modes de participation de l'élève et de l'enseignant. Nous nous centrerons plus particulièrement sur la nature des contributions individuelles des élèves à la constitution interactive des normes et des pratiques *taken-as-shared* de la microculture de classe. Cela nous amènera à questionner les interprétations et raisonnements individuels privilégiés lors de cette constitution.

Nous identifions encore dans notre modèle les contextes institutionnels et socioculturels plus larges qui peuvent influencer la microculture de classe[1]. Cette influence ne sera pas directement étudiée dans notre recherche, bien qu'elle soit constamment présente avec, notamment, la mise en œuvre de moyens d'enseignement institués et de leurs principes didactiques.

EXEMPLE DE LA RELATION RÉFLEXIVE ENTRE LES PLANS

Prenons un exemple afin d'illustrer la relation réflexive entre les plans définis. Lorsqu'enseignant et élèves tentent de coordonner leurs activités mathématiques dans l'interaction collective, un des aspects normatifs de la participation de l'élève est, par exemple, de devoir expliquer sa résolution (conformément d'ailleurs aux recommandations didactiques des moyens d'enseignement). Au fil des interactions sociales, se construit dans la microculture de classe ce que représente une explication mathématique acceptable – par exemple proposer une interprétation mathématique de la résolution du problème qui ne soit pas sous forme de faits empiriques non mathématisés (Voigt, 1995; Yackel & Cobb, 1996). La norme *taken-as-shared* fait partie d'un référentiel communautaire pour interpréter et évaluer les pratiques et activités des membres de la classe (Allal, 2002; Mottier Lopez, 2007). Sur le plan interpersonnel, la constitution de la norme passe par des échanges entre l'enseignant et les élèves, saisis dans une dynamique interactive d'un discours public de la classe privilégiant certains patterns interactifs

---

1   Pensons, par exemple, aux recherches citées par Gallego *et al.* (2001) sur les différences, et leurs effets, entre les cultures scolaires, dont celle de la classe et les cultures familiales des élèves.

plutôt que d'autres (Cobb *et al.*, 1994); ces échanges interpersonnels contribuent à la définition des structures de participation reconnues au plan communautaire. Sur le plan individuel et cognitif, l'élève est amené à produire une explication de son raisonnement et interprétation mathématiques. Cette explication est socialement médiatisée par l'échange interactif – dimension interpersonnelle – et va contribuer, ou non, à la constitution de ce que représente une explication mathématique vue comme acceptable dans la microculture de classe – plan communautaire.

Une régulation réflexive entre plans individuels et sociaux

Quel que soit le type de microculture de classe, notre hypothèse est celle d'une relation réflexive entre processus sociaux et individuels. La notion de régulation a été largement étudiée et développée dans différentes orientations en sciences de l'éducation (voir à ce propos Allal, 2007). Dans notre étude, nous choisissons d'exploiter plus particulièrement la conception de régulation en termes de restructuration des activités individuelles et sociales à des fins d'évolution et de progression.[2] Nous parlerons de *régulation réflexive* afin de rendre compte de notre théorisation de la relation sans primauté entre processus sociaux et individuels d'une microculture de classe, chaque plan créant les conditions au développement et à l'évolution des autres plans (e.g., Rogoff, Baker-Sennett, Lacasa & Goldsmith, 1995). Nous introduirons la notion de *régulation située* afin de tenter d'appréhender quelques effets de cette relation réflexive telle qu'elle apparaît saisie dans une dynamique particulière de microculture de classe.

Prenons un exemple. On peut postuler que la participation – plan interpersonnel – à la constitution et à la reconnaissance des pratiques et normes sociomathématiques de la microculture de classe peut promouvoir une régulation de l'activité de certains élèves qui, dans une autre configuration sociale, ne seraient pas encore parvenus à développer le raisonnement socialement médiatisé dans l'interaction collective. Dans le même ordre d'idée, on peut penser que s'il est reconnu au plan communautaire qu'un même problème peut être résolu par différentes procédures de calcul, certains élèves peuvent être incités à ne pas se

---

2   Sans nier les aspects de régulation servant à rétablir un équilibre initial – régulation homéostatique – mais que nous n'étudierons pas ici.

contenter d'une seule résolution, et être ainsi amenés à développer des résolutions variées et, à terme, plus sophistiquées. Leurs contributions participatives, sous condition qu'elles soient socialement médiatisées et reconnues, peuvent contribuer à la régulation des pratiques mathématiques de la classe, dans leur évolution vers les modèles socioculturels de référence de la discipline des mathématiques. Nous pensons notamment à des apprentissages complexes qui se construisent à long terme et qui impliquent, par exemple, une évolution des pratiques mathématiques *taken-as-shared* de la microculture de classe – en tant que forme provisoire du savoir visé (Brun, 1999) – vers des pratiques plus sophistiquées et expertes. Dans cet exemple, il est à souligner que nous avons dépassé la désignation d'un élève générique en parlant de «certaines contributions participatives»; un choix qui nous incitera à introduire une analyse plus différenciée quant aux contributions individuelles.

LES INTERACTIONS COLLECTIVES

Dans le cadre d'une microculture de classe qui privilégie des activités de résolution de problèmes mathématiques, différentes organisations sociales peuvent ponctuer le déroulement des leçons, entre travaux de groupes ou individuels et interactions collectives (interactions de l'enseignant avec le groupe classe) ou semi-collectives (interaction de l'enseignant avec une partie de la classe seulement) par exemple. Concernant les interactions collectives[3], celles-ci peuvent se dérouler à différents moments de la leçon, en tant que phase d'introduction par exemple, s'intercaller entre deux phases de travaux de groupes/individuels ou clôre la leçon.

Des résultats de recherche montrent que les interactions collectives faisant suite à des activités de résolution de problèmes, et dans lesquels les élèves exposent leurs solutions, représentent des temps privilégiés pour la constitution de la microculture de classe, dans ses dimensions sociales et mathématiques (Cobb *et al.*, 1994; Cobb, Boufi *et al.*, 1997; Cobb, Gravemeijer *et al.*, 1997; Seeger *et al.*, 1998; Voigt, 1995, 1996;

---

3   Nous parlons, pour l'instant, d'interaction collective dans un sens générique, sans distinguer interaction avec l'entier du groupe classe ou seulement avec une partie du groupe classe.

Yackel & Cobb, 1996). D'autre part, elles représentent une configuration particulièrement intéressante pour observer la tension entre constructions individuelles des élèves et processus d'enculturation aux pratiques mathématiques de référence. C'est pourquoi nous choisissons de nous centrer sur l'analyse des *interactions collectives* suite à des activités de recherche en groupes ou individuelles. Elles stipulent la participation d'élèves ou groupes d'élèves qui n'ont pas résolu conjointement le problème mathématique; elles sont orchestrées par l'enseignant. Cette forme d'interaction permet d'amener au plan communautaire de la classe – ou *rendre public* – différentes résolutions, interprétations, raisonnements mathématiques initialement développés dans des travaux non guidés directement par l'enseignant. A noter que les chercheurs cités parlent parfois de *discussions collectives*, un terme qui a l'avantage de rompre avec l'idée d'un enseignement magistral dispensé par l'enseignant au groupe classe. Toutefois, comme le précise Dillon (1995), qualifier l'interaction de «discussion» désigne, dans certains travaux de recherche anglophones, une forme particulière de dynamique interactive supposant des confrontations d'opinions et d'interprétations entre élèves et des dépassements de points de vue divergents. C'est pourquoi nous préférons le terme d'interaction collective qui revêt une connotation plus neutre, pouvant englober autant des épisodes d'explication de l'enseignant que des épisodes de confrontations de points de vue entre les élèves.

Dans les moyens d'enseignement concernés par notre recherche, les temps d'interactions collectives après la résolution de problèmes sont qualifiés de «mise en commun». Les fonctions principales qui lui sont attribuées sont la validation de la pertinence des résolutions – idéalement sous forme de débat – et l'institutionnalisation par l'enseignant. La mise en commun peut également servir au redémarrage d'une recherche qui n'a pas été totalement résolue, à une relance en cours d'activité, par exemple pour confronter les différentes stratégies et évaluer leurs qualités (Gagnebin *et al.*, 1996). Enfin, la mise en commun est considérée comme un exercice «périlleux» pour l'enseignant qui doit se garder d'en dire trop ou pas assez (Chastellain *et al.*, 2003).[4]

4　Ce que corroborent certains enseignants interviewés dans le cadre du suivi scientifique des moyens d'enseignement romands des mathématiques 1-4P, sous la responsabilité de Chantal Tièche Christinat (1999; Tièche Christinat & Knupfer, 2000; Delémont & Tièche Christinat, 2003; Mottier Lopez, 2001a).

DYNAMIQUE DE L'INTERACTION COLLECTIVE

Les résultats de différentes directions de recherche en situation scolaire ont mis clairement en évidence les *régularités* des interactions entre l'enseignant et les élèves, en termes de *patterns d'interaction*. Ceux-ci représentent un élément, parmi d'autres, qui caractérise la microculture de classe et plus spécifiquement le *discours public* de la classe (Cobb *et al.*, 1994; Voigt, 1985, 1996). Comme argumenté par Greeno (1997), les systèmes d'interactions socialement organisés et structurés représentent un aspect de l'environnement de l'activité avec lequel se co-constituent la cognition et l'apprentissage. Sans entrer dans une analyse sociolinguistique fouillée, nous allons définir plusieurs paramètres d'analyse de la dynamique de l'interaction collective, afin de dégager la régularité des patterns d'interaction et, dans leur prolongement, les normes sociomathématiques telles qu'elles apparaissent reconnues et partagées au plan communautaire de la classe.

Pattern interactif IRE au sens classique

Les revues de recherches de Cazden (1986) et de Green (1983), entre autres, mettent en évidence un pattern caractéristique aux interactions sociales et aux processus de communication en classe. Celui-ci consiste en une *Initiation* de l'enseignant, une *Réponse* de l'élève, une *Evaluation* de la pertinence de la réponse par l'enseignant (IRE). Ce pattern interactif a été spécialement dégagé dans la recherche de Mehan (1979) dans le cadre d'une approche ethnographique qui avait pour but d'examiner finement l'organisation des leçons et des interactions sociales dans une classe primaire. Ses résultats montrent que le pattern IRE structure les interactions entre l'enseignant et les élèves portant y compris sur des aspects de gestion/organisation des leçons que sur des aspects de contenus «académiques», quelle que soit la discipline scolaire. Les deux premières composantes du pattern impliquent une relation de co-occurrence entre la question/sollicitation – au sens large – de l'enseignant et la réponse de l'élève; si la sollicitation enseignante porte sur le produit, la réponse de l'élève devrait également porter sur le produit, si la sollicitation enseignante porte sur le processus, la réponse de l'élève porte sur le processus, etc. Une relation de co-occurrence que l'on retrouve également dans les situations de communication extrascolaires. Quant au troisième élément du pattern – l'évaluation, qualifié également de *feedback* dans certaines recherches – des auteurs (e.g., Pekarek, 1999) le considèrent comme plus spécifique aux interactions d'enseignement, en raison de la légitimité reconnue à l'enseignant de porter un jugement de pertinence sur le contenu informationnel de la réponse produite par l'élève.

Mehan (1979) met en avant quelques variations possibles du pattern IRE, notamment les stratégies de l'enseignant lorsque l'élève ne fournit pas la réponse attendue: aider la production de la réponse en fournissant des indices, répéter la question au même élève ou à d'autres élèves, simplifier de plus en plus les questions. Une des originalités des apports de Mehan – préfigurant d'une approche ethnométhodologique de l'étude des phénomènes d'enseignement/apprentissage en classe (Coulon, 1993) – est de traiter l'interaction comme un «accomplissement entre participants» qui demande de la part de l'élève un travail d'interprétation des règles de la classe, vues comme tacites et implicites pour la plupart. «Successful participation in the culture of the classroom involves the ability to relate behaviour, both academic and social, to a given classroom situation in terms of implicit rules» (p. 170).

Des patterns privilégiant des activités d'explicitation et de justification

Cobb *et al.* (1994) utilisent le pattern IRE comme indicateur, parmi d'autres, pour qualifier le type de microculture de classe – traditionnelle vs. investigatrice – un indicateur également pris par un certain nombre de chercheurs en mathématiques (e.g., Voigt, 1985, 1995) ou dans d'autres disciplines (e.g., De Pietro & Aeby, 2003; Pekarek, 1999). La conception partagée est que ce pattern interactif est représentatif d'un enseignement fortement guidé par l'enseignant qui laisse peu de place à une participation de l'élève sous forme de justification et d'argumentation, ainsi qu'à un partage de la responsabilité de l'évaluation de la pertinence des propositions. Dans une conception de microculture de classe qui viserait le développement d'activités de résolution de problèmes plutôt que de mémorisation et de restitution de savoirs «déjà là», il s'agirait de promouvoir de nouveaux patterns d'interaction qui favorisent des conduites interactives d'explication, de justification et d'argumentation de la part des élèves (Cobb, Wood *et al.*, 1992; Yackel & Cobb, 1996). Autrement dit, il s'agirait de construire dans la classe une culture de l'argumentation et de la validation (Cobb *et al.*, 1994; Wood, 1999).

Puisant notamment dans les apports de Witko-Commeau (1995) qui analyse une situation de communication lors d'une réunion de travail en entreprise, Schubauer-Leoni (1997, 2003) met en avant, dans le poly-logue[5] que représentent les échanges de l'enseignant avec la classe, l'émergence d'épisodes interactifs dans lesquels un élève est plus particulièrement sollicité devant le restant de la classe. L'auteure propose d'analyser «ces apartés publics» comme un *trilogue* qui met en scène trois instances, deux individuelles et une collective (le groupe classe). Deux types de relation peuvent être considérés dans ce cas: la relation globale (un-plusieurs), la relation duelle (un-un). Au fil de l'interaction, chaque instance peut devenir le tiers, y compris l'enseignant dans le cas où l'élève s'exprimerait directement au groupe classe. Ce tiers est vu comme le destinataire secondaire (Witko-Commeau, 1995). Toutefois, en situation scolaire, une des instances individuelles du trilogue est, dans la plupart des cas, l'enseignant qui, par sa position institutionnelle, détient le pouvoir de la gestion des interactions sociales et celui des connaissances en jeu dans la situation d'enseignement/apprentissage, connaissances que ne possèdent pas les élèves. L'enseignant apparaît comme le locuteur de plein droit. On pourrait objecter que toute prise de parole dans l'interaction collective est susceptible d'être conceptualisée dans un modèle ternaire: (1) enseignant qui sollicite, (2) élève qui répond, (3) groupe classe qui écoute. L'illustration de Schubauer-Leoni (1997) nous incite toutefois à considérer la situation de trilogue comme représentant une suite d'échanges dans laquelle un élève en particulier occupe la position d'instance énonciative privilégiée – outre l'enseignant – avec un apport de contenu informationnel qui est l'objet socialement médiatisé.

Dans le cadre d'une microculture qui cherche à privilégier des activités d'explication et de justification mathématiques liées à des résolutions entreprises dans des travaux de groupes, on peut s'attendre à observer des situations de trilogue dans lesquelles un élève devient le locuteur privilégié quand il explicite son interprétation et raisonnement mathématiques. Dans le cas d'une résolution de problèmes en dyades par exemple, il se peut également que l'enseignant choisisse de solliciter les deux élèves de la dyade dans la production de l'explication. La relation

---

5 «Il s'agit d'une situation qui compte quatre participants ou plus» (Witko-Commeau, 1995, p. 303), autrement dit une situation de communication pluri-locuteurs par opposition aux situations de dialogue, monologue, tri-logue.

duelle (un-un), devant le tiers qu'est la classe, se transforme en une relation un-dyade – avec encore la possibilité qu'un des élèves de la dyade
soit dominant. L'explication qui, au demeurant, pourrait être produite
dans une interaction enseignant-élève ou enseignant-dyade dans les travaux de groupes par exemple, prend son sens précisément en raison de
la présence de l'instance collective que représente le groupe classe. Par
la présence de ce collectif, la résolution mathématique de l'élève prend
un statut *public* et devient un objet susceptible d'être partagé et distribué
entre les membres de la communauté classe.

Nous ajouterons encore la distinction entre l'élève *auteur* de la résolution expliquée, et les élèves *pairs* faisant partie de l'instance collective
mais qui peuvent, à leur tour, devenir *auteur*, notamment quand une des
normes sociomathématiques de la microculture de classe est de devoir
produire des explications mathématiques différentes par rapport à celles
déjà portées au plan public. D'autre part, deux statuts de *pairs* dans l'interaction collective sont à différencier: le partenaire de groupe avec qui
le problème a été résolu et les autres élèves. Dans notre étude de la
dynamique de l'interaction collective, cette distinction entre *auteur* et
pair, qui peut concerner un même élève successivement, devrait nous
permettre d'étudier plus finement les normes associées aux différents
rôles des élèves et observer quelques mécanismes contribuant aux processus d'appropriation des propositions mathématiques rendues
publiques.

DÉFINITION DE PARAMÈTRES D'ANALYSE DE LA DYNAMIQUE INTERACTIVE

Dans une approche sociolinguistique située, les travaux de Pekarek
(1999), dans le cadre de l'enseignement/apprentissage d'une langue
seconde, ont mis en évidence un continuum entre une gestion des interactions sociales sous contrôle quasi exclusif de l'enseignant et une gestion partagée des interactions entre l'enseignant et les élèves. Des
paramètres discursifs ont été définis par la chercheure pour caractériser
chacun des pôles, dont certains qui servent à analyser la fonction de
contrôle exercée par les questions de l'enseignant sur les réponses des
élèves. Sur la base des propositions de Pekarek et des premières analyses qualitatives de nos données (Mottier Lopez, 2003b), nous avons
défini des indicateurs discursifs à des fins d'analyse de la dynamique
interactive des processus de constitution de la microculture de classe
dans l'interaction collective. Ils sont fondés sur une analyse de la nature

des composantes du pattern IRE, permettant d'observer l'émergence des conduites d'explicitation des élèves, de justification, d'évaluation conjointe dans les processus de communication en classe.

Questions/réponses de reproduction vs. questions/réponses de développement

Certaines questions (au sens large) de l'enseignant ont pour particularité de solliciter des informations qui lui sont déjà connues – Mehan (1979) et Pekarek (1999) parlent de questions *display*. Nous ajoutons que non seulement le contenu informationnel des réponses sollicitées par ce type de questionnement est connu *à l'avance* par l'enseignant, mais il est vu, dans la plupart des cas, comme pouvant être produit par l'ensemble des élèves de la communauté classe. Ce type de question vise principalement une démonstration orientée vers une «exactitude formelle», dans une logique de reproduction et de restitution des savoirs culturels, des conventions, des règles instituées. Comme souligné par Pekarek, il y a une certaine *prévisibilité* de l'information à produire – même si une part d'indétermination reste toujours présente. Dans l'idée d'une observation de la concordance entre les demandes de l'enseignant et les réponses des élèves, l'analyse interprétative consiste à observer si les réponses des élèves fournissent effectivement des éléments de reproduction, de démonstration d'objets connus, souvent précédemment mis en évidence ou pré-structurés par le questionnement de l'enseignant. Dans ce cas, nous parlerons de questions et de réponses de *reproduction* de contenus préalablement connus par l'enseignant et vus comme pouvant être aussi connus par les élèves interrogés. Si tel n'est pas le cas effectif, un jeu de questions/réponses amène l'élève à produire la réponse attendue, dans différentes variations du pattern IRE comme souligné par Mehan (1979) par exemple. Il se peut, par contre, que les réponses des élèves ne témoignent pas de cette concordance, mais qu'elles soient acceptées et exploitées dans l'interaction collective. Nous les considérons, dans ce cas, comme une initiative de l'élève qui rend compte d'une certaine responsabilité et autonomie de sa part.

Vues comme opposées aux questions/réponses de reproduction, Pekarek (1999) définit des questions/réponses *d'information*, dans le sens qu'elles représentent un véritable enjeu de communication d'échanges d'informations comme c'est le cas dans des échanges de la vie ordinaire. Pour notre part, nous parlerons de questions/réponses de *développement*, compte tenu que toutes réponses, y compris de reproduction, véhicule un contenu informationnel.[6] Dans le cas des réponses de développement, leur contenu n'est pas connu préalablement par l'enseignant et, nous insistons, ni par les autres membres de la classe, excepté, peut-être, par l'élève pair qui a participé à l'activité mathématique conjointe dans les travaux de groupes précédant l'interaction collective par exemple. Ce contenu n'a pas été préalablement présenté ou pré-structuré, et il représente un apport «original» de la part de l'élève dans la constitution des normes et des pratiques de la microculture de classe. Les questions/réponses de développement paraissent, en ce sens, favorables à la production d'explicitations et de justifications de la part des élèves.

Cette distinction entre question/réponse de reproduction vs. de développement est subtile. En effet, quel que soit le type de question qu'il pose, l'enseignant *a une attente*, voire peut anticiper le contenu de la réponse de l'élève. Mais dans le cas des questions/réponses de développement, le contenu informationnel de la réponse garde une part d'imprévisibilité vue comme légitime dans une logique de communication et d'échanges d'informations. L'analyse interprétative des réponses des élèves consiste donc à déterminer s'il y a effectivement une communication de contenu informationnel qui n'apparaît pas comme étant préalablement connu par les autres membres de la classe – bien qu'ensuite *re*-connu par l'enseignant et par d'autres élèves peut-être – et dont l'imprévisibilité est acceptée.

De l'évaluation de l'enseignant à une évaluation partagée avec les élèves

Le troisième paramètre défini concerne le feedback que l'enseignant produit à la réponse de l'élève.[7] Nous allons, quant à nous, interpréter la *dimension évaluative* du feedback, afin d'observer dans quelle mesure l'enseignant apparaît seul responsable de l'évaluation de la pertinence de la réponse des élèves ou dans quelle mesure cette évaluation est partagée avec les élèves de la classe. Allal (1999) définit plusieurs modalités

---

6   A noter que la recherche de Pekarek (1999) porte sur les compétences communicationnelles des élèves dans une langue seconde, ce qui justifie d'autant plus la terminologie de «réponse et question d'information».

7   Voir notamment Crahay (2007) pour une discussion détaillée de la notion de feedback dans le cadre de l'étude des processus d'enseignement et De Pietro et Aeby (2003) dans une approche didactique de la construction interactive des savoirs.

d'implication de l'élève dans les processus d'évaluation, mais dont il faut noter qu'elles ne sont pas spécifiques à une évaluation interactive et non instrumentée comme c'est le cas dans les processus interactifs qui nous intéressent.

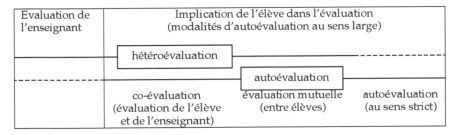

Figure 4. Evaluation par l'enseignant vs. évaluation partagée avec les élèves.[8]

Les lignes pointillées de la figure 4 indiquent qu'il n'y a pas de signes visibles de l'évaluation dans les paroles échangées, bien que des «processus implicites intégrés au fonctionnement psychologique des acteurs» puissent avoir lieu (Allal, 1999, p. 40). Autrement dit, un commentaire évaluatif de l'enseignant, par exemple, peut susciter une autoévaluation de la part de l'élève, sans que celle-ci ne soit explicite et énoncée. Nos analyses ne portent évidemment que sur les signes visibles – verbaux – des processus d'évaluation. Il est à relever l'interprétation subtile – autant pour les élèves que pour le chercheur – que nécessitent parfois les acquiescements de l'enseignant: soit ils peuvent être vus comme une validation de la pertinence de la proposition de l'élève (ok, c'est juste), soit ils manifestent une forme de compréhension de la contribution participative de l'élève (ok, je comprends ce que tu dis) sans intention d'évaluation.

Nous réservons le terme de «validation» pour désigner l'évaluation de la *pertinence* (vrai/faux) de la proposition mathématique de l'élève. Quant au concept d'évaluation, il englobe plus largement les conduites d'appréciation et de jugement des membres de la classe, pouvant porter non seulement sur le critère de pertinence mais également sur d'autres

---

8   Selon Allal (1999, p. 42).

critères telles la rapidité, l'expertise, l'efficacité d'une résolution mathématique par exemple. Dans le cas d'une microculture de classe qui privilégierait des processus de validation mathématique partagée entre l'enseignant et les élèves (Cobb *et al.*, 1994; Wood, 1999; Yackel & Cobb, 1996), on peut postuler que sur le plan interactif, cela se manifeste notamment par des conduites d'autoévaluation au sens large, bien que l'évaluation apportée par l'enseignant, en tant que membre expert de la communauté classe, n'est jamais exclue du processus. Le partage de responsabilité de la validation mathématique avec les élèves peut conduire les élèves à devoir justifier et argumenter la pertinence d'une proposition mathématique; ces contributions peuvent favoriser l'émergence d'épisodes de confrontations de points de vue entre élèves.

Enfin, le dernier paramètre vise à identifier les conduites discursives des élèves qui relèvent d'une initiative de leur part, d'échanges entre pairs sans être directement sollicités par l'enseignant (voir figure 5) – bien que toujours produites dans une interaction orchestrée par ce dernier.

DÉFINITION D'UN CONTINUUM DANS LA CONSTITUTION INTERACTIVE DE LA MICROCULTURE DE CLASSE

La figure 5 présente notre cadre d'analyse des processus interactifs de constitution de la microculture de classe, vus dans un *continuum* entre une construction sous contrôle de l'enseignant de la gestion des interactions, des apports et de la structuration des contenus et un contrôle partagé avec les élèves. Ce cadre conceptuel fournit un premier «grain d'analyse» de la dynamique interactive présidant à la négociation des normes et des pratiques de la microculture de classe. Il fournit également des indicateurs concernant la nature du *guidage* de l'enseignant, entre un guidage *ciblé* sur des contenus préalablement connus et validés par lui et un guidage *ouvert*, sollicitant des contributions de développement de la part des élèves et les impliquant dans les processus d'évaluation interactive. Il est à noter que ce cadre d'analyse et d'interprétation demande de considérer, dans une conception *dialogique* (e.g., Markovà, 1997), la façon dont chaque interlocuteur répond à la contribution interactive de l'autre.

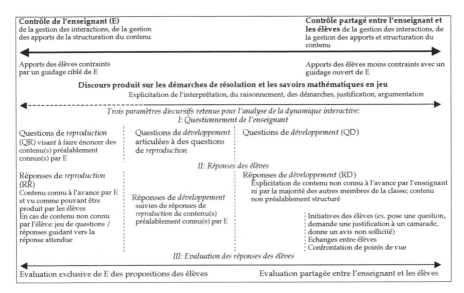

Figure 5. Cadre d'analyse de la constitution interactive de la microculture de classe.

LES STRUCTURES DE PARTICIPATION DE LA MICROCULTURE DE CLASSE

DIFFÉRENTS NIVEAUX D'ANALYSE

«Participant structures are an important contextual factor in classroom instruction because they define the role of teacher and students and the rules governing their interaction» (Gall & Artero-Boname, 1995, p. 247). L'importance des structures de participation est soulignée par un certain nombre de chercheurs qui tentent de considérer à la fois les dimensions sociales et cognitives – ou «académiques» – dans les processus d'enseignement/apprentissage (e.g., Cobb & Bowers, 1999; Cobb, Gravemeijer *et al.*, 1997; Doyle, 1986b; Erickson, 1982; Hiebert *et al.*, 1996; Lampert, 1990). Toutefois, la notion de structure de participation couvre différents niveaux d'analyse dans les travaux de recherche.[9] Ainsi, pour certains, la

---

9 Un commentaire qui vaut également pour la notion de *pattern d'interaction*, qui peut couvrir quelques énoncés comme dans le pattern IRE par exemple,

structure de participation désigne les régularités des interactions sociales, tel le pattern interactif IRE, en lien avec les règles implicites, les systèmes de droits et de devoirs qui gouvernent les prises de parole dans les échanges verbaux entre l'enseignant et les élèves (e.g., Cazden, 1986; Erickson, 1986; Green, 1983; Mehan, 1979; MacHoul, 1978 et Sinclair & Goulthard, 1975, cités par Doyle, 1986b). Les travaux d'Erickson (1982), par exemple, montrent que la structure de participation dirige tout à la fois la séquentialisation et l'articulation de l'interaction sociale, compte tenu des rôles alternatifs de locuteur et d'auditeur des participants. Autrement dit, elles définissent, dans un processus dynamique, les droits et les devoirs de chacun concernant leur participation interactive: qui parle, pour dire quoi, à quel moment et à qui. «Considered as a whole pattern, a participation structure can be thought of as the configuration of all the roles of all the partners in an interactional event» (Erickson, 1982, p. 154). Les règles de participation sont très souvent implicites, régies par des signes verbaux et non verbaux que les élèves apprennent à reconnaître et à interpréter.

Pour d'autres, les structures de participation sont définies sur un plan plus large que les séquences interactives, définissant les rôles et les responsabilités des élèves et de l'enseignant dans différentes configurations sociales liées à un enjeu d'enseignement/apprentissage. Doyle (1986b) cite la récitation, le travail à sa place *(seatwork)* individuel ou avec des échanges avec l'enseignant, les différentes configurations de travaux de groupes et les phases de transition. Newman *et al.* (1989) distinguent, quant à eux, l'enseignant et le groupe classe, l'enseignant et des petits groupes d'élèves, les petits groupes d'élève sans accès direct à l'enseignant, le tutorat impliquant un face à face entre l'enseignant et un seul élève. Dans leur revue de recherches sur le questionnement de l'enseignant, Gall et Artero-Boname (1995) font ressortir la leçon de récitation, les dialogues collaboratifs entre l'enseignant et les élèves, le tutorat, l'enseignement réciproque entre élèves et les activités d'enseignement/apprentissage avec un ordinateur. Mais quel que soit le niveau d'analyse, il ressort que la notion de structure de participation recouvre les règles largement implicites pour interagir et coordonner son activité

---

ou pouvant concerner plus d'une centaine de prises de parole comme c'est le cas dans Voigt (1985); des différences importantes existent donc sous couvert d'une même terminologie.

avec celle des autres dans un environnement social complexe, et les systèmes consensuels de droits et de devoirs entre les participants définissant les rôles et les responsabilités de chacun dans le cadre d'événements sociaux (Lampert, 1990).

LES NORMES SOCIALES GÉNÉRALES DE LA CLASSE

Cobb et ses collègues (Cobb, Gravemeijer *et al.*, 1997; Cobb *et al.*, 2001) établissent un lien explicite entre la notion de structure de participation définie par Erickson (1982) et Lampert (1990) et leur notion de *normes sociales générales* de la classe. Rappelons-le que celles-ci sont inférées sur la base de l'observation des régularités des interactions sociales lorsque enseignant et élèves tentent de coordonner leurs activités conjointes. Mais commençons par relever que l'exploitation de la notion de norme ne va pas sans problème. La définition dans le Grand Larousse (1988) de la norme est: «règle, principe, critère auquel se réfère tout jugement; ensemble des règles de conduite qui s'impose au groupe social». Parler de norme peut renvoyer à un registre moral et éthique – l'honnêteté, le respect de l'autre, l'impartialité, la justice, etc. – dans l'idée d'une éducation à la citoyenneté par exemple, d'un développement d'êtres humains qui puissent participer de manière positive à la société en tant qu'individus et membres de groupes sociaux. Mais la notion de norme peut véhiculer également une connotation plus négative: ensemble de normes qui s'imposent au groupe social, qui normalisent l'individu, avec la représentation d'un processus de conformité à des règles établies et décidées, dans une idée d'inculcation de normes qui contraint et limite la liberté et créativité individuelles. Dans la conception anthropologique et situationniste à laquelle nous nous référons (notamment Lave, 1988), la notion de norme ne recèle pas une forte connotation morale. Elle désigne les aspects normatifs qui *contraignent* et tout à la fois *rendent possible* l'activité individuelle et collective, en tant que contraintes et ressources potentielles. Autrement dit, elles représentent une forme d'*affordances* au sens de Greeno *et al.* (1998), en tant que qualités des systèmes interactifs qui supportent les interactions tout en offrant les cadres qui donnent la possibilité à une personne de participer à ces systèmes. La norme se construit dans la relation dialectique entre l'individu, son activité intentionnelle et le contexte socioculturel de celle-ci. Conséquemment, «norms are formed or constituted in and through the actions of participants as they interact with one another» (Yackel, 2000, p. 7).

Rappelons les exemples de *normes sociales générales* inférées par Cobb, Gravemeijer *et al.* (1997; Cobb *et al.*, 2001) dans une microculture de classe investigatrice: expliquer et justifier les solutions, tenter de donner du sens aux explications des camarades, indiquer son accord ou désaccord, questionner les alternatives en cas de désaccord dans les interprétations et solutions. On observe que les normes sociales générales désignent plus spécifiquement les aspects normatifs de la *participation interactive de l'élève* qui, aux dires des chercheurs, pourraient concerner toutes les disciplines scolaires – bien que les exemples donnés soient tous issus d'observations de leçons de mathématiques. Nous ne sommes cependant pas convaincue par tous les exemples de normes sociales générales fournis par Cobb, Gravemeijer *et al.* (1997; Cobb, Stephen *et al.*, 2001). Certaines telles qu'«expliquer et justifier sa solution» nous semblent de nature différente selon s'il s'agit d'une explication ou justification mathématique, historique, littéraire ou encore scientifique. La signification de ces normes apparaît rattachée à des critères propres à une discipline scolaire donnée; elles ne nous semblent pas avoir le caractère transdisciplinaire affirmé par les chercheurs. Par contre, d'autres normes sociales générales proposées, telles que «tenter de comprendre les propositions d'un pair», «manifester sa compréhension ou incompréhension» nous paraissent moins liées à un champ disciplinaire donné. Dans ce même registre, nous pourrions ajouter des normes telles que: «écouter un camarade qui s'exprime», «lever la main pour demander la parole» ou encore «prendre la parole spontanément dans des groupes restreints», etc. Ces normes liées aux comportements sociaux dans l'interaction avec autrui – ou *normes socio-interactives* – nous apparaissent effectivement plus transversales, répondant à la définition de normes sociales générales de Cobb et de ses collègues.

LES NORMES SOCIOMATHÉMATIQUES DE LA CLASSE

La critique formulée à l'encontre des normes sociales générales nous amène à *élargir* la notion de norme sociomathématique (NSM) par rapport à la définition initiale de Yackel et Cobb (1996). Si l'on analyse minutieusement les exemples donnés par les chercheurs, on observe que les NSM peuvent définir, dans une conception *non dualiste*, à la fois les processus et produits des activités mathématiques conjointes et interactives entre les membres de la classe: expliquer, justifier, argumenter son interprétation mathématique et les critères de ce que représentent une explication, justification, argumentation mathématiques acceptables. D'autre part, les NSM peuvent également concerner les processus/produits de la résolution mathématique au sens large, se négociant au cours des interactions entre l'enseignant et les élèves: qu'est-ce qu'une résolution mathématique acceptable, experte, efficace et qui, du coup, amène à privilégier certains types de procédures lorsque l'on résout des problèmes mathématiques. Notre proposition d'élargissement de la notion de norme sociomatématique vise ainsi à transcender la dichotomie entre action et signification qui apparaît dans les formulations de Cobb *et al.* Dans la continuité des travaux ethnographiques et situationnistes présentés dans le chapitre 1, les aspects normatifs de la participation des élèves aux pratiques mathématiques de leur classe sont ainsi perçus en tant que «*meaning-in-action*» (Erickson, 1986).

Une typologie de normes sociomathématiques

Compte tenu de ces considérations, ainsi que sur la base de nos analyses empiriques (Mottier Lopez, 2002, 2007, à paraître; Mottier Lopez & Allal, 2004), nous proposons une typologie de normes sociomathématiques (au sens élargi) en distinguant les composantes suivantes:

– Les aspects normatifs de l'activité mathématique (individuelle et sociale) de l'élève considérant les différentes configurations sociales de la leçon – travaux de groupes, individuels, interactions collectives;
– la signification de la norme sociomathématique devenant reconnue et partagée par les membres de la communauté classe et qui stipule la négociation et la construction d'un référentiel de critères plus ou moins explicites.

Comme illustré dans la figure 6, notre typologie comporte deux catégories principales: (1) les NSM qui sous-tendent l'ensemble des activités de résolution de problèmes des élèves (NSM-RP), par exemple le fait de devoir privilégier une procédure de résolution efficace; (2) les NSM qui structurent les interactions sociales des membres de la classe au cours de leurs activités mathématiques conjointes. Dans cette deuxième catégorie, nous distinguons: (a) les NSM qui concernent les interactions collectives (NSM-IC) – objet principal de notre étude; (b) les NSM qui concernent les interactions entre les élèves dans les travaux de groupes (NSM-TG). D'autres configurations pourraient être différenciées évidemment.

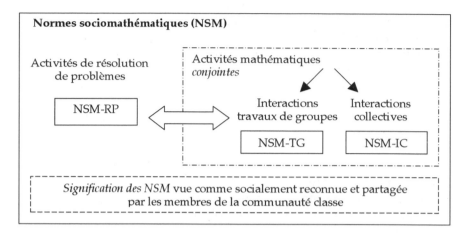

Figure 6. Typologie de normes sociomathématiques.

Le tableau 4 donne quelques exemples issus de la revue de recherches ainsi que de nos études pilote et premières analyses. Elles peuvent, bien sûr, différer d'une microculture de classe à l'autre. Notre hypothèse est que les NSM sont à concevoir dans une relation dynamique entre elles, en tant que *système* d'éléments inter-reliés comme nos chapitres de résultats le montreront. Prenons un exemple: la NSM-RP «plusieurs procédures de résolution sont possibles et acceptées» prend d'autant plus de sens si une des NSM-IC est «d'expliquer des résolutions différentes» avec la négociation de ce que signifie une différence mathématique acceptable au plan communautaire. De même, une NSM propre à la participation dans une configuration sociale peut créer des effets sur la participation dans une autre configuration: par exemple, la NSM-IC «expliquer sa résolution mathématique» peut avoir des influences de régulation sur les activités en groupes, incitant les élèves à être plus attentifs à leur résolution compte tenu qu'ils savent qu'ils devront l'expliquer ensuite au plan collectif.

Tableau 4.
Exemples de normes sociomathématiques «au sens élargi»

Normes sociomathématiques		
Activités de résolution de problèmes mathématiques		*Significations* taken-as-shared
– Chercher à résoudre le problème mathématique (sans attendre une démonstration initiale de l'enseignant) – Privilégier des procédures de résolution efficaces – Valider les résultats obtenus – …		Pour les membres de la microculture de classe, qu'est-ce qu'une résolution efficace une validation mathématique acceptable
Activité mathématique conjointe		
Travaux de groupes	Interactions collectives	
– Résoudre ensemble le problème mathématique – Tenter de s'expliquer le problème, son interprétation, la résolution mathématique envisagée – Proposer une solution commune – …	– Expliquer sa résolution, son interprétation et raisonnement mathématiques – Proposer une résolution mathématique différente – Justifier sa proposition mathématique – …	une explication mathématique acceptable une argumentation mathématique acceptable …

Les normes sociomathématiques en tant qu'«affordances»

Nous proposons de concevoir les normes sociomathématiques, et les systèmes d'attentes et obligations qu'elles génèrent, comme une forme d'*affordances* (au sens de Greeno *et al.*, 1998). Nous utiliserons l'expression «contraint et tout à la fois rend possible» pour rendre compte de la double nature de la norme-affordances qui contraint une forme de participation aux pratiques mathématiques de la classe et, tout à la fois, rend possible une participation qui contribue au développement des connaissances individuelles et collectives de la microculture de classe. Les normes représentent une dimension contextuelle qui se construit par l'activité interprétative et conjointe entre les personnes (*setting* de Lave, 1988), tout en étant également sous-tendue par des éléments préexistants à l'interaction (nature à la fois sociale et institutionnelle de la norme). Nous les considérons comme étant constitutives d'un référentiel communautaire construit par les membres de la classe; ce référentiel permet à ces derniers d'interpréter et d'évaluer l'adéquation et la pertinence de leurs activités et pratiques, d'ajuster et de réguler leur participation (Allal, 2001; Mottier Lopez, 2007).

Les normes sociomathématiques représenteront une de nos unités d'analyse principale pour questionner la dimension communautaire de la microculture de classe et, dans une relation réflexive, les activités mathématiques des élèves.

NOTRE DÉFINITION DES STRUCTURES DE PARTICIPATION DANS L'INTERACTION COLLECTIVE

Nous proposons de définir les structures de participation dans l'interaction collective comme étant constituées des NSM-IC et des patterns interactifs. Les NSM-IC désignent de façon plus ciblée les aspects normatifs propres à la participation de l'élève aux pratiques mathématiques dans l'interaction collective; ces aspects normatifs sont attendus par les membres de la classe et ils sont vus comme socialement reconnus et partagés, même si des différences d'interprétation existent au plan individuel. Quant aux patterns interactifs, ils modélisent la dynamique interactive dans laquelle se constituent et, tout à la fois, s'actualisent les normes sociomathématiques dans l'interaction entre l'enseignant et les élèves. Considérer ces deux éléments permet d'étudier finement la variation des structures de participation eu égard à la *genèse* des pratiques mathématiques de la classe notamment, en observant la médiation sociale des premières contributions mathématiques des élèves dans l'interaction collective jusqu'à l'émergence de pratiques mathématiques *taken-as-shared* relatives à un objet d'enseignement/apprentissage défini. Il s'agira, dans le cadre de notre recherche, de l'enseignement/apprentissage de la multiplication en troisième année primaire.

L'ENSEIGNEMENT / APPRENTISSAGE DE LA MULTIPLICATION

Comme argumenté par Cobb et Whitenack (1996), un modèle psychologique lié à la discipline scolaire concernée est nécessaire afin d'appréhender l'interprétation et le raisonnement mathématiques des élèves et plus généralement leur compréhension et apprentissages construits au cours des processus participatifs de la classe. Dans la perspective d'une articulation entre approches située et constructiviste des processus d'enseignement/ apprentissage, nous allons emprunter à la *théorie des champs conceptuels* de Vergnaud (1991/1996) des éléments d'analyse des apprentissages de la multiplication. Il est à préciser, en préambule, que la théorie des champs conceptuels défend la conception que l'apprentissage est fondamentalement lié à l'activité de l'apprenant en situation. C'est sur ce type de position précisément que Cobb et ses collègues argumentent que les conceptions d'apprentissage constructivistes et situationnistes ne sont pas contradictoires, en raison même du postulat commun qui est que tout apprentissage résulte d'un agir en situation.[10]

LES TYPES DE PROBLÈMES MULTIPLICATIFS

Vergnaud (1981, 1991/1996) délimite deux grandes classes principales de problèmes à la base de nombreux apprentissages en mathématiques: les structures additives et les structures multiplicatives. Le champ conceptuel des structures multiplicatives qui nous intéresse englobe l'ensemble des problèmes susceptibles de se résoudre par une multiplication, une division ou une combinaison de ces opérations. Comme relevé par l'auteur, une filiation existe entre les structures additives et multiplicatives et la démarcation entre les deux champs conceptuels n'est pas clairement définie. Toutefois, les structures multiplicatives sont profondément différentes dans le sens que les relations de base ne sont pas ternaires comme c'est le cas dans les problèmes additifs, mais elles sont quaternaires pour la majorité des problèmes multiplicatifs, car

---

10 Il est à noter toutefois qu'une discussion approfondie demanderait à être menée entre les concepts notamment de *schème*, de *représentation*, de *théorème-en-acte* qui sont au cœur de la théorie des champs conceptuels (et que nous n'allons pas exploiter pour notre part), et les thèses situationnistes en termes de processus de participation aux pratiques sociales de la classe.

mettant en jeu quatre quantités appartenant à deux espaces de mesure différents dans le cas de problèmes de proportion simple.

Vergnaud propose une typologie des problèmes multiplicatifs qui a pour intérêt, comme le relève Levain (1997), de bien différencier les formes de relation en jeu dans le problème, les valeurs numériques impliquées et le domaine de référence de l'énoncé. Trois formes de relation dans le champ conceptuel des structures multiplicatives sont distinguées. La première forme, appelée *isomorphisme de mesures*, implique (a) soit une résolution par une *procédure scalaire* – une relation est établie entre les éléments d'un même espace de mesure que l'on rapporte ensuite aux éléments correspondants du deuxième espace de mesure; (b) soit une résolution par une *procédure fonction* qui exprime une relation fonctionnelle entre les deux espaces de mesure, applicable à tout couple d'éléments associés par la correspondance entre les deux espaces – et dont la maîtrise est plus délicate. Les deux autres formes de problèmes définies par Vergnaud portent respectivement sur le *produit de mesures*[11] et sur les *proportions multiples*. Elles ne seront pas directement concernées par les problèmes que nous avons sélectionnés pour notre recherche; nous n'allons donc pas les présenter ici.

PASSAGE DE LA CONCEPTION ADDITIVE
À LA CONCEPTION MULTIPLICATIVE

L'observation des premiers apprentissages de la multiplication soulève la question du passage entre structures additives et structures multiplicatives. Les études de Piaget, Kaufmann et Bourquin (1977) et de Piaget, Berthoud-Papandropoulou et Kilcher (1983) documentent la genèse de la multiplication à partir de l'addition chez des enfants de 5 à 12 ans. Tout en soulignant que la compréhension de la multiplication numérique est plus complexe que celle de l'addition, les auteurs dégagent différents niveaux de conduites selon les statuts que les enfants attribuent aux variables de rangs en cause dans la multiplication (les éléments, les

---

11 «Cette forme de relation consiste en une relation ternaire entre trois quantités dont l'une est le produit des deux autres, à la fois sur le plan numérique et sur le plan dimensionnel» (Vergnaud, 1981, p. 171). Des problèmes de type «produit de mesures» sont également proposés en troisième année primaire, associés à des configurations rectangulaires et liés à la notion de produit cartésien (Gagnebin *et al.*, 1997).

parties, le tout)[12] et selon leur manière de composer avec celles-ci pour résoudre des problèmes posés. Sans entrer dans le détail des résultats de ces deux études, citons un constat principal:

> ou le sujet additionne les résultats d'additions et il n'y a là qu'une conduite additive, ou bien il prend conscience (même par un comptage) du nombre *n* de ces additions d'additions, en tant que nombre d'opérations, et ce nombre devient de ce fait même un multiplicateur. (Piaget *et al.*, 1983, p. 118)[13]

Les travaux de Fischbein, Deri, Nello et Marino (1985, cités par Levain, 1997) soulignent également le lien fort entre addition et multiplication, considérant que l'addition itérée constitue le «modèle primitif et intuitif» de la résolution de problèmes multiplicatifs qui continuerait d'agir même lorsque les opérations ont acquis un statut formel. Notons que ce modèle intuitif a été observé à la fois en situation de classe (e.g., De Corte & Verschaffel, 1996; Nesher, 1988) et en situations extrascolaires dans des recherches sur *everyday cognition* (e.g., Carraher *et al.*, 1985; Schliemann & Carraher, 1992).

Dans Mottier Lopez (2005), un développement plus approfondi est exposé concernant l'évolution de la conception de l'apprentissage de la multiplication dans les moyens d'enseignement des mathématiques en Suisse romande. Retenons ici que la position de ces derniers est de proposer un ensemble de problèmes différents, dont des situations d'itérations qui permettent de souligner l'équivalence entre multiplication et addition réitérée et des situations de produits cartésiens. «Tous ces modèles, et d'autres encore, concourent à mettre en place le concept de la multiplication. Ils ne sont pas antagonistes, mais complémentaires»

---

12 Piaget *et al.* (1983) proposent aux enfants des problèmes mettant en jeu des «paquets de grains»; les *éléments* sont vus comme le nombre de grains par paquet (multiplicande), les *parties* représentent le nombre de paquets (multiplicateur), le tout est le nombre de grains en leur totalité (produit).

13 Nous choisissons de ne pas présenter plus en détail les travaux de Piaget qui proposent de considérer la proportionnalité comme une notion logicomathématique relevant de l'accès au stade formel (e.g., Inhelder & Piaget, 1970). Nous ne souhaitons pas introduire, en effet, la notion de stade qu'il s'agirait de discuter, et dont plusieurs chercheurs se démarquent plus ou moins nettement aujourd'hui comme le souligne Levain (1997) dans son livre sur le développement cognitif et la proportionnalité.

(Gagnebin *et al.*, 1997, p. 105). Outre le fait que le dépassement d'une stratégie additive en faveur d'une résolution multiplicative est un apprentissage extrêmement lent (Hart, 1981, cité par Levain, 1997), on peut penser que la rupture entre représentations additives et multiplicatives n'est jamais totale.

Chapitre 3

Orientation méthodologique

Ce chapitre présente les aspects méthodologiques de notre recherche. La première partie discute la position épistémologique de la recherche interprétative dans laquelle s'inscrit nos travaux. La deuxième partie, *Etude sur le terrain*, explicite la démarche de recherche que nous avons entreprise. Enfin, la troisième partie, *Elaboration des démarches et instruments d'analyse*, expose les étapes principales de la récolte des informations aux interprétations finales de nos données empiriques. Les questions spécifiques de recherche sont formulées en fin de chapitre.

UNE APPROCHE DE RECHERCHE INTERPRÉTATIVE QUALITATIVE

PERSPECTIVE SITUÉE ET APPROCHE DE RECHERCHE INTERPRÉTATIVE

La perspective située n'offre pas un cadre méthodologique qui lui serait propre. A la suite de Cobb et Bowers (1999), on note que les options méthodologiques dépendent fortement des questions de recherche et de la spécificité des objets d'étude, amenant à l'utilisation de méthodes et de concepts empruntés à l'anthropologie, l'ethnométhodologie, l'interactionnisme symbolique, la psychologie sociale ou encore l'analyse du discours par exemple. Autrement dit, la variété et la pluridisciplinarité caractérisent, au plan méthodologique, les travaux de la perspective située. Sur la base des propositions de Cobb *et al.* (2001), d'Erickson (1986) et de Voigt (1985) concernant l'étude de la microculture de classe, nous allons ci-dessous argumenter la pertinence théorique et épistémologique d'une approche *interprétative*[1].

---

1   Ce courant interprétatif demanderait à être minutieusement questionné dans ses rapprochements et différences par rapport à l'approche de recherche

Se référant au postulat *d'interprétation subjective* de l'approche compréhensive du sociologue Max Weber, Savoie-Zajc (2000) caractérise ce courant qui, selon elle, est

> animé par le désir de comprendre le sens de la réalité des individus; il adopte une perspective systémique, interactive, alors que la recherche se déroule dans le milieu naturel des personnes. Le savoir produit est donc vu comme enraciné dans une culture, un contexte, une temporalité. (p. 174)

Dans le cadre de la recherche sur les processus d'enseignement en situation scolaire, Erickson (1986) propose de regrouper sous le label de *recherche interprétative* un ensemble d'approches (e.g., études de cas, approche ethnographique, observation participante) qui, malgré des différences entre elles, sont réunies par le critère commun de prendre en compte dans l'analyse et la conceptualisation les significations locales et immédiates des actions telles qu'elles sont définies du point de vue des acteurs. L'unité d'analyse est donc l'*action/signification (meaning-in-action);* les significations d'une action étant le produit d'un processus d'interprétation. Autrement dit, il s'agit d'appréhender l'action saisie dans les significations que lui attribue l'acteur – et ceux qui sont en interaction avec lui – par l'intermédiaire des interprétations qu'il en fait. La conception est celle d'une relation d'interdépendance entre sujet-objet (Erickson, 1986; Pourtois & Desmet, 1997; Saada-Robert & Leutenegger, 2002; Taylor & Bogdan, 1998). La thèse défendue est la «variabilité des relations entre les formes de comportements et les significations que les acteurs leur assignent à travers leurs interactions sociales» (Lessard-Hébert, Goyette & Boutin, 1997, p. 27). Les postulats de la recherche interprétative débouchent ainsi sur des problématiques en sciences de l'éducation différentes de celles du paradigme positiviste. Par exemple, comparativement aux recherches sur les processus d'enseignement de type processus-produit,

---

phénoménologique définie par Taylor et Bogdan (1998), à la recherche compréhensive telle que la contraste Mucchielli (1996) à la recherche quantitative ou encore à la recherche qualitative de Deslauriers (1991). Nous choisissons d'adopter la terminologie d'Erickson (1986) compte tenu de sa proximité avec la notion de microculture de classe.

plutôt que de se demander quels comportements d'enseignants peuvent être mis, de façon positive, en corrélation avec des résultats obtenus par des étudiants à des tests de performance, le chercheur se demandera, par exemple, quelles sont les significations que les élèves et les enseignants peuvent créer ensemble pour qu'elles donnent lieu à des apprentissages. La recherche portera alors sur la façon dont se développent et se maintiennent ces systèmes de significations plutôt que les comportements observables. (Lessard-Hébert *et al.*, 1997, p. 28)

Il ressort de la posture de recherche *interprétative* une congruence manifeste avec les thèses situationnistes. Les processus d'interprétation se situent à la fois dans la conceptualisation de l'objet d'étude et dans l'activité scientifique de recherche. Dans le cadre de notre démarche empirique, cela se traduit par l'étude des processus de constitution interactive de la microculture de classe qui suppose des confrontations de perspectives interprétatives entre les participants; cette microculture de classe offre, tout à la fois, un cadre d'interprétation aux activités et pratiques de ses membres qui en partagent une compréhension spécifique (Erickson, 1986). L'accession par le chercheur à cette compréhension, et plus généralement au cadre interprétatif construit et offert par la microculture de classe, suppose, à son tour, une activité d'interprétation qui caractérise son travail d'analyse et de conceptualisation. «Etant donné que l'objet de recherche est conçu en fonction de l'action/signification, le chercheur doit appréhender le monde social par une activité d'interprétation, c'est-à-dire selon le sens qu'il attribue aux objets» (Anadón, 2000, p. 25).

Pirès (1997) définit cinq caractéristiques générales à la recherche qualitative à visée interprétative: (1) sa souplesse d'ajustement pendant son déroulement, (2) sa capacité de s'occuper d'objets complexes, (3) sa capacité à englober des données hétérogènes et de combiner différentes techniques de collectes de données, (4) sa capacité à décrire en profondeur les phénomènes sociaux étudiés, (5) sa valorisation d'une exploration inductive du terrain (p. 52). L'approche de recherche interprétative se prête tout particulièrement bien à l'objectif d'étudier la microculture de classe – en tant que système complexe dont on tente de reconstituer le sens caché (Saada-Robert & Leutenegger, 2002) – en termes notamment de structures sociales, de normes, de pratiques, de significations partagées. Mais rappelons que la posture choisie dans notre recherche est une articulation explicite et théorisée, en termes de relation réflexive, avec les dimensions psychologiques de l'activité des élèves lorsqu'ils participent aux pratiques mathématiques de la classe. Ainsi, comme argumenté par Cobb *et al.* (1993), notre perspective d'observateur est double, avec des éléments d'ordre ethnographique lorsqu'il s'agit de documenter le contexte social de la microculture de classe et d'autres éléments (e.g., modèles de raisonnement et interprétation mathématiques) qui, quant à eux, relèvent d'une approche psychologique.

De la question des critères scientifiques de validité

> Elle [la recherche qualitative] pose avec acuité le problème crucial de la valeur de la connaissance qui découle de ses approches. Car si, dans la démarche qualitative, la construction scientifique se réfère à la signification subjective des actions humaines (postulat d'interprétation subjective de M. Weber), cela n'empêche pas qu'elle doit être objective en ce sens que les prises de données, conclusions et interprétations doivent être soumises à des vérifications contrôlées et non pas placées sous l'emprise de l'expérience particulière et donc incontrôlable du chercheur. (Mucchielli, 1996, p. 59)

Il n'existe pas un consensus actuel sur les critères scientifiques de validation des démarches qualitatives, que ce soit sur leur nature, leur fonction, leur pertinence, leur appellation (Mucchielli, 1991, 1996). Certains chercheurs choisissent de se distancier des critères définis dans les approches quantitatives en argumentant la nature spécifique de leurs données et objets d'étude; ils développent des critères propres à la recherche qualitative et à son épistémologie (e.g., Guba & Lincoln, 1981; Lincoln & Guba, 1985; Mucchielli, 1991, 1996). D'autres auteurs conservent les mêmes dénominations des critères mais considèrent que «c'est l'application de ces critères qui diffère quant aux procédures suggérées ou mises en œuvre pour les réaliser» (Lessard-Hébert *et al.*, 1997, p. 43). Nous choisissons, quant à nous, de prendre appui sur le *Dictionnaire des méthodes qualitatives en sciences humaines et sociales* dirigé par Mucchielli (1996) qui s'appuie sur un grand nombre de contributions d'auteurs, dont les propositions de Guba et Lincoln (1981; Lincoln & Guba, 1985). Ci-dessous sont définis les principaux critères appliqués à notre recherche dans son ensemble:

La cohérence interne. Ce critère se réfère à «l'argumentation logique et fondée que le chercheur communiquera dans sa recherche. Les résultats, les interprétations, les hypothèses de travail sont plausibles compte tenu des données recueillies et de l'analyse effectuée» (Mucchielli, 1996, p. 25). Lincoln et Guba (1985) parlent, dans ce cas, du critère de *crédibilité* et proposent plusieurs techniques pour rendre crédibles les interprétations et résultats. Dans le cadre de notre recherche, nous retiendrons: (1) un engagement prolongé dans le terrain, permettant notamment de détecter et de considérer d'éventuelles distorsions de la part du chercheur et des personnes concernées par la recherche, ainsi que de construire une relation de confiance entre chercheur et participants; (2) des observations régulières *(consistent observation)* afin d'identifier avec assurance les caractéristiques et les éléments les plus pertinents eu égard à l'objet d'étude et à la problématique; (3) la triangulation méthodologique, consistant à croiser systématiquement différentes sources d'information et de les situer les unes par rapport aux autres. La cohérence interne implique également que le chercheur confronte ses interprétations aux études et recherches proches qui étaient à la base des premières hypothèses élaborées, ainsi qu'à des théories reconnues (validité référentielle).

La confirmation externe. Ce critère correspond, selon Mucchielli (1996), à la capacité du chercheur à objectiver les données récoltées. Il doit pouvoir démontrer qu'elles ont été recueillies par des procédés rigoureux et systématiques, produisant une «traçabilité» des démarches de recueil, d'analyse et d'interprétation effectuées. Guba et Lincoln (1981) parlent, ici, de «confirmabilité» *(confirmability)* et insistent sur l'importance de la vérification et de la critique de la démarche méthodologique par un expert externe. Dans le cadre de notre recherche, ce rôle a été assumé en partie par la commission d'encadrement de la thèse, plus particulièrement par la directrice de thèse. Le critère de confirmation externe peut également renvoyer à la *transparence* qui consiste à l'indépendance des analyses par rapport à l'idéologie du chercheur.[2] A la base de ce critère, «se trouve la *lucidité* du chercheur à l'égard de ses jugements et la reconnaissance de ceux-ci en tant qu'éléments influençant ses analyses et interprétations (triangulation interne du chercheur)» (Mucchielli, 1996, p. 60). Elle peut se traduire par l'énonciation de ses présupposés et orientations épistémologiques, ainsi qu'à une estimation de l'influence que ceux-ci peuvent avoir sur la démarche de recherche et le choix des méthodes et instruments (Pourtois & Desmet, 1997).

---

2 Par exemple, d'avoir la croyance qu'une des dynamiques de microculture de classe sélectionnée serait forcément plus «efficace» que l'autre.

La saturation. Ce critère désigne «le moment lors duquel le chercheur réalise que l'ajout de données nouvelles dans sa recherche n'occasionne pas une meilleure compréhension du phénomène étudié» (Mucchielli, 1996, p. 204). Pour notre part, cela est devenu manifeste lors des dernières observations de leçon en fin d'année scolaire.

L'acceptation interne ou validité de signifiance. Ce critère désigne «le degré de concordance et d'assentiment qui s'établit entre le sens que le chercheur attribue aux données recueillies et sa plausibilité telle que perçue par les participants à l'étude» (p. 9). Deux niveaux peuvent être distingués: (1) l'acceptation du chercheur par le milieu où se déroule la recherche – dans notre le cas, le fait par exemple que les enseignants concernés aient librement accepté de participer à la recherche; (2) l'acceptation par les participants de l'interprétation faite par le chercheur de l'objet étudié – une validité de signifiance qui, dans notre recherche, s'est réalisée par l'intermédiaire d'entretiens spécialement conçus pour ce faire.

La transférabilité. Lié au critère traditionnel de validité externe, ce critère implique de penser «in terms of working hypotheses and of testing the degree of fit between the context in which the working hypotheses were generated and the context in which they are to be next applied» (Guba et Lincoln, 1981, p. 120). Des descriptions détaillées *(thick description)* du contexte de la recherche sont requises, afin de rendre possible la question du degré de transférabilité à d'autres contextes.

En plus de ces critères, les auteurs consultés s'accordent à souligner plusieurs qualités que doit revêtir une démarche de recherche qualitative et qui contribuent également à sa validité: la capacité d'*ajustement* et de *souplesse* eu égard à la nature des données récoltées et analysées, la *rigueur* des procédés de recueil des données et de leur dépouillement, la *systématisation* et *l'explicitation* constante des critères de choix, de dépouillement et d'analyse. Patton (1990) considère que la validité des données qualitatives dépendent également de qualités intrinsèques au chercheur: ses compétences méthodologiques, sa sensibilité et son intégrité. Dans le cadre de notre recherche, nous serons extrêmement attentive à ces questions de validité, se traduisant notamment par un effort constant d'explicitation de nos choix et démarches méthodologiques. De notre point de vue, cette exigence d'explicitation fait partie intégrante de la conceptualisation de notre objet d'étude, en raison notamment de la démarche inférentielle et délibératoire adoptée (voir plus loin) qui nécessite une cohérence forte entre les cadres épistémologique, théorique et méthodologique référés.

ETUDE SUR LE TERRAIN

PLAN DE RECHERCHE: CHOIX PRÉALABLES

Le tableau 5 offre une vision synthétique des choix et analyses préalables présidant au dispositif de notre recherche. Il a été décidé d'observer deux microcultures de classe *contrastées*, afin de questionner la dimension sociale et contextualisée des apprentissages individuels et collectifs développés dans chaque communauté classe. Sur la base de la revue de littérature consultée, le choix des classes a été fondé sur l'hypothèse qu'un contraste de la dynamique de microculture de classe résidait dans le contrôle plus ou moins fort exercé par l'enseignant dans la gestion des interactions sociales et dans la construction du sens mathématique au cours des interactions collectives.

Suite à deux études pilotes réalisées l'année précédant la recherche finale, deux classes ont été retenues: la classe de Paula et la classe de Luc. Toutes deux ont pour points communs de soumettre aux élèves des activités de résolution de problèmes sans une démonstration préalable des démarches pertinentes à déployer; les élèves sont ensuite encouragés à expliquer leurs résolutions pendant l'interaction collective.[3] Toutefois, dans la classe de Paula, ces explications étaient particulièrement contraintes par un guidage interactif de l'enseignante afin d'amener les élèves à construire le sens mathématique attendu (Mottier Lopez, 2001b). Dans la classe de Luc par contre, les explications étaient non seulement moins contraintes par les interventions de l'enseignant, mais elles étaient également soumises à discussion dans l'interaction collective (Mottier Lopez, 2003a). Des observations échelonnées sur plusieurs mois ont permis de constater la persistance de ce contraste, nous amenant à retenir définitivement ces deux classes.

---

3 Cette dimension normative de la participation des élèves était importante, compte tenu de notre projet d'analyser quelques aspects du raisonnement et interprétation des élèves médiatisés dans l'interaction collective. Il fallait conséquemment que les élèves puissent avoir la possibilité de s'exprimer sur leur résolution.

Le contenu d'enseignement/apprentissage

Comme dit dans le chapitre précédent, nos observations portent sur l'enseignement/apprentissage de la multiplication en troisième année primaire (3P). Ceci pour plusieurs raisons: (1) dans les classes primaires, un seul enseignant – éventuellement deux dans le cas de duos pédagogiques – est responsable de la classe, limitant ainsi une complexification des analyses en raison de l'intervention de plusieurs enseignants dans un même groupe classe[4]; (2) dans le canton de Vaud dans lequel se déroule notre recherche, les enseignants suivent leurs élèves pendant un cycle de deux ans; nos observations portent sur la première année du cycle, afin d'étudier la constitution interactive de la microculture de classe avec un groupe classe que l'enseignant ne connaît pas; (3) en troisième année primaire, les élèves ont une certaine expérience de l'expression collective en classe, devant nous permettre d'observer des structures de participation d'un certain niveau d'élaboration; (4) un des apprentissages mathématiques importants dans ce degré est la multiplication, passant de la familiarisation en deuxième année primaire à des premières symbolisations en troisième année primaire, mais sans viser l'algorithme en colonnes (Danalet *et al.*, 1998). Cet apprentissage devrait offrir des occasions propices à l'observation de constructions personnelles des élèves et à étudier comment celles-ci contribuent à la constitution des pratiques mathématiques et réciproquement.

---

4 Ce qui, en soi, pourrait représenter une question de recherche intéressante.

Tableau 5.
Choix préalables au plan de recherche

Décisions préalables	Choix effectués		Analyses présidant aux choix
Quel degré d'enseigne-ment? Quelles classes? Quelle dynamique de microculture de classe?	*Troisième année primaire*		Etudes pilote
	Microculture de classe de *Paula*	Microculture de classe de *Luc*	
	Contrôle fort exercé par Paula dans la gestion des interactions sociales et dans la construction de l'objet de connaissance	Responsabilité plus marquée des élèves dans la construction de l'objet de connaissance	
Quelle discipline scolaire? Quel contenu?	*Mathématiques*		Analyse plan d'études et ouvrages de référence didactique
	Moyens d'enseignement romands des mathématiques		
	La multiplication		
	• *Observation régulière au fil de l'année scolaire:* activités issues du module 4 des moyens d'enseignement: Des problèmes pour connaître la multiplication		
Quelles activités des moyens d'enseigne-ment? Quelle répartition dans l'année?	– librement choisies par chaque enseignant • *Observation approfondie de deux séquences* d'enseignement/ apprentissage: – activités issues du module 4, identiques dans les deux classes (séquence 1: octobre-décembre; séquence 2: mars-avril) – proposition par le chercheur de deux activités: *Au Grand Rex* (livre du maître 162) *Course d'école* (livre du maître 168)		Analyse des activités du module 4 des moyens d'enseigne-ment

OBSERVATIONS *IN SITU*, FRÉQUENCE ET TYPES D'OBSERVATION

Nous avons opté pour des observations *in situ*, considérant que c'est la méthode de recueil d'informations la plus appropriée pour accéder aux significations et interactions humaines de la perspective des personnes impliquées et, plus généralement, à la compréhension de la culture et du fonctionnement quotidien de la communauté classe. Concernant notre questionnement sur les structures de participation de la microculture, des observations dans la durée étaient nécessaires, afin de valider nos hypothèses interprétatives concernant la nature socialement reconnue et partagée des normes sociomathématiques inférées (Cobb & Whitenack, 1996; Cobb *et al.*, 2001).[5] C'est pourquoi, nous avons effectué des observations de leçons de mathématiques tout au long d'une année scolaire – début septembre à début juin. Au total, 17 leçons ont été observées dans la classe de Paula et 22 leçons dans la classe de Luc (voir annexe 1). Deux types d'observation sont distingués:

Les observations régulières. C'est-à-dire une observation tous les quinze jours dans chaque classe, excepté le mois de septembre au cours duquel une leçon par semaine a été observée afin de recueillir des informations sur le «démarrage» de la constitution de chaque microculture. Les leçons observées devaient porter sur des problèmes multiplicatifs proposés par les moyens d'enseignement. Les enseignants ont toutefois considéré que le mois de septembre était trop tôt pour aborder la multiplication. Lors d'une séance préparatoire, ils se sont concertés sur une même série d'activités portant sur l'approche du nombre et sur l'addition. D'une façon générale, la contrainte de recherche pour ces observations régulières était que les enseignants s'organisent de telle sorte à pouvoir «donner à voir et à entendre» au moins une interaction collective ou semi-collective pendant la leçon observée.

Les observations de séquences d'enseignement/apprentissage. La séquence est définie comme une suite de leçons relatives à une même activité mathématique et d'éventuels prolongements lui étant explicitement rattachés. Il n'était ici pas imposé qu'une interaction collective soit organisée dans chaque leçon. Deux séquences ont été observées par classe; la première au cours des mois d'octobre à début décembre; la deuxième entre les mois de mars et début avril. Cette observation de plusieurs leçons consécutives avait notamment pour but d'étudier finement les possibles variations et évolution des structures de participation de la microculture de classe eu égard à la constitution des pratiques mathématiques relativement à l'enseignement/apprentissage de la multiplication dans des situations de résolution de problèmes données.

D'une façon générale, l'enseignant organisait les leçons à sa convenance. Ainsi, les objectifs d'apprentissage visés, notamment en termes de procédures de calcul et de leur niveau de maîtrise, ont été définis sans concertation avec le chercheur ou entre les deux enseignants. Notre position a consisté à ne jamais intervenir sur le déroulement des leçons

---

5   Critère de *crédibilité*.

et sur les décisions prises dans le vif de l'action, à ne pas répondre aux sollicitations des élèves à la place de l'enseignant, à ne pas prendre part à l'interaction collective. Mais rappelons que l'observation du chercheur n'est jamais neutre; sa simple présence dans le milieu produit des effets dont il faut tenter de tenir compte dans l'analyse. Si notre présence régulière a contribué peu à peu à banaliser celle-ci, limitant ainsi la portée de certains biais liés à l'observation, nous considérons que toutes les leçons observées dans notre recherche demandent à être considérées comme des «leçons ordinaires mises sous observation» (Leutenegger, 2000) – ce qui ne les rend plus, en ce sens, tout à fait aussi ordinaires.

Recueil d'informations au cours de l'observation in situ

Les procédés suivants ont été utilisés pour l'enregistrement des informations lors de l'observation en classe:

- Un journal de bord pour chaque classe, dans lequel des notes de terrain étaient prises *in situ*, complétées par des commentaires, interrogations, premières interprétations rédigées le jour même de l'observation, ainsi que lors de la préparation de l'observation suivante.
- Un enregistrement audio de l'entier de la leçon, le magnétophone étant continuellement porté par l'enseignant, enclenché dès que celui-ci considérait «commencer la leçon de maths».
- Un enregistrement vidéo des interactions collectives lors de l'observation des séquences, afin notamment de recueillir des informations sur l'élaboration progressive des traces écrites au tableau noir.
- Un recueil des documents produits par les membres de la classe, dont les traces écrites de la résolution du problème de chaque élève lors des séquences observées.

Insistons finalement que quelle que soit l'ampleur des informations recueillies, aucune observation ne peut être considérée comme «transparente». Elle suppose toujours une construction de sens et d'interprétation du chercheur, l'amenant à sélectionner certaines informations plutôt que d'autres, eu égard à son objet d'étude, à ses questions de recherche, à son cadre conceptuel.

Entretiens de recherche avec l'enseignant

Notre observation en classe a été couplée à la technique de l'entretien, vu comme fondé sur la production d'une *parole sociale*, d'un *discours in situ* (Blanchet & Gotman, 1992). Il véhicule, comme toute situation sociale, des systèmes d'attentes et obligations réciproques, des règles, des pratiques qui se construisent et qui deviennent peu à peu reconnues et partagées entre l'interviewé et l'intervieweur. D'autant plus lorsque le dispositif implique un grand nombre de rencontres entre les mêmes personnes, comme c'est notre cas. Dans le but d'enrichir la compréhension des données, deux types d'entretien – enregistrés – ont été réalisés dans notre recherche, en tant que dispositif *complémentaire* à l'observation *in situ*:

Des entretiens semi-structurés ou entretiens post-leçon. Deux fonctions principales étaient attribuées à ces entretiens se déroulant après chaque leçon observée:

- Recueillir de nouvelles données, que ce soit pour demander des clarifications sur les événements observés dans les leçons, ainsi que pour solliciter les impressions, opinions, significations attribuées à ces événements du point de vue de l'enseignant[6];
- contribuer au processus de validation des interprétations du chercheur, notamment en soumettant à discussion ses premières interprétations et compréhensions des événements observés.

Des entretiens structurés ou entretiens de restitution/confrontation. Ceux-ci ont eu lieu quelques semaines après l'observation de chaque séquence d'enseignement/apprentissage, suite à une première démarche d'*analyse systématique* du corpus de données relatives aux interactions collectives. Ces entretiens ont été conçus dans un but de *validité de signifiance*, dont ne sont pas exclus les entretiens post-leçon. Rappelons que ce critère de validation consiste à soumettre les résultats de l'analyse interprétative aux acteurs concernés, en vue d'une mise en discussion – à des fins de confirmation ou d'infirmation – considérée comme un excellent moyen de vérifier les résultats et d'augmenter leur crédibilité (Huberman & Miles, 1991; Pourtois & Desmet, 1997).

---

6 Nous avons choisi de limiter les entretiens à l'enseignant en tant que membre expert de la microculture de classe.

Déroulement des entretiens

Un guide d'entretien a été élaboré, comprenant des thèmes principaux servant de points de repère à la structuration de tous les entretiens post-leçon: l'activité mathématique, l'interaction collective, la participation des élèves. Ce canevas était complété par des questions spécifiques, propres à chaque leçon observée, fondées sur les notes de terrain et l'écoute systématique, entre la leçon et le rendez-vous de l'entretien, du matériel enregistré le jour même. Le déroulement de l'entretien se laissait guider par les réponses de l'enseignant, permettant souvent d'aller au-delà des questions posées et d'entrer dans une logique d'échange mutuel d'informations concernant les événements, les pratiques observées, les propositions mathématiques formulées par les élèves. Bien que centré en priorité sur la parole et les interprétations de l'enseignant, l'entretien pouvait permettre également l'expression de la compréhension du chercheur. Concernant les entretiens de restitution/confrontation, un canevas détaillé a été conçu; un document propre à chaque séquence observée a facilité le retour des interprétations du chercheur à l'enseignant.

D'une façon générale, c'est la *réserve* qui a caractérisé notre posture d'interviewer. Le but visé était d'engager un dialogue sur la signification plus ou moins partagée des événements observés, mais sans viser une ré-orientation de l'action de l'enseignant. Mais malgré notre objectif de n'intervenir sur aucuns aspects relevant des décisions d'enseignement et de ne porter aucuns jugements sur les événements observés, nous considérons que le questionnement formulé par le chercheur, l'effort de réflexion et de verbalisation effectué par l'enseignant, ainsi que l'échange intersubjectif construit sur les objets ne peuvent pas ne pas produire d'effets. C'est pourquoi, nous proposons de conceptualiser les leçons étudiées comme étant non seulement mises sous observation mais également objectivées lors d'entretiens, ce qui les distinguent des leçons ordinaires. Toutefois, notre objectif étant d'appréhender «au plus prêt» les structures de participation et les pratiques quotidiennes en classe, les analyses effectuées ont tenté de débusquer les possibles effets produits par le dispositif de recherche sur les structures de participation (e.g., biais de désirabilité sociale). Seules ont été mises sous la loupe celles jugées clairement significatives du fonctionnement interactif et social de chaque microculture de classe. L'annexe 1 présente une synthèse des observations et entretiens réalisés dans les deux classes.

RECHERCHE FINALE

Caractéristiques générales des classes

Les deux classes concernées font partie d'un établissement scolaire différent. Elles comportent toutes deux 17 élèves, 10 filles et 7 garçons dans la classe de Paula, et 11 filles et 6 garçons dans la classe de Luc. Les caractéristiques des deux groupes classe apparaissent semblables sur plusieurs points, comme montré dans le tableau 6. Les professions les plus représentées se répartissent entre les catégories «employés et cadres intermédiaires» et «ouvriers» (Paula: 12/17; Luc: 13/17). Bien que près de la moitié des élèves de chaque classe ne soit pas de nationalité helvétique, tous les élèves parlent couramment le français.

Tableau 6.
Caractéristiques des deux groupes classe

Caractéristiques	Classe de Paula	Classe de Luc
Catégories socioprofessionnelles sur la base de la profession du père[7]		
Cadres supérieurs et dirigeants	3	3
Petits indépendants	1	0
Employés et cadres intermédiaires	6	7
Ouvriers	6	6
Mère au foyer, sans profession, sans indications	1	1
Nationalité des élèves		
Suisse	9	9
Communauté européenne	4	3
Autres	4	5

Une différence importante existe, par contre, entre les deux classes, à savoir que les élèves de la classe de Paula proviennent tous d'une seule et même classe de 2ᵉ année primaire. Quant au groupe classe de Luc, il est composé d'élèves issus de trois classes différentes, et deux

---

7 Définies sur la base des propositions de l'annuaire statistique du Service de la recherche en éducation du canton de Genève http://agora.unige.ch/sred/publications/docsred/annuaires/200/Annuaire.pdf.

élèves proviennent encore de deux autres classes d'un établissement différent.

Concernant les deux enseignants, Paula et Luc, ils ont pour caractéristique commune d'avoir plus d'une vingtaine d'années d'expérience professionnelle. Ils ont un rapport positif aux moyens d'enseignement romands des mathématiques – mais non pas «naïf» car manifestant un questionnement critique et constructif. Lors de la recherche finale, Paula et Luc avaient déjà utilisé les moyens d'enseignement avec deux volées d'élèves (cycle 3P-4P); ils commençaient donc leur 5e année de mise en pratique des moyens didactiques. Notre choix d'un profil d'enseignants *experts* devait limiter d'éventuels phénomènes liés à une inexpérience professionnelle ou encore liés à l'introduction d'une innovation pédagogique (les moyens d'enseignement).

Une rencontre préparatoire

Une rencontre préparatoire a réuni les deux enseignants et le chercheur au mois d'août précédant le début de la recherche finale, afin de finaliser les modalités de l'observation en classe. Une planification annuelle des activités portant sur la multiplication a été réalisée de façon concertée entre les deux enseignants. Concernant les observations régulières, ceux-ci se sont accordés sur un ensemble d'activités à réaliser dans des périodes d'environ deux mois. Mais chaque enseignant conservait la liberté de l'ordre d'introduction des activités, d'en rajouter si nécessaire, voire d'en supprimer eu égard à la spécificité de sa classe – que les enseignants ne connaissaient pas encore lors de cette rencontre. Enfin, deux activités mathématiques sélectionnées par le chercheur pour l'observation des séquences d'enseignement/apprentissage ont été proposées lors de cette séance préparatoire et ont été agréées par les enseignants.

Sélection des problèmes multiplicatifs pour l'observation des séquences

Un ensemble de critères a présidé au choix des problèmes multiplicatifs pour l'observation des deux séquences d'enseignement/apprentissage dans chaque classe. Nous appuyant sur la typologie de Vergnaud (1991/1996), il a été décidé d'étudier des problèmes multiplicatifs de type *isomorphisme de mesures*, vus comme les plus accessibles pour de jeunes élèves, comparativement aux problèmes de type *produit de mesures* (De Corte & Verschaffel, 1996; Levain, 1997; Nesher, 1988;

Vergnaud, 1981). Selon le livre du maître 3P (Danalet *et al.*, 1998), les élèves doivent être capables de reconnaître la structure multiplicative de ces problèmes, ainsi que l'intérêt d'utiliser l'opération correspondante. Choisir des situations d'itérations avait pour but d'observer comment se négocie, au plan collectif, le remplacement de résolutions par procédures additives en des combinaisons d'additions/multiplications (les élèves ne connaissant pas encore l'algorithme en colonnes). Ce passage de résolutions additives en des résolutions convoquant des opérations multiplicatives a pour intérêt d'offrir une diversité de procédures possibles.

Il est à souligner que si notre choix porte sur des situations de type *isomorphisme de mesures* dans le cadre des observations des séquences, les autres leçons de l'année ont proposé différents problèmes multiplicatifs aux élèves, dont certains de type *produit de mesures*. Autrement dit, le sens de la multiplication s'est construit, dans les deux classes, sur un ensemble de problèmes différents. Une fois le type de problème décidé pour l'observation des séquences, d'autres critères, liés aux contraintes de la recherche, ont guidé la sélection des activités des moyens didactiques (voir Mottier Lopez, 2005). Deux problèmes ont été finalement retenus:

Au Grand Rex (livre du maître, p. 163). L'énoncé soumis aux élèves est le suivant:

> Au cinéma Le Grand Rex, toutes les places sont à 14 Fr. Chaque soir la caissière contrôle si la somme encaissée correspond au nombre de billets vendus. Ce soir-là, 32 billets ont été vendus.
> Quelle somme la caissière doit-elle avoir reçue?
> Note tous tes calculs.

Il s'agit du premier problème multiplicatif qui a été proposé aux élèves en troisième année primaire. Il se caractérise par un multiplicande et un multiplicateur à deux chiffres devant inciter les élèves à renoncer à une résolution additive fastidieuse, et dont il est difficile de contrôler le dénombrement des itérations successives. Par contre, concernant la «mise en situation du problème» ou «habillage didactique», l'énoncé du problème est simple au plan du vocabulaire et de la situation évoquée; les seules données numériques sont relatives aux deux nombres facteur de l'opération multiplicative. En ce sens, le problème ne devrait pas créer de grandes difficultés d'interprétation – la difficulté se situant au plan de la résolution opératoire. Ce premier problème devait permettre d'observer comment, lors des interactions collectives, se négocie l'exploitation des résolutions additives en vue d'un passage à une résolution impliquant une conception multiplicative.

Course d'école (livre du maître, p. 168). L'énoncé est le suivant:

L'agence de voyage «Z» offre les excursions suivantes:

Forêt du Loup Blanc	7 Fr. par élève
Etang du Triton	6 Fr. par élève
Colline du Grand Chêne	9 Fr. par élève
La Pierre du Feu	8 Fr. par élève

Les trois classes de l'école des Cerisiers doivent choisir chacune un projet différent et le montant par classe ne doit pas dépasser 180 Fr. Il y a:
22 élèves dans la classe de 1ère année
28 élèves dans la classe de 2e année
25 élèves dans la classe de 3e année
Prépare le bon de réservation et écris les calculs que tu as effectués.

Effectué environ quatre mois plus tard, ce problème se caractérise par un plus grand nombre de données numériques et non numériques à prendre en compte dans la résolution du problème. La tâche consiste à associer des nombres donnés afin d'obtenir des produits qui ne doivent pas dépasser un nombre spécifié, tout en considérant que certaines valeurs numériques ne peuvent pas être utilisées plusieurs fois. Un des intérêts de ce problème est qu'il devrait permettre d'observer, en plus de la résolution opératoire, un plan plus stratégique lié au choix des facteurs à apparier. L'enjeu ne devrait plus être le dépassement de résolutions par additions itérées, mais l'utilisation de résolutions multiplicatives dans une situation plus complexe, voire d'inciter une évolution de ces résolutions. Dans cet ouvrage, nous ne présenterons pas une analyse détaillée de la séquence *Course d'école* comme nous le ferons pour *Au Grand Rex*. Elle nous servira, par contre, à mettre en évidence l'évolution des structures de participation de chaque microculture de classe et des apprentissages mathématiques au cours de l'année scolaire.

Elaboration des démarches et instruments d'analyse interprétative

Cette dernière partie conceptualise notre dispositif général de recherche, notamment l'articulation entre les différentes étapes et instruments d'analyse. Comme souvent dans les recherches qualitatives, les gestes méthodologiques sont nombreux et complexes. Nous choisissons de présenter en détail les éléments relatifs à l'élément principal de notre corpus de données qui concerne les interactions collectives; des informations plus générales sont fournies sur les autres éléments du corpus.

Du recueil d'informations aux démarches d'interprétation

Une démarche inductive délibératoire ou de la question du rapport dialectique entre induction et déduction

La place du cadre théorique dans le recueil et l'analyse des données qualitatives est un sujet controversé. Dans le cadre de leur théorie «enracinée» *(grounded theory)*, Glaser et Strauss (1967) considèrent que le chercheur devrait recueillir et analyser ses données avec le moins d'influences théoriques possibles. Caricaturalement dit, le but serait de se laisser «imprégner» par le milieu et les données récoltées, afin de faire émerger les concepts à partir des observations du terrain. Un des principes est de commencer par l'analyse d'un petit nombre de données qu'on élargit ensuite en fonction de la théorie qui émerge. Aujourd'hui, de nombreux chercheurs s'accordent à qualifier de naïve cette position typiquement inductive (e.g., Crahay, 2006; Lessard-Hébert *et al.*, 1997; Pourtois & Desmet, 1997; Savoie-Zajc, 2000). En effet, il paraît difficile de soutenir que le chercheur puisse réellement faire abstraction des cadres et modèles théoriques relatifs au phénomène étudié, et dont il a pleinement connaissance. Ainsi, comme le résument Lessard-Hébert *et al.* (1997),

> le rôle primordial de l'intuition et de l'induction est très bien reconnu, mais il est conçu comme imbriqué dans un processus de prise de décision, faisant entrer en jeu le mode de pensée déductif et la délibération face au choix des techniques d'observation à utiliser et des données à recueillir. (p. 67)

L'induction pure n'existe pas, affirme Erickson (1986). C'est une logique inductive et tout à la fois délibératoire qui prévaut dans une démarche interprétative, une position que nous adoptons dans le cadre de notre recherche. Pour Savoie-Zajc (2000), ce «modèle inductif délibératoire»[8] implique que le cadre théorique est utilisé comme un outil qui guide les processus de recueil d'informations et d'analyse. Quant à la grille d'analyse initiale, elle s'enrichit des dimensions nouvelles qui ressortent de l'analyse des données. Mais plus fondamentalement, ce modèle implique un *rapport dialectique entre induction et déduction* qui «interroge et co-construit aussi bien les données que le modèle théorique» (Saada-Robert & Leutenegger, 2002, p. 23). Poursuivons en explicitant ce que cela représente dans le cadre de notre recherche.

Quatre étapes principales de notre démarche inductive délibératoire

Saisi dans une dialectique induction/déduction, un processus de *construction des données*[9] est nécessaire à mettre en œuvre à partir des informations recueillies, en vue de leur traitement et interprétation.

> Les données n'étant pas *a priori* découpables et prévisibles selon des hypothèses fixées à l'avance, le chercheur va *construire des données* (souligné par les auteurs) sur la base d'indices observables. Il va s'agir alors de les «faire parler», dans un mouvement à la fois inductif, respectant leur cohérence interne, et déductif, utilisant des *descripteurs* appropriés, des concepts issus du cadre théorique/empirique à disposition. (Balslev & Saada-Robert, 2002, p. 93)

Dans le cadre de notre recherche, quatre étapes principales structurent ce processus de recueil, de construction et d'interprétation/analyse des données: le recueil d'informations, la construction du corpus de données, les interprétations décrochées de chaque élément du corpus, l'analyse interprétative finale par focalisations successives. Reprenons ces différentes étapes:

La *première étape* a servi à recueillir l'information – ou données dites «brutes» – dans le terrain par les méthodes de l'observation *in situ* et de l'entretien. Nous ne reviendrons pas sur ce point. La *deuxième étape*

---

8 Un modèle qui, à la suite des apports d'Erickson (1986), nécessiterait une conceptualisation plus développée que celle proposée par Savoie-Zajc (2000).

9 Nous choisissons d'utiliser la terminologie classique de données bien que certains chercheurs qualitativistes préfèrent le vocable de *traces* ou d'*observables*.

consiste, sur la base des informations recueillies, à élaborer le corpus de données. Comme le théorise tout particulièrement Leutenegger (2000) dans sa *clinique pour le didactique*, cette élaboration de corpus est sous-tendue par un processus consistant à «rendre signifiant» des traces initialement recueillies, eu égard à la posture épistémologique et théorique du chercheur. C'est sur ces données élaborées – en tant que système de signes – que portent les interprétations et analyses du chercheur; des interprétations et analyses qui, elles-mêmes, vont produire de nouveaux systèmes de traces dans les étapes ultérieures de la démarche de recherche et qui vont être interprétées à leur tour. Il est à noter que le passage des données brutes à des données élaborées nécessite souvent la définition et l'utilisation de conventions qui supposent également des choix liés au questionnement de recherche.

Quatre principaux éléments constituent notre corpus de données:

1. Un tableau de déroulement temporel (DT) de chaque leçon observée. Il exploite les informations recueillies par l'enregistrement audio en continu et par les notes de terrain. Décrivant succinctement les différentes phases de la leçon, il offre des informations générales sur leur structuration sociale, matérielle et spatio-temporelle. Les consignes clé de l'enseignant pour chaque phase sont retranscrites. Les tableaux de déroulement temporel permettent de situer l'insertion de chaque interaction collective dans la leçon et, plus généralement, dans la logique de la séquence d'enseignement/apprentissage. L'analyse de l'ensemble des DT débouche sur une description générale des aspects routiniers de la microculture de chaque classe, sous forme de portrait introductif au début des chapitres de résultats.
2. Un protocole de chaque interaction collective (IC) qui s'appuie sur des informations recueillies par l'intermédiaire de l'enregistrement audio et vidéo[10], des notes de terrain qui ont servi notamment à une identification précise des locuteurs, ainsi que la transcription des traces rédigées au tableau noir. Précisons que le verbatim a été immédiatement écrit dans une des rubriques du principal instrument d'analyse des IC élaboré pour notre recherche (voir figure 8).
3. Les traces écrites de la résolution par chaque élève dans les séquences d'enseignement/apprentissage. Cette source d'information est analysable sans transcription supplémentaire.

---

10 Enregistrement vidéo pour l'observation des séquences uniquement.

4. (a) Une transcription écrite d'extraits du discours de l'enseignant pendant les entretiens *post-leçon* (Ent) en rapport avec les différentes phases de la leçon ainsi que sur ses attentes concernant la participation aux IC.

(b) Un protocole des *entretiens de restitution/confrontation* (EntRC). Le premier EntRC a fait l'objet d'une transcription complète et continue, dont une première analyse en cours de recherche a permis de réguler le deuxième EntRC. L'exploitation finale de cette source de données n'a porté, quant à elle, que sur des *sélections transcrites* en rapport avec les objets devant être soumis à validité de signifiance, y compris pour souligner des divergences.

Excepté les traces écrites des élèves, la construction des éléments du corpus a nécessité la définition et l'application systématique d'un certain nombre de principes, dont notamment des rubriques de description du déroulement de chaque leçon, des règles de transcription des interactions verbales pendant les IC[11] et les entretiens (voir Mottier Lopez, 2005, pour une présentation de ces règles et une illustration de chacun des éléments du corpus).

Les deux dernières étapes principales de notre démarche de recherche consistent à l'interprétation/analyse/interprétation des données élaborées. A propos de ces gestes méthodologiques, notre conception est que le travail d'analyse demande une interprétation du corpus en fonction des unités d'analyse, elles-mêmes définies en fonction de notre ancrage théorique. Les résultats obtenus par l'analyse sont, à leur tour, interprétés mais eu égard à des unités d'interprétation liées à nos hypothèses théoriques plus générales. Ce commentaire met en avant non seulement le rapport dialectique entre interprétation et analyse, mais également la relation inductive et délibératoire de ces gestes méthodologiques avec le cadre théorique invoqué. Toute analyse/interprétation est, en effet, saisie dans un processus d'induction (partant des données et de leur propre cohérence interne et contenu significationnel) et de déduction (partant d'un outillage conceptuel préexistant et pouvant se constituer au fur et à mesure) (Saada-Robert & Leutenegger, 2002).

---

11 Voir annexe 2.

La *troisième étape* de notre démarche est composée d'un ensemble de *sous étapes* qui concernent l'analyse spécifique – et séparée – de chaque élément du corpus de données. Elle examine chacune des dimensions qui nous intéressent: (1) les normes sociomathématiques, (2) les patterns interactifs, (3) les thèmes mathématiques. Nous parlons d'*interprétations décrochées*: (a) «interprétation» car l'analyse demande de la part du chercheur une interprétation pour catégoriser ou caractériser les dimensions mises sous la loupe. Les processus d'inférence mis en oeuvre par le chercheur à partir des données élaborées débouchent sur la formulation, par exemple, d'*hypothèses interprétatives* sur les systèmes d'attentes et obligation mutuelles qui structurent les processus de participation aux pratiques mathématiques de la classe; (b) «décrochées» parce que les interprétations du chercheur, d'une part, ne se font plus en situation d'observation *in situ* ou d'entretiens post-leçon comme c'était le cas des interprétations *initiales*. «Décrochées», d'autre part, en raison du découpage en plusieurs dimensions – ou unités d'analyse – qui font l'objet d'une interprétation/analyse dans une logique et des systématisations qui leur sont propres.

Cette décomposition en *interprétations décrochées* débouche sur une pluralité méthodologique: analyse inférentielle interprétative pour rendre compte de la constitution interactive des pratiques mathématiques, éléments d'analyse conversationnelle avec un système de catégories prédéfinies et limitées concernant les patterns interactifs, analyse inférentielle avec un système de catégories ouvertes pour les normes sociomathématiques, éléments d'analyse de contenu pour sélectionner les extraits du discours de l'enseignant en rapport avec les dimensions étudiées.

Enfin, la *quatrième étape* de notre démarche générale consiste à l'interprétation finale, eu égard aux questions de recherche formulées et à nos hypothèses théoriques générales (e.g., relation de co-constitution entre contexte et activité, marquage contextuel des apprentissages et connaissances par la participation aux pratiques sociales, relation réflexive entre processus sociaux et individuels). Pour ce faire, une démarche par *focalisations successives*, présentée plus bas, structure le croisement entre les différentes interprétations décrochées et la sélection d'épisodes vus comme particulièrement significatifs. L'ensemble du corpus est ainsi progressivement pris en compte, engageant des affinements progressifs, des redéfinitions, voire des réfutations des hypothèses initiales et la formulation de nouvelles conjectures. Cobb et Whitenack (1996) qualifient ce processus de «zigzag between conjectures and refutations» (p. 224). Leutenegger (2000) perçoit plutôt ce processus dans une logique «spiralaire», avec l'idée que tout re-questionnement de l'objet n'est pas seulement un «retour sur», mais ajoute un niveau d'interprétation supplémentaire; nous partageons cette position.

Les prochaines sections proposent une illustration de l'analyse décrochée de deux éléments du corpus, puis explicitent les questions spécifiques de recherche qui servent à la définition des points de focalisation successive de l'interprétation finale.

PREMIER EXEMPLE D'ANALYSE DÉCROCHÉE: L'INTERACTION COLLECTIVE

La figure 7 explicite notre entrée par l'étude des processus interpersonnels de participation dans l'IC afin, ensuite, d'inférer quelques éléments du plan communautaire – structures de participation et thèmes mathématiques – et du plan individuel – contributions de l'enseignant et des élèves, raisonnement et interprétation mathématiques des élèves.

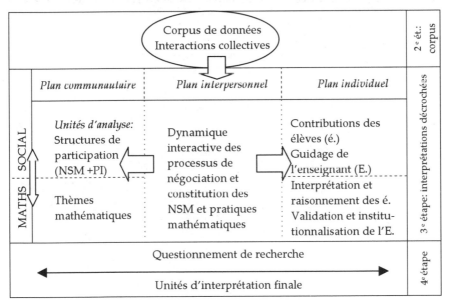

Figure 7. Interactions collectives et processus d'interprétation.

Deux instruments ont été élaborés pour étudier les processus sociaux de la microculture de classe dans leur relation réflexive avec les processus individuels: une *grille d'analyse* et un *tableau de synthèse interprétative* pour chaque IC. Nous inspirant des propositions méthodologiques de Cobb et Whitenack (1996) et de Cobb *et al.* (2001), l'analyse par le biais des deux instruments s'effectue dans un ordre chronologique, en examinant dans chaque IC/année[12] les systèmes d'attentes et obligations qui structurent l'activité mathématique conjointe entre l'enseignant et les élèves. Le but est d'inférer ensuite les normes sociomathématiques *taken-as-shared* dans chaque microculture de classe. Puis, dans chaque IC/séquences, deux dimensions supplémentaires ont été examinés: les thèmes mathématiques, les patterns interactifs. Nous ne présenterons ici que la *grille d'analyse* qui offre le fondement à l'étude systématique de chaque IC.

Grille d'analyse de l'interaction collective

La figure 8 présente l'instrument qui comprend le verbatim de l'IC et les trois dimensions étudiées en sous étapes consécutives (numéros ① à ③).

---

12 Qui englobent les IC/séquences.

Figure 8. Exemple d'une grille d'analyse de l'IC dans la classe de Luc.

Thèmes mathématiques	Traces collectives	TdP	Énoncés de l'enseignant	IC	Énoncés des élèves	Q	R	EV	←•	•→	CODE	NSM & significations
Patterns interactifs												

Sq1: Addition successive de 14 avec résolution mentale par décomposition (Mer)

Phase: L-AC7-S1.2

Thèmes mathématiques	Traces collectives	TdP	Énoncés de l'enseignant	IC	Énoncés des élèves	Q	R	EV	←•	•→	CODE	NSM & significations
Dans explication de Mer pas d'utilisation du mot "fois" pour expliquer sa résolution			(...) alors / «qui est-ce qui veut me montrer / «» expliquer la manière qu'ils ont fait / aacrs / Mer // Mer se lève spontanément et se place devant le TN) // tu «»us expliques // tu peux nous donner ta fiche / on la met ici/ au cas où «" »nilà // (E prend la fiche et la fixe au "T» avec un aimant)			QD						
2 réponses intermédiaires annoncées, dont une erronée (129 au lieu de 128); E ne valide pas. Sur TE de Mer, pas de réponse finale écrite	(TN central) Mer 32 "14" compter les 10 —> 320 puis les 4 —> 129	2	(pendant «ue Mer explique face à ses camarades, E note au TN)	Mer	ben moi j'ai fait comme ça / j'ai mis trente-deux / trente-deux 14 puis après j'ai compté d'abord les 10 // j'ai compté d'abord les 10 + / 10 20 30 comme ça / je suis arrivé à 320 / et puis après j'ai commencé / à compter les 4 + / je suis arrivé à 100 / 129 et puis après / je les relie / et puis à la fin on fait le calcul (3 sec)		RD				PI 3	**Expliquer sa procédure de résolution** (à noter la longue explication de Mer, sans questionnement contraignant de E)
		3	vous avez compris +	P	oui	QD						Manifester sa compréhension
La décomposition du terme n'est pas discutée. E ne reformule pas ou en utilisant le mot "fois" pour établir la correspondance entre addition itérée et formulation multiplicative		4 5	donc je récite + / il a écrit 32 / les trente-deux 14 / tu peux te rasseoir merci / les trente-deux 14 / ensuite il a compté les 10 / ça lui a fait 320 / c'est ce que j'ai "noté ici // et puis + / il a compté les 4 / ça lui a fait 129 / et puis +								(E répète la proposition et pas un pair, les Q suivantes : interprétées comme servant au projet de la répétition plutôt que dans le but de faire reproduire des éléments de contenus choisis par E; E accepte un "flou" dans l'explication, non accepté par Paula par exemple qui reprend avec des QR)
		6	tu les as reliés / et puis	Mer	après je les relie //		RD					
Additionner les 14 et calcul mental par décomposition = une même résolution?		7 8		Mer	ouais c'est [(xxx) ça va donner un calcul [il y a aussi une autre		RD					"même technique": comparer sa procédure avec celle exposée par un pair, afin d'évaluer si c'est "la même"(mais sans formuler la comparaison)
Validation implicite par la question tp10?		9 10	ok / est-ce que il y en a d'autres qui ont pris cette même technique	Mar	technique	QD		?				communiquer résultats/autre résultat avec: même résolution
		11		P Nao	[oui [non //							

La même procédure de résolution que Mer mais obtention de résultats différents

Thèmes mathématiques	Traces collectives	TdP	Énoncés de l'enseignant	IC	Énoncés des élèves	Q	R	EV	←•	•→	CODE	NSM & significations
		13	alors qui a pris la même technique / levez la main / que je puisse voir / un deux trois quatre // attendez / un deux trois quatre cinq six sept (huit / il y en a huit heh eu) ont pris cette technique / alors maintenant ceux qui ont pris cette même technique - // est-ce que vous êtes arrivés au même résultat que Mer			QD						
Brève énonciation des résultats différents obtenus par une même procédure		14 15		Mar PI	[mais moi je voulais continuer le calcul non		RD					RP - un problème = un résultat (en vue de la démarche de vérification)

Phase: L-IC7-S1.2 (suite)

Mise en discussion de la procédure de Nao afin de comprendre l'erreur de raisonnement

Thèmes mathématiques	Traces collectives	TdP	Énoncés de l'enseignant	ID	Énoncés des élèves	Q	R	EV	é-é	CODE	NSM & significations
		138	OK - / qu'est-ce que vous pensez de ça			QD					
		139		Pl	non						
		140	j'aimerais que vous expliquiez - / parce que l'important c'est qu'on comprenne // s'il y a quelque chose qu'on ne comprend pas qu'on puisse l'expliquer / alors Ema /						incit é	Pl 3	**Exprimer son avis sur la proposition math d'un pair et justifier**
Ema: centration sur le reste 4	Nao	141		Ema	ça ne joue pas parce que // là ça fait / jusqu'à 14 // là aussi / mais là il ne reste plus 4 + / au lieu de 14 - /	RD	é (Nao)				Expliquer ce que l'on ne comprend pas
	1 18	142	d'accord donc on ne pouvait pas arriver jusqu'à 14 - / ça c'est sûr + / autre chose à dire // Ale /			QD		E			Exprimer son avis – expliquer l'erreur de la procédure d'un pair
	2 19	143		Ale	euh j'ai pas très bien compris euh là / avec Mer //	RD					
	3 20	144	non on parle de ça (montre au TN la procédure de Nao)								Exprimer son avis – manifester sa compréhension/incompréhen-sion
	4 21	145		Ale	ah j'ai pas très bien compris //						
	5 22	146	alors peut-être que tu n'as pas très bien compris / mais j'aimerais voir ceci / est-ce que c'est une solution juste ou est-ce que c'est une fausse /			QR?					
	6 23	147		Pl	fausse /	RR?	é (Nao)				**Qu'est-ce qu'exprimer son avis?** – évaluer la pertinence de la proposition – justifier son évaluation (dire pourquoi juste, pourquoi fausse)
	7 24	148	alors moi j'aimerais savoir en quoi elle est fausse / pour qu'on puisse comprendre + / parce que Nao elle a besoin de savoir aussi où est son problème / hein / s'il y a quelque chose qui ne joue pas / Cha /								
Cha: Idem, reprise de l'argument d'Ema	8 25 ; 9 26	149		Cha	ben justement / il ne reste plus que 4 après les deux fois 14	RD	é (Nao)				exprimer son avis et justifier
	10 27	150	alors ça ça vous embête - // alors ça c'est [une chose - / Fab					E?			
	11 28	151		Cha	[il faudrait qu'il y ait encore 14 +	RD	é (Nao)				(E accepte les arguments des élèves qui, en soi, ne sont pas faux, mais il ne les valide pas eu égard à l'enjeu de la discussion, à savoir expliquer l'erreur de raisonnement de Nao)
Fab: la réponse doit donner "32" parce que "noté dans le livre"; argument non math.	12 29 ; 13 30	152		Fab	ben parce que // la réponse ça ne donne pas 32 //	RD	é (Nao)				
	14 31 ; 15 32	153	alors non / la réponse ça donne 2 et puis il y a 4 / effectivement // alors toi tu aimerais une réponse 32 //					E?			
	16 ; 17	154		Fab	ouais						

Les thèmes mathématiques. Ils sont délimités, en tant que significations mathématiques construites dans le discours public de la classe; ils sont caractérisés par un fort degré de cohérence sémantique (Cobb *et al.*, 2001; Voigt, 1985). Ils révèlent, entre autres, les pratiques mathématiques qui se négocient publiquement entre l'enseignant et le groupe classe. Un *premier découpage* du protocole d'interactions est fondé sur l'identification, dans une logique diachronique, de la succession des thèmes mathématiques (dans la figure 8: Sq). Nous parlerons de *séquences thématiques*. Elles sont inférées sur la base des critères principaux suivants:

– Une suite d'échanges verbaux portant sur une même démarche mathématique mise en œuvre par un ou plusieurs élèves, donnant lieu à des explications, des justifications, des précisions, des échanges de points de vue.[13] Dès qu'une nouvelle démarche est discutée, une nouvelle *séquence thématique* est définie.
– Une suite d'échanges portant sur plusieurs démarches d'élèves à des fins de comparaison, de discussion d'une propriété mathématique ou d'une caractéristique commune ou différente. Autrement dit, un objet commun de discussion structure le croisement de plusieurs démarches d'élèves.
– Une suite d'échanges dont le contenu informationnel est principalement apporté par l'enseignant, indépendamment ou lié à une démarche d'élève spécifique (consignes, explications de l'enseignant, commentaires conclusifs par exemple).

Des développements dans un même thème peuvent avoir lieu; ils sont signalés dans le protocole mais sans déboucher sur un nouveau découpage.[14] Enfin, des indicateurs dans le discours de la classe aident à l'inférence des débuts et fins de séquence thématique, notamment des paroles rituelles de l'enseignant, des silences, une question de l'enseignant dont le contenu informationnel amène un nouveau thème.

---

13 Nous utilisons ici le terme général de «démarche» pouvant englober des éléments de raisonnement, d'interprétation, de procédures, de stratégies, de résultats en rapport avec un objet mathématique.
14 Par exemple suite à une explication de résolution d'un élève, discussion d'une propriété mathématique liée à cette résolution.

Les normes sociomathématiques. L'inférence des normes socio-mathématiques (NSM) consiste, rappelons-le, à identifier les systèmes d'attentes et obligations mutuelles en termes de participation normative aux pratiques mathématiques de la classe. Dans le cas plus spécifique de l'IC, c'est-à-dire lorsque l'enseignant et les élèves tentent de coordonner leurs activités conjointes, le travail d'analyse consiste à identifier les questions clé, les consignes ou les relances de l'enseignant jugées significatives de ses attentes par rapport à l'activité mathématique de ses élèves. Les contributions effectives des élèves sont ensuite examinées, afin d'observer la *concordance* avec les attentes inférées de l'enseignant. Cet examen débouche sur la formulation d'*hypothèses interprétatives* relativement aux NSM de la microculture de classe. Elles font l'objet d'un deuxième découpage du protocole d'interaction. Dans une logique d'inférence délibératoire, ces hypothèses résultent à la fois des NSM identifiées dans les recherches d'autres chercheurs et de la spécificité de nos données empiriques. A noter encore que nous distinguons les processus interactifs par lesquels les normes sont implicitement constituées lors de la négociation des significations mathématiques, des interactions qui portent explicitement sur les normes sociomathématiques (grisé dans figure 8).

Les patterns interactifs. La dernière dimension faisant l'objet d'une interprétation décrochée concerne les patterns interactifs (PI) qui sous-tendent les processus de participation et de négociation entre l'enseignant et les élèves. Comme montré dans la figure 8, chaque énoncé fait l'objet d'une interprétation eu égard à notre cadre conceptuel défini dans le chapitre 2 (figure 8). Ainsi, il est examiné dans quelle mesure les questions/réponses entre l'enseignant et les élèves témoignent d'une logique de reproduction vs. de développement. De même, il est observé dans quelle mesure l'évaluation de la pertinence de la proposition de l'élève est partagée entre les membres de la classe. Sont également signalés les initiatives des élèves ou les échanges entre eux non directement guidés par l'enseignant. Cette analyse qui, rappelons-le, demande de considérer les prises de parole dans une conception dialogique (Markovà, 1997), permet de dégager la régularité, au fil des IC, des patterns interactifs qui sous-tendent la constitution interactive des normes et pratiques mathématiques de la microculture de classe.

Dans un premier temps, quatre types de questions/réponses sont distingués:

PI1   questions et réponses de reproduction exclusivement;

PI2   question(s) initiale(s) de développement/réponse(s) de développement, articulées à des questions/réponses de reproduction;

PI3   questions de développement et réponses de développement;

PI4   questions de développement/réponses de développement liées à des initiatives et des échanges entre élèves.

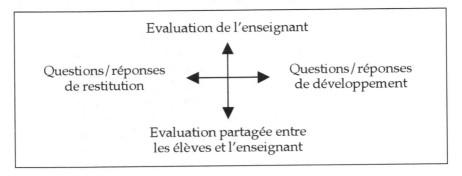

Figure 9. Croisement entre questions/réponses et évaluation.

Ces patterns sont ensuite croisés avec le continuum «évaluation exclusive de l'enseignant vs. évaluation partagée entre l'enseignant et les élèves». Sur la base de nos analyses empiriques, nous avons observé, en effet, qu'une évaluation mise sous la responsabilité exclusive de l'enseignant, par exemple, peut s'inscrire tout à la fois dans une logique de questions/réponses de reproduction et dans une logique de développement. Autrement dit le type de questions/réponses ne semble pas déterminer le niveau d'implication des élèves dans les processus d'évaluation interactive. C'est pourquoi notre analyse des PI demande d'examiner ces deux aspects de façon distincte. D'autre part, nous observons si l'évaluation est *immédiatement* formulée suite à la proposition de l'élève ou si elle est *différée* dans l'échange interactif (autre séquence thématique ou autre IC).

Ces différentes analyses débouchent sur un codage final du PI (type de questions/réponses – évaluation) dans un tableau qui synthétise le déroulement de chaque séquence d'enseignement/apprentissage et des IC qui s'y sont passées (voir par exemple le tableau 9 du prochain chapitre). Quelques exemples sont donnés ci-dessous:

PI1-E questions/réponses de reproduction exclusivement, évaluation immédiate portée par l'enseignant;

PI2-é/E questions/réponses de développement, articulées à des questions/réponses de reproduction, évaluation immédiate partagée entre les élèves et l'enseignant;

PI3→é/E questions/réponses de développement, évaluation différée (symbolisée par →) partagée entre les élèves et l'enseignant.

Le code final du PI est associé à chaque NSM inférée. Ce découpage se justifie par notre argumentation conceptuelle de définir les structures de participation comme étant composées des NSM et des patterns interactifs.

Au plan méthodologique, nos choix impliquent différents «grains d'analyse»: une analyse fine de l'énoncé du locuteur interprété eu égard aux autres énoncés des membres de la classe (PI) et une analyse plus large considérant un ensemble de prises de parole interprétées en fonction d'aspects normatifs de la participation de l'élève aux pratiques mathématiques de la classe (NSM). Sans entrer dans le détail, rappelons qu'à partir de chaque grille d'analyse de l'IC, un tableau de synthèse interprétative a été élaboré. Outre des aspects de réduction des données et d'épurement des codages, ce tableau facilite le croisement entre les différentes dimensions étudiées. D'autre part, il permet de conserver une linéarité possible à consulter en tout temps du processus, alors que notre interprétation finale va précisément rompre avec cette linéarité afin d'examiner plus spécifiquement les séquences interactives concernées par les normes sociomathématiques *taken-as-shared* de la microculture de classe.

DEUXIÈME EXEMPLE D'ANALYSE DÉCROCHÉE:
RÉSOLUTIONS ÉCRITES DES ÉLÈVES

Le deuxième exemple d'analyse décrochée que nous rapportons ici concerne les résolutions écrites des élèves produites au cours des deux séquences d'enseignement/apprentissage. La contrainte de recherche était que chaque élève produise une trace écrite, y compris dans le cas de travaux de groupes, afin de disposer d'informations en cas d'éventuelles compréhensions ou interprétations différentes entre les partenaires. Si dans une même leçon, une relance avait lieu après une IC, les élèves devaient poursuivre leur résolution écrite en utilisant une autre couleur.

Selon les étapes d'analyse décrites par Conne et Brun (1991) – description/analyse/interprétation – le raisonnement des élèves a été inféré toujours dans une dialectique induction/déduction. Une classification des procédures de calcul a été effectuée, y compris dans le cas de résolutions non terminées ou comportant des erreurs mais dont il était possible de reconnaître la démarche de l'élève. Dans le cas de tâtonnements suivis d'une proposition de résolution pertinente, les tâtonnements n'étaient plus considérés. Le tableau à double entrée suivant donne un exemple de l'analyse de *l'évolution* des résolutions écrites des élèves dans le cadre d'une séquence d'enseignement/apprentissage. Les entrées des lignes indiquent les différentes procédures utilisées par les élèves. Les entrées des colonnes désignent les problèmes effectués par les élèves (ici, *Au Grand Rex*, puis deux activités de prolongement conçues par l'enseignante, P1 et P2) avant et après certaines IC de la séquence. L'analyse consiste à identifier très précisément la résolution de chaque élève et son évolution au cours de la séquence d'enseignement/apprentissage (quelle(s) procédure(s), dans quel problème, à quel moment par rapport à certaines IC, avant et après). Ce type d'analyse permet d'examiner la relation réflexive entre les pratiques de chaque microculture de classe et les apprentissages mathématiques des élèves.

Tableau 7.
Evolution des résolutions écrites des élèves dans la séquence
«Au Grand Rex» (Paula)

Procédures de résolution	Avant P-IC-S1.1		Après P-IC-S1.1 et P-IC-S1.2		
	Grand Rex	**P1** (28 x 16)	*Grand Rex*	**P1** (28 x 16)	**P2** (25 x 15)
Tentatives incorrectes: additions, soustractions ou difficile à interpréter	Cri, Nik, Dor 3		Dor 1	Cri, Nik 2	
Addition successive (AS) du plus petit terme					
AS du terme uniquement	Lis, Dia, Lud, Jer 4		Lis, Dia 2	Lud, Jer 2	Bry 1
Décomposition du terme (et écriture de deux AS)	Aur, Ale 2		Nik 1	Lis, Dia 2	Yum, Dia, Lis, Dor 4
Combinaisons d'add. regroupements en «paquets» et sommes intermédiaires	Bry, Yum, Man, Alb, Sla 5	Alb, Sla, Bry, Yum 4	Cri, Man 2	Alb, Sla, Yum Nik, Cri 5	Syl, Alb, Sla, Nik, Cri, Lud, Jer 7
Addition successive (AS) du plus grand terme					
AS du terme uniquement					
Décomposition du terme	Law, Syl 2			Aur, Ale 2	Aur, Ale 2
Combinaisons d'add. regroupements en «paquets»					Aur, Ale 2
Multiplication par la décomposition d'un facteur					
Essais		Syl 1		Eri, Law, Syl 3	Eri, Law, Syl, Bry 4
Algorithme de la multiplication en colonnes					
Essais	Eri 1	Eri 1			

Paula: (P-); prénom des élèves réduits à 3 lettres.
IC-S1.1: fait partie de la séquence 1, leçon 1.

INTERPRÉTATION FINALE PAR FOCALISATIONS SUCCESSIVES

Comme dit précédemment, la quatrième et dernière étape générale de notre démarche de recherche consiste à une interprétation finale, croisant systématiquement les différentes interprétations décrochées. Cette étape entre dans une stratégie d'objectivation et de validation des interprétations par une triangulation méthodologique, consistant à croiser des données issues de sources et analyses différentes (Mucchielli, 1996). Autrement dit, cette stratégie vise une *réduction de l'incertitude* de l'interprétation (Leutenegger, 2000, 2004).

Questions spécifiques de recherche

Cette étape finale se décline en cinq points de focalisation successive, définis en fonction de nos questions spécifiques de recherche:

1. Quelles sont les normes sociomathématiques vues comme socialement reconnues et partagées *(taken-as-shared)*, relatives à la résolution de problèmes (NSM-RP) puis, plus spécifiquement, à la participation dans l'interaction collective (NSM-IC)?
2. Dans les IC/séquences, comment les structures de participation, en termes de NSM-IC et patterns interactifs, contraignent-elles et rendent-elles possible la négociation des significations mathématiques relatives au passage de la conception additive à la conception multiplicative? Dans quelle mesure observe-t-on une variation des structures de participation en fonction de la genèse des pratiques mathématiques de la classe?
3. Dans les IC/séquences, comment les NSM se constituent-elles entre l'enseignant et les élèves? Quelles sont leurs significations *taken-as-shared* dans la communauté classe?
4. Dans quelle mesure observe-t-on une régulation réflexive entre processus sociaux et individuels dans la microculture de classe, liée notamment à une NSM particulièrement dominante dans chaque microculture de classe? Observe-t-on des différences en fonction du niveau scolaire en mathématiques des élèves?

Sur la base des interprétations précédentes, une comparaison entre les deux microcultures de classe est effectuée:

5. Dans quelle mesure les apprentissages mathématiques réalisés par les élèves sont-ils différents entre les deux classes? En tant que dimension contextualisante des processus d'enculturation et des processus de construction individuelle, quel rôle les NSM *taken-as-shared*

semblent-elles jouer dans l'évolution des connaissances collectives et individuelles de chaque communauté classe? Quelques sont les points forts et les limites des processus participatifs de chacune des deux microcultures de classe observées?

Comme souvent dans ce type de recherche qualitative, l'exposition de nos résultats va s'appuyer sur des extraits d'interactions afin d'étayer nos hypothèses interprétatives. Toutefois, comme le soulignent Cobb et Whitenack (1996), «a difficulty arises in that the interpretations of these sample episodes frequently do not seem justified when they are considered in isolation from the rest of the data» (p. 225). C'est par la systématisation des analyses effectuées, sur des données en nombre suffisant, et par l'observation de fortes régularités que se joue la validité de nos résultats de recherche. L'articulation que nous avons conçue entre des analyses systématiques du corpus, notamment par le moyen d'instruments créés tout spécifiquement pour ce faire, et l'analyse interprétative d'épisodes sélectionnés, donnés à voir et discutés dans l'exposition des résultats, contribue à renforcer la validité de nos interprétations finales. Signalons finalement que les chapitres suivants comportent quelques tableaux et figures qui peuvent sembler complexes, conséquence de notre approche qualitative très documentée et rigoureuse. Nous les avons commentés de telle sorte qu'il est possible, sans complètement entrer dans leur détail, de comprendre les résultats. Les lecteurs intéressés par des approches interprétatives pourront, quant à eux, prendre connaissance d'exemples de synthèses de condensation de données qui sont souvent absentes des publications.

Chapitre 4

Microculture de la classe de Paula

Le chapitre se décline en cinq parties. Suite à une description générale
de la microculture de classe de Paula, nous étudions les structures de
participation telles qu'elles s'actualisent lors de la négociation des significations mathématiques. Nous interrogeons ensuite la signification de
quelques normes sociomathématiques qui nous paraissent particulièrement importantes dans les processus de construction individuelle des
apprentissages et tout à la fois dans les processus sociaux d'enculturation. Le chapitre se clôt en questionnant quelques mécanismes de régulation située dans la dynamique de microculture de classe, considérant
notre hypothèse de la relation réflexive entre processus sociaux et individuels.

PORTRAIT GÉNÉRAL DE LA MICROCULTURE
DE CLASSE DE PAULA

Seuls quelques traits caractéristiques de la microculture de classe sont ici
exposés, dont le déroulement rituel des leçons de mathématiques et les
normes prédominantes liées à la résolution de problèmes (NSM-RP).
Rappelons que notre hypothèse est que les normes *taken-as-shared* de la
microculture de classe forment un système d'éléments inter-reliés constitutifs d'un référentiel plus ou moins explicite, construit au cours des
échanges entre les membres de la communauté classe. C'est pourquoi, il
est important de situer préalablement nos analyses ciblées sur les interactions collectives par rapport aux autres organisations sociales de la
leçon. Mais commençons par quelques informations générales sur la
classe.

Le groupe classe, ses élèves et son enseignante

Dès les premiers entretiens, Paula estime globalement que son groupe est d'un bon niveau scolaire, avec une attitude très positive face au travail en classe. Cette appréciation sera régulièrement portée lors des entretiens en cours d'année scolaire, avec quelques pondérations parfois. Nos observations en classe corroborent l'évaluation de l'enseignante. Celle-ci apparaît exigeante concernant le comportement en classe: parler doucement, écouter les autres, cesser son activité lorsque l'enseignante s'exprime, respecter le matériel, ne pas courir dans la classe par exemple. Paula est très attentive à la cohésion du groupe, à inciter les élèves à ne pas toujours travailler avec les mêmes partenaires, à s'expliquer en cas de désaccord ou problèmes relationnels. L'ambiance générale de la classe apparaît détendue, sans problème majeur de discipline.

Déroulement rituel des leçons et normes portant sur la résolution de problèmes mathématiques

Sur la base de l'analyse des déroulements temporels, l'organisation rituelle des leçons de mathématiques peut être dégagée comme suit: (1) une phase de démarrage de la leçon, pour la plupart courte, avec parfois une mise en situation ludique sous forme de jeu de devinette par exemple, (2) une première phase de résolution de problèmes, en petits groupes ou individuelle, conformément aux propositions du livre du maître, (3) une interaction collective (IC), (4) puis, selon les cas, une relance de la résolution – soit de la même activité, soit sous forme de fiche, souvent individuelle conçue par Paula, (5) s'en suit éventuellement une IC de clôture. La leçon a commencé, à de rares occasions, directement par une IC suite à une leçon effectuée la veille de notre observation. Les leçons de mathématiques ont fréquemment duré deux périodes de 45 minutes – notamment dans la deuxième partie de l'année scolaire – une organisation habituelle aux dires de l'enseignante.

Une phase initiale de résolution de problèmes

Suite à des aspects portant sur la gestion de l'organisation sociale et matérielle de l'activité du jour – phase de démarrage – les élèves sont incités à prendre connaissance de l'énoncé du problème ou règles du jeu. Dans toutes les leçons étudiées, on observe que l'enseignante souhaite que ses élèves démarrent une résolution sans attendre une explication préalable de sa part (NSM-RP); une attente interprétée comme une obligation par les élèves dans la mesure où on note qu'ils ne sollicitent effectivement pas, en début d'activité, des explications de la part de Paula. Précisons que les élèves sont déjà capables de lire de façon quasi autonome les énoncés de problèmes en début d'année. Dans le cas de travail en dyades, les élèves restent à leurs tables; ils investissent les différents «coins» de la classe lorsque les groupes sont plus grands. Concernant l'organisation matérielle, les élèves peuvent disposer de toutes les ressources souhaitées: papier, cahiers personnels, livres, règles, dès, cartes, etc. La calculette, par contre, est gérée au cas par cas par l'enseignante. On observe encore que Paula accorde une grande importance à la qualité de la trace écrite de la résolution du problème par l'élève; elle doit être lisible et compréhensible par autrui.

Dans Mottier Lopez (à paraître), nous avons étudié les interventions verbales de Paula au cours des travaux de groupes. Il ressort, d'une façon générale, que celle-ci n'accepte d'intervenir que si les élèves ont une solution ou un début de résolution à lui soumettre. Sa question rituelle en début d'échanges est: *vous m'expliquez ce que vous avez fait*. En cas de difficulté dans la résolution, Paula aide l'élève en l'incitant à réinterpréter l'énoncé du problème par exemple, ou encore en orientant sa réflexion sur quelques variables clé. Cependant, elle ne montre, ni n'explique la démarche de résolution. Ses interventions apparaissent différenciées en fonction de l'avancement de la résolution propre à chaque groupe. Paula dit récolter un grand nombre d'informations pendant les travaux de groupes, ensuite exploitées plus ou moins directement dans les IC. Il ressort du discours de l'enseignante que ces informations sont jugées indispensables à *sa compréhension* et à l'évaluation de *la compréhension* des élèves, et plus généralement de leurs activités et apprentissages – une information corroborant la conception d'apprentissage conjoint entre les participants, novices et experts (Newman *et al.*, 1989).

Enfin, concernant la structure de participation dans les travaux de groupes, il ressort que les élèves peuvent choisir soit d'effectuer conjointement la résolution du problème avec leur partenaire, soit de travailler de façon plus individuelle. Si, au plan collectif, Paula encourage les élèves à travailler ensemble, elle accepte que deux élèves d'un même groupe tentent séparément une résolution. Ils sont ensuite incités à partager leurs démarches et à confronter leurs solutions au sein de leur propre groupe. Interrogée à ce propos. Paula dit accorder de la valeur au fait que les élèves puissent choisir le mode de travail «qui leur convient le mieux».

Une phase d'interaction collective

Dès que plusieurs élèves ont une solution à proposer, et sans forcément attendre que tous aient terminé la résolution, une interaction collective est organisée. L'attente de Paula est que les élèves, notamment ceux qui ont éprouvé des difficultés dans la résolution, puissent s'approprier des outils, une interprétation, une démarche proposée par des pairs. Ainsi s'exprime l'enseignante:

> *Extrait P.1*
> certains élèves peut-être que cela ne leur apporte pas beaucoup de faire en collectif / et puis à d'autres cela leur apporte d'entendre plusieurs fois / d'une manière / et puis d'une autre manière (P-Ent2.2) celui qui n'a pas forcément une idée / il peut s'approprier quelque chose (P-Ent7)

De façon assez cohérente avec cette intention, on observe que l'IC sert à exposer, puis valider et institutionnaliser des procédures pertinentes développées par certains élèves dans la phase initiale de résolution de problèmes. Dans cette microculture, il ressort que les interprétations et raisonnements erronés ne sont pas réellement exploités publiquement. Nos analyses montrent que l'erreur semble être un objet de discussion et de régulation sur un plan moins public, lors d'échanges entre l'enseignante et l'élève, notamment dans la phase de reprise de la résolution après l'interaction collective (Mottier Lopez, à paraître).

Une phase de reprise de la résolution après l'interaction collective

Il est fréquent qu'une nouvelle activité liée à la première – appelée *prolongement* dans les moyens d'enseignement – soit proposée aux élèves qui ont terminé la résolution du problème. Quant aux autres élèves, ils poursuivent, corrigent si nécessaire et achèvent le problème initial, tout en pouvant s'approprier des éléments discutés dans l'IC. Ces éléments constituent un référentiel socialement et publiquement reconnu, sur lequel s'appuie désormais explicitement Paula lors de ses interventions plus individualisées auprès des élèves. Les traces écrites au tableau noir, élaborées pendant l'IC, restent visibles et constituent une ressource potentielle pour la suite des activités des élèves et de l'enseignante.

Une phase de travail individuel

Enfin, dès le mois de décembre, toutes les leçons observées se clôturent par une phase de travail individuel lors de la reprise après l'IC. Ainsi, dans cette microculture de classe, si la résolution du problème peut initialement se réaliser en groupes, à terme, elle doit pouvoir se faire individuellement. Paula l'explique en ces termes: *quand ils* (les élèves) *sont tout seuls c'est vraiment leur truc à eux / leur démarche* [...] *faire tout seul c'est une étape supplémentaire* (P-Ent14). Le travail individuel est non seulement vu comme un temps de consolidation et de structuration, mais il apparaît aux yeux de Paula comme une manifestation d'une compétence supplémentaire de l'élève, montrant qu'il est «capable de faire seul». Le travail individuel représente également une source d'information vue comme privilégiée par Paula sur les apprentissages de ses élèves: *le but c'est de voir là où ils en sont tout seuls // voir ce qu'ils ont compris ou pas* (P-Ent11).

NORMES SOCIOMATHÉMATIQUES RELATIVES
AUX INTERACTIONS COLLECTIVES

Dans cette section, nous nous intéressons aux normes qui sous-tendent les processus de constitution interactive de la microculture de classe au cours des IC et qui, tout à la fois, représentent un produit résultant de ce processus de constitution. Non seulement s'y négocient les normes sociomathématiques propres à la participation dans l'interaction collective (NSM-IC), mais également les systèmes d'attentes et obligations dans les autres phases de la leçon (dont les NSM-RP) tels que nous venons de les décrire en partie.

Le but ici est d'identifier les NSM-IC considérées comme socialement reconnues et partagées dans la microculture de classe de Paula. Nous ne chercherons pas encore à inférer finement leurs significations locales, situées et négociées dans le cadre de pratiques mathématiques spécifiques – notamment celles rattachées à la multiplication dans les deux séquences d'enseignement/apprentissage qui nous intéressent. Parmi l'ensemble des hypothèses interprétatives formulées à l'analyse de chaque protocole d'interactions collectives, trois normes se dégagent, dont une de façon plus prépondérante (voir tableau 8):

Tableau 8.
P-NSM-IC sur l'année scolaire

DT	IC	NSM-IC1	NSM-IC2	NSM-IC3
DT1	P-IC1 (jeu)	X	–	X
DT2	P-IC2.1	X	–	–
	P-IC2.2	X	–	X
DT3	P-IC3 (jeu)	X	X	X
DT4	P-IC4.1 (jeu)	–	–	–
	P-IC4.2 (jeu)	X	–	–
Séquence 1				
DT5	P-IC5.S1.1	X	X	X
DT6	P-IC6-S1.2	X	X	X
DT7	P-IC7-S1.3	X	X	X
DT8	P-IC8-S1.4	X	–	X
Entre deux séquences				
DT9	P-IC9 (jeu)	X	–	–
DT10	P-IC10	X	X	X
DT11	P-IC11 (jeu)	–	–	–
DT12	P-IC12	X	X	–
Séquence 2				
DT13	P-IC13-S2.1	X	X	X
DT14	P-IC14-S2.2	X	X	–
DT15	P-IC15.1-S2.3	X	X	X
	P-IC15.2-S2.3	X	X	X
Suite				
DT16	P-IC16	X	–	X
DT17	P-IC17	X	X	X
Total fréquence /IC		18/20	11/20	13/20

P-NSM-IC: classe de Paula, normes sociomathématiques portant sur les interactions collectives.
DT: déroulement temporel.

- NSM-IC1: Expliquer sa résolution mathématique (au sens large) (18/ 20 IC);
- NSM-IC2: expliquer une résolution mathématique différente eu égard aux propositions des pairs (11/20 IC);
- NSM-IC3: ré-expliquer ou poursuivre l'explication mathématique de la résolution d'un pair (13/20 IC).

Toutes liées à l'intention vue comme socialement reconnue et partagée *d'expliquer* les résolutions de problèmes entreprises, il convient de se demander dans quelle mesure il est pertinent de distinguer trois NSM-IC différentes.

Le lien entre elles semble, en effet, manifeste: une des attentes et obligations dans l'IC est d'expliquer sa résolution mathématique, puis d'expliquer une résolution différente, et parfois de devoir ré-expliquer ou poursuivre une des explications mathématiques produites. Notre choix de distinguer ces NSM-IC vise à mettre en évidence la structure de participation qui implique des rôles et des contributions différentes en tant *qu'auteur* ou *pair* de la résolution expliquée. Mais également les significations qui s'y rattachent au plan communautaire, ainsi que le rôle potentiel que chacune d'entre elles joue dans les processus de construction individuelle et d'enculturation aux pratiques sociales de référence. Ces éléments seront discutés tout au long du chapitre.

Ainsi, la NSM-IC1 met l'accent sur une explication mathématique produite par *l'auteur* de la résolution. Cette norme se retrouve également dans le discours de l'enseignante (entretiens post-leçon et entretiens de restitution/confrontation). La NSM-IC2, toujours formulée par *l'auteur* de la résolution, souligne que l'élève qui s'exprime doit désormais considérer les résolutions déjà expliquées au plan collectif par les pairs. Il s'agit d'énoncer une proposition différente. Pour ce faire, les élèves doivent écouter les explications des camarades, tenter de les comprendre, puis comparer avec leur propre démarche afin de décider s'il y a similitude ou différence. Dans la classe de Paula, cette comparaison qui sous-tend la production d'une explication différente est fréquemment sollicitée par des questions rituelles de l'enseignante, telles que: *qui a fait la même chose … qui a fait d'une autre manière*. L'enseignante a conscience de cette demande récurrente lorsqu'elle précise par exemple: *chaque fois qu'il y a plusieurs manières de faire je leur demande d'expliquer une autre manière* (P-Ent5). Par ce moyen, se constitue une NSM-RP particulièrement dominante dans la microculture de classe de Paula qui est que pour résoudre un même problème, des résolutions mathématiques différentes sont possibles et acceptées. Comme développé par Yackel et Cobb (1996), cette NSM implique que l'enseignant et les élèves négocient ce que représente une différence mathématique acceptable au plan communautaire. Nous y reviendrons.

Finalement, la NSM-IC3 «ré-expliquer ou poursuivre l'explication mathématique» a pour particularité de solliciter l'explication non plus par l'auteur de la résolution, mais par un *pair*, (1) soit en ré-expliquant une proposition initialement exposée par l'auteur, mais «avec ses propres mots» comme le précise Paula aux élèves; (2) soit en poursuivant une explication d'une démarche qui comprend plusieurs étapes répétitives par exemple. Un extrait du premier entretien de restitution/confrontation est très révélateur des attentes de l'enseignante:

Extrait P.2   E: Paula; C: le chercheur

1	C	[...] tu demandes aux autres ↗ / de pouvoir poursuivre ↘ /
2	E	voilà pour voir s'ils ont saisi / ce que l'autre a expliqué en fait c'est **important**
3	C	le but pour toi ça serait ça /
4	E	c'est un des buts / de voir déjà s'ils ont compris ce que l'autre explique ↗ / parce que c'est souvent un bon élève qui explique cette procédure (rires) donc les bons en général ils ont compris ↗ / et puis d'autres ils auront peut-être compris un bout / je ne sais pas et puis s'ils ne savent pas ben tant pis mais il faut qu'ils essaient quand même / c'est un peu ça aussi ouais ouais //
5	C	c'est vrai que c'est très souvent les bons élèves qui démarrent une explication
6	E	ouais tout à fait /
7	C	et donc tu rattrapes les élèves plus faibles ↗ /
8	E	un petit peu pour leur montrer une autre manière de faire / parce que leur manière à eux elle est / correcte / mais souvent elle n'est pas très // futée / encore / ou elle prend du temps ↗ / elle n'est pas très bien organisée / donc c'est montrer une autre manière qui est aussi /bien organisée / bien pensée / que eux pourraient aussi faire ↗ / [...]
9	C	donc en fait tu accordes de l'importance à cette idée de pouvoir poursuivre une explication d'un camarade / et qu'ils peuvent comprendre /
10	E	ouais tout à fait / pour qu'ils puissent comprendre hein / et puis c'est aussi une façon de me montrer qu'ils ont compris (P-EntRC1, extrait 3)

Paula semble avoir conscience qu'elle s'appuie, dans un premier temps, sur les contributions des élèves d'un bon niveau scolaire, afin qu'ils partagent leurs connaissances avec les autres élèves qui, selon elle, ont des procédures de résolution moins élaborées. Un partage que Paula néanmoins relativise: *ils auront peut-être compris un bout / je ne sais pas et puis s'ils ne savent pas ben tant pis mais il faut qu'ils essaient quand même* (tp4). Ce commentaire, qui pourrait sembler un brin pessimiste, signale déjà une limite du dispositif de l'IC dont on n'a jamais l'assurance qu'il s'adresse réellement à chacun des élèves. Mais, plus généralement, la participation normative consistant à ré-expliquer et/ou poursuivre l'explication d'un pair apparaît être une façon de contribuer à la compréhension des propositions mathématiques des pairs et à leur appropriation, une participation cohérente avec la conception générale de la fonction des IC telle qu'explicitée par Paula. D'autre part, on note que la NSM-IC3 est vue comme servant également à fournir de l'information à l'enseignante sur la compréhension des élèves concernant certaines démarches qu'elle choisit de «faire ré-expliquer» et ainsi de valoriser.

Cette première étude montre que les NSM-IC vues comme socialement reconnues et partagées sont observées dès les premières IC de l'année scolaire. Elles sont, en outre, très présentes dans les deux séquences d'enseignement/apprentissage qui nous intéressent, justifiant la centration que nous allons effectuer, dans les deux prochaines parties, sur les échanges interactifs qui s'y rapportent.

Processus participatifs dans la séquence «Au Grand Rex»

Cette partie concerne les IC de la première séquence d'enseignement/apprentissage *Au Grand Rex*, dont l'énoncé du problème initial est, pour rappel, le suivant:

> Au cinéma *Le Grand Rex*, toutes les places sont à 14 Fr. Chaque soir la caissière contrôle si la somme encaissée correspond au nombre de billets vendus. Ce soir-là, 32 billets ont été vendus.
> Quelle somme la caissière doit-elle avoir reçue?
> Note tous tes calculs.

Notre but principal est d'étudier la façon dont les structures de participation de la classe (en tant qu'*affordances*) contraignent et rendent possible la négociation des significations mathématiques. Pour ce faire, la première section propose une vision diachronique des IC au fil de la séquence. La deuxième section interroge les enjeux mathématiques construits au plan collectif. Dans la dernière section, les structures de participation sont examinées dans leur relation avec la négociation des significations mathématiques liées à l'enseignement/apprentissage de la multiplication.

Vision diachronique de la séquence «Au Grand Rex»

Le tableau 9 offre une vision diachronique de l'enchaînement des leçons et activités mathématiques proposées aux élèves, les interactions collectives qui ont eu lieu, ainsi que les structures de participation telles qu'elles se dégagent au fil de la séquence d'enseignement/apprentissage. Rappelons que ces structures comprennent les normes sociomathématiques propres à la participation dans l'interaction collective (NSM-IC) et les patterns interactifs (PI) qui rendent compte (a) du type de questions/réponses formulées (développement vs. reproduction), (b) de la responsabilité plus ou moins partagée de l'évaluation des propositions des élèves dans l'échange interactif.

Enchaînement des leçons et problèmes mathématiques proposés aux élèves

Dans la classe de Paula, quatre leçons de 45-55 minutes composent la séquence. Dès la première leçon, consacrée au problème initial *Au Grand Rex*, plusieurs procédures de calcul sont développées par différents groupes. Toutes impliquent des additions itérées plus ou moins élaborées. Un premier prolongement est proposé à plusieurs élèves qui annoncent un résultat déjà dans la première leçon. Ensuite, au cours des séances suivantes, l'enseignante introduit les activités de prolongement 1 et 2 en fonction de l'avancement de chacun.[1] Ces activités sont réalisées en dyades, mais avec la production, rappelons-le, d'une trace écrite par chaque élève de la résolution comme stipulé dans nos contraintes de recherche. Dans la deuxième leçon, six élèves terminent le problème *Au Grand Rex*, les autres l'ayant déjà fini lors de la première leçon. Tous vont commencer le prolongement 1 (P1), excepté deux élèves qui ne le feront jamais. Dans la troisième leçon, seul le prolongement 2 (P2) est concerné. Sept élèves sur 17, plus rapides que les autres, entament une

---

1   Qui toutes deux jouent sur les variables numériques de la situation initiale *Au Grand Rex*.

activité mathématique qui n'est plus directement liée à la séquence. Quatre élèves vont encore avoir besoin d'une quatrième leçon pour poursuivre et terminer le deuxième prolongement. L'annexe 3 présente les énoncés des prolongements conçus par Paula.

Tableau 9.
Déroulement et interactions collectives
dans «Au Grand Rex» (Paula)

Thèmes mathématiques et résolutions expliquées au plan collectif	NSM-	PI
Leçon 1: *Au Grand Rex* (14x32) et prolongement 1 (28x16)		
P-IC-S1.1: Clôture de leçon (33 min.) **Explication de différentes résolutions pertinentes pour résoudre Au Grand Rex** Sq1 (1-35): Identification de la relation multiplicative	–	–
Sq2 (35-85): Additions successives de 10 et de 4 (décomposition de 14) (Ale et Aur)	-IC1 -IC3	2-E 1-E
Sq3 (85-151): Additions successives de 30 et de 2 (décomposition de 32) (Law et Syl)	-IC2 -IC3	2-E 1-E
Sq4 (151-221): Addition successive du terme 14; début d'explication de «regroupements en paquets successifs» (Man; Yum et Bry)	-IC2	2-E
Leçon 2: *Au Grand Rex*, prolongement 1 (28x16) et prolongement 2 (25x15)		
P-IC-S1.2: Introduction de leçon (16 min.) **Reprise de l'explication «groupements en paquets» dans Au grand Rex** Sq1 (1-29): Rappel des deux premières résolutions (leçon précédente)		
Sq2 (30-144): Addition successive du 14, avec «regroupement en paquets» (suite de Sq4 dans P-IC-S1.1) (Bry et Yum; Sla et Alb)	-IC1 -IC2 -IC3	1/2-E 1-E 1-E
Leçon 3: prolongement 2 pour 11 élèves et autre activité math. non liée		
P-IC-S1.3 (11 élèves): Clôture de leçon (19 min.) **Comparaison des résolutions utilisées entre Au Grand Rex et prolongements** Sq1 (1-19): Qui a changé de «méthodes» entre les deux situations?		

Thèmes mathématiques et résolutions expliquées au plan collectif	NSM-	PI
Sq2 (19-153): Comparaison entre 5 résolutions dont 3 avec «regroupements en paquets» non identiques (Lud, Sla, Alb) et 2 résolutions avec décomposition d'un terme, ensuite multiplié (Bry, Syl)	-IC1 -IC2 -IC3	2-E 3/2-E 1-E
Sq3 (153-213): Transmission par E du «truc pour multiplier par 10 et par 20»		
Sq4 (213-251): Des méthodes rapides à disposition?		
Leçon 4: Fin de prolongement 2 pour 4 élèves, et autre activité math.		
P-IC-S1.4 (8 élèves): Clôture de leçon (19 min.) **Explications et comparaison de résolutions** **«groupements en paquets» dans P2** Sq1 (1-155): A partir de la résolution de Cri et Nik, comparaison entre plusieurs résolutions qui toutes impliquent des regroupements d'itérations	-IC1 -IC3	2-E 1-E
Sq2 (155-220): Une résolution plus rapide?		
Sq3 (220-252): Apprentissages réalisés		
Sq4 (253-276): Résolution de Lis et Dia	-IC1	3-E

NSM-IC: normes sociomathématiques portant sur les interactions collectives.
PI1: questions/réponses de reproduction; PI2: question(s)/réponse(s) de développement suivies de questions/réponses de reproduction; PI3: questions/réponses de développement; PI4: questions/réponses de développement liées à des initiatives et des échanges entre élèves.
-E: évaluation portée par l'enseignant seulement.

Les interactions collectives de la séquence «Au Grand Rex»

Quatre IC ont eu lieu, dont une en fin de première leçon (P-IC-S1.1[2]), puis une deuxième en début de leçon suivante (P-IC-S1.2) qui a pour particularité de reprendre et de poursuivre l'exposition non aboutie d'une résolution lors de l'IC de la leçon précédente. De nos analyses de l'ensemble de la séquence, il ressort que ces deux premières IC sont *cen-*

---

2 Dans le tableau 8, le code complet de cette IC est P-IC5-S1.1: le 5 indiquant qu'il s'agit de la 5ᵉ IC de l'année scolaire que nous avons observée. Ici, nous ne faisons référence plus qu'à la séquence d'enseignement/apprentissage: IC-S1.1 = IC de la séquence 1 (*Au Grand Rex*), leçon 1 de la séquence.

trales dans la reconnaissance et la mise en évidence, au plan collectif, de la relation multiplicative en jeu et de différentes résolutions mathématiques possibles pour résoudre le problème *Au Grand Rex*. Les deux autres IC, en clôture de leçon, se caractérisent par le fait que ce sont des interactions *semi-collectives* – dans le sens qu'elles ne réunissent qu'une partie des élèves, 11 élèves dans P-IC-S1.3 et 8 élèves dans P-IC-S1.4. Elles incitent, notamment, les enfants à comparer les résolutions entreprises dans l'activité initiale *Au Grand Rex* et dans les prolongements conçus par l'enseignante (P-IC-S1.3), ou à comparer différentes résolutions développées par les élèves dans le deuxième prolongement (P-IC-S1.4).

Premiers éléments sur les structures de participation

Commençons par dégager les traits caractéristiques des structures de participation (NSM-IC et patterns interactifs) eu égard à l'ensemble des IC de la séquence *Au Grand Rex*. Les sections textuelles suivantes illustreront la façon dont elles se constituent et s'actualisent lors de la négociation du sens et des pratiques mathématiques entre Paula et ses élèves. Comme le montrent les résultats reportés dans le tableau 9, plusieurs *constances* ressortent de façon relativement marquée. D'une part, du début à la fin de la séquence, l'évaluation de la pertinence des propositions des élèves apparaît sous la seule responsabilité de l'enseignante. Bien que Paula demande parfois aux élèves «s'ils sont d'accord» avec une proposition d'un pair, on note qu'il n'y a pas de réelle discussion qui impliquerait les élèves dans les processus d'évaluation. Autrement dit, les élèves n'ont pas, par exemple, à devoir exprimer leur point de vue sur une proposition formulée par un pair et à participer à la validation des contributions mathématiques portées au plan communautaire de la classe. Ce constat apparaît cohérent avec les NSM-IC *taken-as-shared* inférées dans la microculture de classe de Paula, dont l'aspect normatif de la participation des élèves est essentiellement de devoir expliquer sa résolution mathématique (NSM-IC1), expliquer une résolution différente (NSM-IC2) ou poursuivre l'explication d'une résolution d'un pair (NSM-IC3). Le rôle des élèves n'est pas de justifier et évaluer les résolutions qui font l'objet de l'explication.

Concernant les NSM-IC1 et 2, on note qu'elles sont essentiellement sous-tendues par le pattern interactif PI2-E, consistant pour l'élève à produire une ou plusieurs réponses de développement. Bien que Paula puisse avoir une attente plus ou moins forte concernant ces contributions, le contenu informationnel de celles-ci n'apparaît pas comme pleinement connu par l'enseignante et les autres élèves de la classe. Paula accepte donc une part d'imprévisibilité, vue comme légitime, dans les réponses fournies (Pekarek, 1999) en souhaitant les porter au plan collectif et communautaire de la classe. Une fois ces contributions de développement produites par les élèves, elles sont suivies par une séquence interactive de questions/réponses/évaluation servant à restituer des éléments que Paula veut souligner ou faire préciser à l'élève – des éléments dont on n'accepte plus la part d'imprévisibilité des réponses de développement.

Finalement, il ressort que le pattern interactif PI1-E sous-tend systématiquement la NSM-IC3 «poursuivre l'explication de la résolution d'un pair». Non seulement les réponses de l'élève font l'objet d'un feedback évaluatif de la part de l'enseignante comme la plupart des contributions participatives des élèves, mais leur contenu informationnel apparaît comme étant préalablement connu de Paula et comme pouvant être produit par l'ensemble des membres de la communauté classe. La participation des élèves consiste, dans ce cas de figure, à reproduire des éléments, soit qui ont été énoncés lors d'une explication initiale de la résolution par son auteur (donc par un pair), soit qui ont été mis en évidence ou pré-structurés par le questionnement de l'enseignante.

Globalement, ces résultats montrent que la constitution interactive de la microculture de classe de Paula est sous-tendue par une structure de participation qui favorise des contributions de développement de la part des élèves lorsqu'il s'agit d'expliquer différentes résolutions de problèmes développées dans les travaux de groupes. Celles-ci font, ensuite, l'objet d'une exploitation interactive mise sous contrôle essentiellement de l'enseignante qui, par un guidage caractérisé par le pattern PI1-E, contraint les élèves à reproduire des éléments connus.

Enjeux mathématiques au plan collectif

Notre analyse du problème *Au Grand Rex*, que ce soit préalablement au plan conceptuel puis au regard de ce qui s'est réellement construit dans la microculture de classe, montre que l'enjeu mathématique a porté sur la résolution opératoire de «32 billets à 14 francs» avec l'identification de la structure multiplicative. La première section expose la façon dont la relation multiplicative apparaît dans l'IC. Nous interrogeons ensuite les procédures de résolution qui sont portées au plan communautaire eu égard à celles développées dans les travaux de groupes. Notre classification des résolutions écrites, fondée sur les étapes d'analyse définies par Conne et Brun (1991), considère les raisonnements sous-jacents des élèves, y compris dans le cas de résolutions non terminées ou comportant une erreur. Autrement dit, lorsque nous parlons des différents types de procédures de calcul mobilisées par les élèves, il faut retenir que celles-ci peuvent ne pas être totalement abouties, ce qui est assez logique en début d'apprentissage.

Dans la section précédente, le tableau 9 offre un aperçu de l'ensemble des séquences thématiques délimitées dans chaque IC. Dans les prochaines sections, nous allons étudier, pour commencer, la première séquence thématique (P-IC-S1.1 Sq1) qui souligne la façon dont la relation multiplicative est apparue dès les premiers échanges entre Paula et ses élèves. Ensuite, nous nous appuierons sur l'analyse et l'interprétation de certaines séquences, dont la sélection a reposé sur les critères suivants: (1) interactions relevant des NSM-IC *taken-as-shared*, (2) interactions portant sur les enjeux mathématiques du problème.

Commencer par identifier la relation mathématique du problème

Dans la classe de Paula, nos analyses montrent que la règle est de commencer par identifier la relation mathématique en jeu dans le problème et ensuite seulement d'exposer les différentes résolutions développées dans la phase précédant l'IC. L'extrait ci-dessous rapporte les tous premiers échanges de la première IC de la séquence *Au Grand Rex*:

Extrait P.3

1	E	il fallait trouver **quoi** / au départ comme calcul à faire ⬎ / pour obtenir la **somme** que cette caissière a encaissé / Syl
2	Syl	les deux chiffres
3	E	les deux /chiffres ou les deux / **nombres** plus précisément / c'était lesquels // vas-y //
4	Syl	c'était // 32 et 14
5	E	d'accord / 32 et 14 c'est important ⬎ / maintenant vous avez tous trouvé / c'est quel calcul que vous allez faire avec ce 32 / et / ce 14 / Yum /
6	Yum	on va couper par la moitié (fait référence à sa résolution)
7	E	alors ça c'est pour après ⬈ / si tu me dis couper par la moitié ça veut dire je veux faire 32 divisé par 14 ou par 2 ⬈
8	Yum	non non non non
9	E	non / Bry //

10   Bry   c'est // c'est // alors euh / 32 ↗ // euh 32 / 32 fois ///
11   E   vas-y / oui //
12   Bry   fois 14
13   E   **bien** ↘ / **qui** a trouvé / 32 // **fois** / 14 ↘ /// Aur je crois que
           vous avez trouvé aussi / 32 fois 14 // d'accord ↗ / **bien** // donc
           ce 32 fois 14 (note au TN l'opération) presque tout le monde / l'a
           / trouvé (P-IC-S1.1, Sq1)

Dans cet extrait, on observe que l'enseignante s'adresse au groupe classe, puis donne successivement la parole à plusieurs élèves, avec parfois une question ciblée adressée à l'élève locuteur afin de lui faire préciser un élément de sa proposition initiale. Les deux variables numériques de l'énoncé du problème sont identifiées dans un premier temps (tp1-5). Puis, l'enseignante sollicite la verbalisation de la relation mathématique attendue: *c'est quel calcul que vous allez faire avec ce 32 | et | ce 14* (tp5). Le début d'explication de Yum (tp6) porte sur la résolution qu'elle a entreprise dans les travaux de groupes.[3] Paula la reformule en lien avec son projet d'enseignement qui est de commencer par identifier la relation mathématique en jeu. Bry, bien qu'hésitant, fournit la réponse attendue (tp10, 12); une réponse qui est immédiatement et fortement validée par l'enseignante. Cette dernière note au tableau noir 32 x 14 et 14 x 32 en commentant: *presque tout le monde | l'a | trouvé* (tp13).

Notre analyse des résolutions écrites des élèves montre que six élèves sur 17 avaient noté l'opération multiplicative sur leur feuille; ce constat souligne que la formulation collective des opérations 32 x 14 et 14 x 32 s'appuie sur des éléments qui étaient présents dans les résolutions des élèves – éléments connus par Paula bien qu'amplifiés quant au nombre d'élèves les ayant effectivement notés. Ce constat montre également que plusieurs élèves connaissaient déjà le signe fois, introduit au plan collectif sans être commenté. Aux dires de Paula, celui-ci était déjà reconnu dans la classe par un travail effectué en 2P et en 3P sur quelques livrets (P-Ent-S1.1). Poursuivons l'extrait qui nous intéresse:

---

3   Information issue de la trace écrite de l'élève qui montre que pour faciliter le comptage des 32 itérations de 14, elle les a «partagés» en deux groupes de 16, une explication également fournie plus loin dans l'IC (sq4).

Extrait P.3 (suite)

13	E	[...] maintenant qui me rappelle / pourquoi / est-ce qu'on doit faire / 32 / fois 14 / ou bien 14 // fois 32 // (note au TN) c'est égal /// pourquoi ce 32 / **fois** 14 et pas plus 14 ↗ / moins 14 euh // 14 aller à 32 / vous m'avez pas dit ça ↗ / comment est-ce que vous avez fait pour trouver / ceci ↘ /// essayez d'expliquer à haute **voix** / ce que vous avez **dit** dans votre tête ↘ /// (Cri propose un début d'explication de sa procédure de résolution)
15	E	moi ce que j'aimerais que vous m'expliquiez ↗ / c'est quoi ce 32 ↘ // pourquoi est-ce qu'on fait / **fois** // 14 / ou **fois** // 32 ↘ /// pourquoi ↗ / tout le monde a trouvé quasiment ↘ /// Bry /
16	Bry	ben c'est simple / parce que // euh la caissière elle s'est / enfin euh / il y a 20 / euh 32 billets qui sont vendus
17	E	oui
18	Bry	et puis ils coûtaient / 14 francs / et puis voilà ↗
19	E	est-ce que c'est les 32 billets qui coûtent 14 francs ↗ / ou c'est **chaque** billet qui coûte [14 francs
20	Bry	[enfin chaque / chaque billet
21	E	**qui** / n'est pas d'accord avec Bry ↘ // d'accord /

La fin de la séquence thématique sert à une petite «mise en scène» de la situation d'une caissière qui encaisserait des billets coûtant 14 francs dans un cinéma. L'analyse de l'extrait montre que le sens de la multiplication, médiatisé par des échanges fortement guidés par Paula dans une structure PI1-E, s'appuie sur l'interprétation de la situation évoquée par l'énoncé du problème. Cette interprétation demande à être collectivement partagée, amenant l'enseignante à s'adresser au groupe classe principalement, sans que n'émerge des échanges privilégiés entre elle et un élève en particulier. Le sens du mot fois se réfère au langage courant, tel qu'utilisé par les membres de la classe – élèves et enseignante. Dans le cas présent, il renvoie au «nombre de fois qu'une personne paie 14 francs à la caissière». Dans le cadre de l'entretien de restitution/confrontation, ce constat apparaît clairement dans la conception de l'enseignante: *je pense que c'est comme ça qu'ils* (les élèves) *vont pouvoir comprendre le fois / je crois // je ne vois pas tellement d'autre manière de faire en fait hein //* (P-EntRC1).

Résolutions portées au plan collectif et communautaire de la classe

Une fois la relation multiplicative du problème rendue publique en début d'IC, Paula sollicite les explications des résolutions entreprises par les élèves lors des travaux de groupes. Comme dit précédemment, c'est au cours des deux premières IC de la séquence que vont être plus spécialement expliquées différentes procédures de calcul possibles pour résoudre le problème *Au Grand Rex*. Les IC suivantes servent essentiellement à comparer les résolutions déployées au fil des leçons, ainsi qu'à expliciter différentes façons de calculer les opérations formulées. Le tableau 10 synthétise les différentes procédures développées par les élèves dans la phase initiale des travaux de groupes, puis souligne celles qui ont été exploitées dans les deux premières IC.

Tableau 10.
Résolutions des élèves dans «Au Grand Rex» (Paula)

Procédures de résolution développées par les élèves Traces écrites, *Au Grand Rex*, 32 x 14	Dans premiers TG Nb élèves (sur 17)	Expliquées au plan collectif
Addition successive (AS) du plus petit terme (14)	**11**	
AS du terme 14 uniquement	4	–
Décomposition du 14 (10+4) et écriture de deux AS	2	**P-IC-S1.1**
AS avec combinaisons d'additions partielles, «regroupement en paquets» et sommes intermédiaires	5	P-IC-S1.1 **P-IC-S1.2**
Addition successive du plus grand terme (32)	**2**	
AS du terme 32 uniquement	0	–
Décomposition du 32 (30 + 2) et écriture de deux AS	2	**P-IC-S1.1** P-IC-S1.2
Algorithme de la multiplication en colonnes (essai)	**1**	–
Résolutions non pertinentes	**3**	–
Nombre d'élèves annonçant une réponse correcte	11	–
Ecriture de la relation multiplicative 14 x 32, 32 x 14	6	P-IC-S1.1 P-IC-S1.2

TG: travaux de groupes.
Dernière colonne, en gras: résolution plus particulièrement discutée dans l'IC; non gras: résolution évoquée dans l'IC.

Lors des travaux de groupes, trois élèves ont effectué des tentatives infructueuses de résolution. Quatorze autres ont développé une résolution pertinente, dont 11 qui permettent d'annoncer un résultat correct. L'addition successive du terme 14 représente la résolution la plus fréquemment utilisée par les élèves (11 fois), dont cinq qui tentent des stratégies de regroupements et d'additions partielles afin de faciliter le calcul des itérations – regroupement en paquets. Deux élèves décomposent le terme 14 puis effectuent deux additions itérées. Deux autres choisissent de répéter le terme le plus grand, également décomposé en unités et dizaines. Un autre élève, quant à lui, tente l'algorithme en colonnes, mais sans succès.

Au cours des deux premières IC, trois résolutions – toutes pertinentes – sont expliquées et notées quasi intégralement au tableau noir par l'enseignante: (1) additions itérées des termes décomposés de 14, (2) additions itérées des termes décomposés de 32, (3) addition successive du terme 14, avec différentes stratégies additives de regroupements des itérations – «paquets» – impliquant la décomposition du 14.

Dans le discours de Paula, il apparaît que la première résolution exposée est celle qu'elle pensait privilégier (P-Ent-S1.1 et IC6-S1.2). Elle l'a observée pendant les TG, puis elle a planifié de l'exploiter dans l'IC. La présentation de la deuxième procédure a également été anticipée aux dires de l'enseignante. Par contre, la procédure «regroupement en paquets» n'était pas attendue. Mais la jugeant intéressante, Paula a décidé de la faire expliquer intégralement lors de la deuxième IC. L'addition successive du 14 sans autres marques de calcul, considérée par l'enseignante comme devant être la résolution «de base», n'a pas été rendue publique en tant que telle. Ce sont des explications de résolutions plus sophistiquées qui ont été privilégiées.[4] Ce constat apparaît cohérent avec la conception de Paula concernant les IC vues comme devant fournir des opportunités d'appropriation des raisonnements mathématiques plus élaborés développés par des pairs.

Notons enfin que tout un travail interactif a également été effectué sur la multiplication par 10 dans la séquence *Au Grand Rex*, en lien avec la règle de l'ajout du 0 (voir tableau 9). Nous n'entrerons pas ici dans le détail.

---

4 Sans pour autant représenter les résolutions les plus expertes, comme nous le verrons ensuite.

STRUCTURES DE PARTICIPATION
ET SENS MATHÉMATIQUE CONSTRUIT COLLECTIVEMENT

Tentons maintenant d'appréhender la façon dont les structures de participation de la microculture de classe de Paula ont tout à la fois contraint et rendu possible la négociation du sens mathématique, toujours dans la conception d'une relation réflexive entre plans individuel, interpersonnel et communautaire (voir chapitre 2).

Expliquer sa résolution mathématique

Le pattern interactif qui sous-tend l'explication des différentes résolutions mathématiques des élèves consiste, dans la majeure partie des cas, à commencer par l'exposition d'éléments vus comme non connus préalablement par la majeure partie des membres de la classe, puis de reproduire des éléments sollicités par l'enseignante. Prenons un premier exemple afin d'examiner comment cette structure de participation sous-tend la constitution interactive des pratiques mathématiques de la microculture de classe et plus particulièrement celles liées à la multiplication dans l'activité *Au Grand Rex*. Il s'agit de la première procédure expliquée qui, rappelons-le, était la procédure anticipée par Paula.

Extrait P.4
Premiers échanges avec question/réponse de développement

35	E	qui m'explique / un petit peu // sa manière / de / faire / alors / Ale et Aur / allez-y /
36	Aur	[ben on a
37	Ale	[ben on fait 32 // le 10 ↗ // et puis le 10 trente-deux fois ↗ // et puis après on calcule la réponse /
38	E	ouais
39	Ale	et puis après on fait les 4 la même chose / et puis après ben // ben après ça nous donne une réponse
40	E	ouais
41	Ale	et puis après on calcule les deux ensemble et on va essayer que ça nous donne la réponse
42	E	**d'accord** /

Adressée initialement au groupe classe, la question de développement de Paula (tp35) initie l'explication mathématique de la dyade Ale/Aur. Une suite d'échanges privilégiés avec ces deux élèves a lieu (tp-35-67) instaurant un trilogue[5] dans le polylogue qu'est l'interaction collective (Schubauer-Leoni, 1997, 2003). Dans un premier temps, c'est Ale qui explique la résolution du groupe[6], ponctuée d'acquiescements de l'enseignante. Cette résolution consiste à décomposer le terme 14, et à additionner 32 fois la dizaine et 32 fois les quatre unités. A noter dans la formulation orale d'Ale la référence au mot *fois – le 10 trente-deux fois* (tp37) – qui, par contre, n'apparaît pas dans sa trace écrite. L'addition des deux sommes intermédiaires est mentionnée de façon relativement vague (tp41) sans que Paula cherche, ici, des éléments plus précis sur ce que signifie: *on calcule les deux ensemble.*

La suite de l'extrait illustre le glissement des questions/réponses de développement vers des questions/réponses de reproduction. D'autre part, on observe qu'Aur prend le relais de l'explication de la résolution suite aux contributions de sa partenaire de groupe Ale, devenant ainsi une des instances énonciatives privilégiées de l'échange:

Extrait P.4 (suite)
Glissement vers un guidage ciblé de l'enseignante

42	E	**d'accord** ↘ / qui a fait / qui a bien compris ce qu'a dit Ale // qui a fait la **même** chose qu'Ale ↘ / d'accord ↘ // alors Ale nous a dit ↗ / je vais la noter ↗ / tu me répètes ce que tu as fait exactement Ale
43	Ale	32 le // 10 / 32 / 32 le 10
44	E	d'accord / donc tu as fait / 10 ↗ / plus 10 / plus 10 / plus 10 / plus 10 // combien de fois ↗ //
45	Ale	32
46	E	32 fois ↗ // qui a fait la même chose qu'Ale ↗ // qui a fait aussi des 10 mais pas 32 fois /// d'accord / alors je vais mettre comme Ale a mis ↗ / ça prend un peu de temps mais c'est pas grave [...] voilà / j'ai écrit / 32 fois / le chiffre 10 /// d'accord ↗ // ça c'est ce qu'elle propose ↘ / je mets un égal / bien / [...]
52	E	alors / combien est-ce que cela va faire ça / Aur
53	Aur	320

---

5 Trois instances du trilogue: un(Paula)-dyade(Ale/Aur)-groupe classe. Au plan méthodologique, il est à préciser que ce type d'observation n'a pas donné lieu à une grille d'analyse systématique, énoncé après énoncé, mais relève d'une interprétation en termes de tendances.

6 La même pour les deux élèves si l'on se réfère à leurs traces écrites rédigées dans les travaux de groupes.

54   E   qui est d'accord avec Aur // bien ➘ // (note au TN) **320** ➘ / très bien / [...]

59   E   et puis maintenant Aur tu nous dis la suite de votre proposition ➘ /

60   Aur   après on a fait 32 fois / le 4

61   E   32 fois le chiffre 4 ➘ / c'est ça ➚ / d'accord / alors je vais le récrire 32 fois (commence à noter au TN l'addition successive) / c'est bien juste ➚

62   Aur   oui

63   E   d'accord / alors là je vais mettre des petits points // et puis entre parenthèses on le met 32 / fois ➘ / **bien** / qu'est-ce que cela va faire comme réponse quand on va le calculer 4 plus 4 plus 4 plus 4 plus 4 etc. ➚ / **comme** on a fait ici // Jer /

64   Jer   128

65   E   qui est d'accord avec Jer ➚ / qui a trouvé 128 /// **bien** / Aur est-ce que tu as trouvé aussi 128 ➚

66   Aur   euh / non on n'avait pas encore trouvé ici cette réponse

Au TN
10 + 10 + 10 + 10 + 10 + 10 +
10 + 10 + 10 + 10 + 10 + 10 +
10 + 10 + 10 + 10 + 10 + 10 +
10 + 10 + 10 + 10 + 10 + 10 +
10 + 10 + 10 + 10 + 10 + 10 +
10 + 10 = 320
4 + 4 + 4 + 4 + ... (x 32) = 128

67   E   d'accord ➘ / bien / 128 (note au TN la réponse) / est-ce que / Sla // on a tout à disposition maintenant pour trouver vraiment ➚ / notre réponse //

Dans ce cas précis, l'échange sous-tendu par des questions/réponses de reproduction sert à reprendre des éléments de l'explication initiale d'Ale, afin de faire reformuler le nombre d'itérations du 10 (tp45) et du 4 (tp60), ainsi que les réponses intermédiaires de chaque addition successive (tp53, 64). Le glissement de la nature du guidage interactif de l'enseignante permet à cette dernière de souligner la correspondance entre nombre de termes additionnés – notés au tableau noir – et formulation orale de la multiplication (tp44, 46), puis écrite: *(x 32)*. Cette correspondance semble être comprise par Aur qui, pour la deuxième addition successive, introduit le mot *fois* dans son explication: *après on a fait 32 fois / le 4* (tp60). Comme à l'accoutumée, Paula valide très explicitement la réponse dont le contenu informationnel répond à ses attentes: *32 fois le chiffre 4* ➘ / *c'est ça* ➚ / *d'accord / alors je vais le récrire 32 fois* (tp61) et elle commence à noter au tableau noir l'addition itérée du 4, puis la résume par la parenthèse: *(x 32)*. Ce court extrait montre déjà que par l'explication guidée d'une procédure de calcul possible pour résoudre le problème *Au Grand Rex*, les échanges ont fourni l'occasion de négocier[7] le sens de la multiplication. Celui-ci apparaît associé à la formulation «nombre de fois», comme déjà constaté dans l'introduction de l'interaction collective, mais en établissant une correspondance explicite entre formulations additive et multiplicative.

On observe également que l'étayage de l'enseignante sollicite constamment le groupe classe qui, dans les termes de l'analyse conversationnelle du trilogue, représente le destinataire tiers. Ce destinateur peut être vu comme «secondaire» (Witko-Commeau, 1995) car n'étant pas directement amené à répondre. Toutefois, dans notre approche située, ce tiers est déterminant, car il donne sens à l'interaction enseignant-Ale/Aur en vue d'un partage au plan communautaire de la résolution effectuée par ces deux élèves. Cette sollicitation du groupe classe se traduit par des questions rituelles de Paula, telles que: *qui a fait la même chose* (tp42, 46), *qui est d'accord avec* (tp54, 65), *qui a fait comme, qui a fait aussi*, etc. La règle est de répondre en levant la main sans obligatoirement verbaliser. Eu égard aux NSM-IC *taken-as-shared* de la microculture de classe de Paula, notre hypothèse interprétative est que cette sollicitation des élèves les contraint à écouter et tenter de comprendre la résolution du pair médiatisée dans l'IC, ainsi qu'à la comparer avec leur propre interprétation et raisonnement mathématiques. Ces questions rituelles représentent une façon d'impliquer les élèves dans l'explication produite, afin de les amener, dans certains cas, à poursuivre l'explication de la résolution du pair ou à devoir proposer une résolution mathématique différente par rapport à celle(s) déjà expliquée(s) au plan collectif.

Dans l'extrait P.4, la poursuite de l'explication par autrui consistera à produire les réponses intermédiaires (e.g., Jer, tp64) ainsi que le calcul de la réponse finale – non exposé dans l'extrait. Dans ce cas précis, les pairs deviennent les locuteurs privilégiés, avec toujours en arrière-fond une référence aux contributions d'Ale et Aur. La section prochaine présente et discute une situation dans laquelle l'explication mathématique est un objet encore plus largement construit et partagé par et avec l'ensemble du groupe classe, entre auteurs des résolutions et ré-explication et poursuite de celles-ci par les pairs.

---

7   Au sens interactionniste du terme, et, dans cet extrait, de façon qui peut paraître brève, mais qui se poursuit tout au long de l'interaction collective et des suivantes.

Explications construites et distribuées entre les membres de la classe

L'extrait que nous allons commenter concerne la procédure additive par «groupements en paquets» développée par plusieurs groupes – mais avec différentes stratégies de groupements des itérations – et qui n'était pas attendue par Paula. Rappelons que l'explication de cette résolution avait commencé en fin de première IC, puis elle a été reprise en début de leçon suivante. D'autre part, cette résolution sera encore discutée dans les dernières IC de la séquence, afin notamment de comparer les différentes façons de grouper les itérations et de les calculer.

Dans les lignes suivantes, nous allons nous intéresser plus particulièrement à l'IC de la deuxième leçon (P-IC-S1.2, sq2). Afin de faciliter l'explication qu'elle projette de faire produire, Paula a noté préalablement au tableau noir deux colonnes de 16 itérations de 14. La figure 10 expose l'intégralité de la trace écrite collective, rédigée au fur et à mesure des échanges entre l'enseignante et les élèves – et qui devrait faciliter la compréhension des lignes qui suivent.

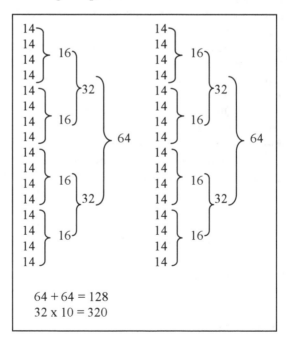

Figure 10. Procédure additive «paquets» au tableau noir.

Deux groupes d'élèves sont identifiés par l'enseignante comme étant les auteurs de ce type de résolution: Bry/Yum et Sla/Alb.[8] Comme habituellement en début de séquence thématique, Paula sollicite l'explication de la résolution par ses auteurs (NSM-IC1): *on va demander à ces enfants-là / d'expliquer / leur manière de travailler* (tp30). Devenue locuteur privilégié en raison de son statut d'auteur de la résolution, Alb commence l'explication, ponctuée d'acquiescements de l'enseignante: *ben / on a fait /// 14 plus 14 plus 14 //* (tp31) *en fait on a fait 4 plus 4 plus 4 / égale 16 / et puis ensuite on a fait ça partout / sur tous les 4* (tp33) *et puis ça faisait toujours 16 16 / et puis on a additionné les 16* (tp34) *ça faisait 32 32 32 32 / et on a additionné les 32 ↗ / et ça faisait 64 / plus 64 / puis // puis on a fait le calcul* (tp36). Paula valide la proposition d'Alb, tout en soulignant un élément important qui est l'addition des unités du 14, stipulant que ce terme a été décomposé: *d'accord / donc vous vous êtes occupés d'abord / que / des* **unités** *↘ / c'est bien ce que tu veux me dire ↗ / d'accord* (tp37).

L'enseignante reformule ensuite le début de l'explication et la symbolise au tableau noir, facilitant par ce moyen son accessibilité aux autres élèves de la classe: *alors je vais faire / une accolade / comme ceci* (dessine au tableau noir une accolade et commente) *// une sorte de parenthèse et je vais prendre les quatre premiers / 4 / on oublie pour l'instant / les dizaines ↘ / et / elle* (Alb) *me dit que ça fait / 16 // d'accord ↗ /* (tp40). Ensuite, plutôt que de solliciter les auteurs de la résolution, Paula choisit de questionner les pairs qui, ainsi, paraissent être en mesure de poursuivre l'explication: *ensuite ils ont fait quoi Dia / vas-y* (tp40).

Cette sollicitation de l'enseignante marque le début d'une explication produite, en plus des auteurs, par neuf autres élèves. Notre analyse montre que l'explication devient ainsi partagée entre les membres de la communauté classe, consistant à une participation fortement guidée et contrôlée non seulement par un questionnement contraignant, mais également par de longues reformulations de Paula. L'extrait suivant, qui concerne les groupements de deux fois 16, illustre ce pattern interactif, ainsi que l'attente de l'enseignante quant à la production d'une explication structurée, devant porter sur chaque étape constitutive de la procédure:

---

8   Notre analyse des traces écrites des élèves montre que Man a également tenté des groupements de cet ordre.

Extrait P.5

60 E   qui peut m'expliquer qu'est-ce qu'ils ont fait / **ensuite** / encore ↘
           // je suis sûre que tout le monde sait ça maintenant / si vous
           observez bien / je suis sûre Man que tu as une idée / Lis t'as une
           idée / Dor je suis sûre que tu as une idée // Man vas-y /
61 Man   maintenant il faut faire 32 plus 32
62 E   alors avant de faire 32 plus 32 / c'est tout à fait juste / mais on n'a
           pas encore tout à fait terminé l'étape des / de la couleur verte on
           va dire comme ça (groupements de 16 + 16 dessinés pour la 1ère
           colonne mais pas encore pour la 2e de 14) // alors Lud /
63 Lud   ben 32 plus 32
64 E   non on n'a pas encore fini les / vertes / oui Aur
65 Aur   ben avec les 16 plus 16 ça fait encore 32
66 E   d'accord / hein ↗ / d'accord Lud il y a encore ces deux qu'on n'a
           pas encore calculé (note au TN) tu es d'accord avec moi / Man
           est-ce que tu es d'accord ↗ / bien est-ce qu'il y en a encore deux à
           ajouter / Bry
67 Bry   ouais / les deux derniers ↗ /
68 E   d'accord les deux derniers (note au TN) et on est **aussi** / à / 32 /
           bien maintenant je change de couleur ↗ // alors on va voir si
           vous avez saisi ce qu'Alb et / Sla ont proposé ↗ / est-ce que
           quelqu'un / sans qu'on les écoute / se rappelle ce qu'ils ont fait
           ou bien qu'est-ce qu'on pourrait faire /// Law […]

L'explication de l'auteur aurait pu initier une situation de trilogue. Notre analyse montre que tel n'est pas le cas. Aucun élève n'est plus particulièrement sollicité à produire des prises de parole plus fréquentes et suivies, bien que les auteurs restent présents, des élèves sur lesquels Paula sait pouvoir s'appuyer si nécessaire pour faire avancer l'explication mathématique. Chaque contribution des élèves, relativement brève, participe à l'élaboration d'une explication distribuée par le moyen de la médiation sociale offerte par l'IC; cette explication est totalement dirigée par l'étayage interactif de l'enseignante. L'enjeu des échanges interactifs dans cet extrait n'est pas, comme précédemment, la mise en correspondance entre additions itérées et multiplication, mais vise davantage à comprendre la stratégie de groupement pour calculer les itérations des unités de 14. Par contre, le calcul des dizaines réintroduit la négociation entre formulation additive et multiplicative. Après qu'il soit dit qu'il restait encore «32 dizaines à calculer», Alb propose: *on peut faire euh // 10 fois 32* ↗ */ et puis ça fait 320* (tp98); Bry précise à son tour: *il y a / trente-deux dizaines* (tp104) *alors on rajoute un 0* (tp106). Paula valide, note au tableau noir 32 x 10 tout en rappelant la correspondance avec l'addition successive des 10.

Plus généralement, notre hypothèse interprétative est que la structure de participation consistant à poursuivre l'explication mathématique d'un pair dans un pattern d'interaction PI1-E représente, dans la microculture de classe de Paula, une façon de faire partager à l'ensemble des élèves un objet valorisé par l'enseignante. Cet objet a ici pour intérêt de concerner une procédure additive initialement non attendue, développée par quelques élèves au cours des travaux de groupes. Accordant de la valeur à cette résolution et au raisonnement mathématique sous-jacent, Paula souhaite les faire partager aux autres élèves afin qu'ils puissent se les approprier.

ELÉMENTS DE SYNTHÈSE

Les extraits interprétés dans les pages précédentes illustrent quelques traits caractéristiques de la négociation des significations mathématiques dans la séquence *Au Grand Rex*. Par le moyen des questions/réponses de développement vs. de reproduction, on observe une dialectique entre les apports des élèves et la médiation ciblée de l'enseignante contribuant à la constitution des pratiques mathématiques de la classe. L'enseignante apparaît constamment être le locuteur et destinataire de plein droit qui sollicite, donne la parole, valide, reformule et relance. Très peu d'échanges directs entre élèves, qui positionneraient momentanément l'enseignante dans la position du tiers, ont eu lieu. Mais il ressort que les NSM-IC2 (expliquer une résolution mathématique différente) et NSM-IC3 (poursuivre ou ré-expliquer la résolution du pair) favorisent l'implication du groupe classe dans les processus participatifs, amenant les élèves à devoir prendre en compte, donc tenter de comprendre, les propositions des pairs.

Au plan mathématique, la relation multiplicative, immédiatement identifiée par le moyen d'une médiation sociale contraignante en début de la première IC de la séquence, est interprétée en fonction de la situation empirique référée par l'énoncé du problème. Cette interprétation s'appuie sur le sens «nombre de fois» utilisé dans le langage courant. Les différentes procédures additives expliquées par les élèves apparaissent comme des moyens de calculer l'opération multiplicative formulée. Le sens de la multiplication, dans la microculture de classe de Paula, n'apparaît pas lié au remplacement d'additions successives jugées trop fastidieuses par exemple, et dont il est difficile de calculer et de contrôler les nombreuses itérations. Une hypothèse concernant la pratique mathématique de la classe en cours de constitution est qu'il s'agit, à ce moment de l'année scolaire, de pouvoir identifier et formuler la relation multiplicative du problème, reconnaître le nombre de fois qu'il faut itérer un des deux termes – le plus grand ou le plus petit – et calculer par le moyen de différentes procédures additives, plus ou moins sophistiquées impliquant, par exemple, des regroupements de termes et/ou la décomposition du terme itéré en dizaine(s) et unité(s).

Trois résolutions principales sont portées au plan public en début de séquence, constituant un référentiel collectif auquel les membres de la classe peuvent ensuite se référer dans leurs échanges interactifs et dans le cadre de la résolution de nouveaux problèmes. Ce sont toutes des résolutions qui sont plus élaborées que l'itération d'une des deux termes sans autres marques visibles de calcul. L'enjeu des IC des premières leçons de la séquence *Au Grand Rex* consiste non seulement à exposer différentes procédures de calcul possibles, mais on note que celles-ci servent à la négociation et à l'institutionnalisation de la correspondance entre additions itérées et formulation orale et écrite de la multiplication. Malgré un travail interactif important sur la procédure de «regroupements en paquets», la diversité des résolutions semble toujours acceptée, voire valorisée dans la microculture de classe.

Variation des structures de participation entre les deux séquences d'enseignement/apprentissage

Dans cet ouvrage, nous avons choisi de donner tout spécialement à voir la première séquence d'enseignement/apprentissage *Au Grand Rex*. La deuxième, *Course d'école*, qui a été étudiée de façon similaire[9], servira à étudier plus spécialement la variation des structures de participation entre les deux séquences, séparées de quatre mois, rappelons-le.

Il ressort de nos analyses que les NSM restent globalement stables au cours de l'année scolaire, corroborant ainsi les résultats d'autres recherches (Bowers & Nickerson, 2001; Bowers *et al.*, 1999; Cobb, 1995;

---

9 Nous proposons au lecteur de consulter Mottier Lopez (2005) pour connaître plus précisément la façon dont les pratiques mathématiques ont évolué.

Yackel & Cobb, 1996). Une variation subtile se situe, par contre, au plan des patterns interactifs entre l'enseignant et les élèves, selon si c'est une nouvelle résolution portée au plan public de la classe ou s'il s'agit d'une démarche vue comme socialement reconnue et partagée.

Comme vu dans la séquence *Au Grand Rex*, le pattern interactif dominant en cas de nouvelles résolutions expliquées, consiste à l'énonciation d'une ou deux questions/réponses de développement, suivies de contributions de reproduction de la part des élèves auteurs de la résolution. Par ce moyen, certaines caractéristiques des démarches expliquées sont mises en évidence. Les pairs sont ensuite conviés à ré-expliquer ou poursuivre la résolution. Notre étude de la séquence d'enseignement/apprentissage *Course d'école* montre, par contre, que dès qu'il s'agit d'expliquer des résolutions *taken-as-shared*, la dynamique interactive change. Dans cette situation, les apports des élèves consistent essentiellement à des contributions de développement pour expliquer la résolution choisie parmi l'ensemble des possibilités.[10] Elles ne sont pas suivies d'un guidage contraignant de l'enseignante. L'extrait suivant illustre cette structure de participation dans la séquence *Course d'école*:

Extrait P.6

138 E j'aimerais juste que vous me disiez en **deux** mots ↗ / **comment** avez-vous fait / pour **trouver** / 168 / ou 175 / ou 172 // qu'est-ce que vous avez **fait** // Ale /

139 Ale ben moi j'avais mis / soit en colonnes ↗ (addition en colonnes) / soit j'en ai mis en colonnes mais après je fais 8 plus 8 et puis après je fais un petit trait et après je refais (addition en colonnes avec procédure paquets pour comptage des itérations[11])

140 E bien ↘ / qui a mis en **colonnes** comme Ale a proposé certains nombres en colonnes ↘ / bien tu nous donnes juste un exemple de tes nombres en colonnes vas-y ↗ /

141 Ale ben / 22 plus 22 plus 22 plus 22 plus 22 plus 22

142 E combien de fois ↗ / (parmi les différentes possibilités: 6, 7, 8, 9)

143 Ale sept fois /

144 E toi tu avais fait 7 fois ↗ /

145 Ale ouais /

---

10 C'est parce qu'il y a toujours un ensemble de possibilités, acceptées, que nous catégorisons les contributions comme étant de développement.

11 Précision apportée sur la base de la trace écrite d'Ale.

146　E　　d'accord ↘ / ok / sept fois ou bien huit fois / tu aurais pu choisir ceci c'est juste / qui a fait encore un fois comme Ale / en colonnes par exemple // d'accord // (4-5 mains se lèvent) ensuite elle a dit elle a pris 2 2 2 / donc les unités / plus les dizaines hein ça on a déjà vu ↘ // qui a fait d'une autre manière ↘ // Yum // (P-IC-S2.1)

On ne constate pas de questions/réponses de reproduction comme c'était le cas dans la séquence *Au Grand Rex*. De même, les pairs ne sont pas sollicités à poursuivre ou ré-expliquer la résolution. Aucune trace n'est écrite au tableau noir. On peut postuler que les élèves sont vus comme pouvant reconnaître le raisonnement mathématique expliqué par leur camarade. Paula explicite sa conception: *je pense que l'enfant est sûr ici de ce qu'il dit / donc les étapes il n'a plus besoin de les dire parce qu'il les a déjà intériorisées / donc moi je ne vais pas encore les lui demander* (P-EntRC2).

Notre hypothèse interprétative est que, dans le cas de nouveaux raisonnements et interprétations proposés par les élèves, la façon dont Paula reçoit les contributions de développement des élèves en les reformulant longuement puis en initiant une série de questions/réponses de reproduction – soit destinée à l'auteur, soit aux pairs dans le cas de ré-explications – caractérisent tout spécialement les processus d'enculturation de la microculture de classe. Dès que les objets abordés au plan collectif sont considérés comme reconnus et partagés par les membres de la communauté classe, la structure de participation n'est plus autant contrainte par la médiation sociale de l'enseignante, bien que cette dernière reste toujours seule responsable de la validation des propositions mathématiques des élèves.

CONSTITUTION INTERACTIVE
DES NORMES SOCIOMATHÉMATIQUES

> Une classe peut être considérée comme un lieu où se déroulent deux niveaux de conversation qui se supportent mutuellement: un lieu où l'on discute des mathématiques (l'enseignant et les élèves négocient les significations mathématiques); un lieu où l'on discute sur la façon de discuter des mathématiques (l'enseignant et les élèves négocient leurs attentes et leurs façons de procéder pour faire et pour parler des mathématiques). (Cobb *et al.*, 1994, p. 45)

Rappelons que, par rapport à la définition de Cobb, Gravemeijer *et al.* (1997; Yackel & Cobb, 1996) nous avons choisi *d'élargir* le concept de norme sociomathématique, englobeant notamment les aspects normatifs de l'activité mathématique de l'élève (voir partie 2.3). Dans la définition des auteurs, ce concept désigne plus strictement ce que représente, par exemple, une explication mathématique acceptable, une différence mathématique acceptable, une résolution experte. Notre but, dans cette partie, est d'examiner la constitution interactive des NSM, en ajoutant la question de leur signification située et négociée dans la microculture de classe. Pour ce faire, nous allons examiner deux NSM-IC qui paraissent importantes dans le double processus de construction des connaissances et d'enculturation aux pratiques socioculturelles de référence: expliquer sa résolution mathématique, expliquer des résolutions mathématiques différentes. Nous questionnerons ensuite les attentes et obligations réciproques qui contraindraient des résolutions vues comme plus sophistiquées, expertes ou efficaces dans la microculture de classe de Paula. Pour ce faire, nous avons examiné, en complément des analyses précédentes, dans quelle mesure des épisodes interactifs portant sur le «comment faire et parler des mathématiques» ont eu lieu dans les IC des deux séquences d'enseignement/apprentissage. Quelques hypothèses interprétatives sont proposées sur ce que représente et signifie chacune de ces normes au plan communautaire de la classe.

Qu'est-ce qu'une explication mathématique acceptable?

L'examen des IC montre que, d'une façon générale, la participation consistant à expliquer sa résolution mathématique est sollicitée par des questions souvent directes de l'enseignante: *qui m'explique / un petit peu // sa manière / de / faire* (P-IC-S1.1, tp35), *dis comment tu fais* (P-IC-S1.3, tp110), *comment est-ce qu'on peut faire / pour résoudre ça* (P-IC-S2.1, tp164). Mais il apparaît que les critères de ce que représente une explication mathématique acceptable dans la microculture se constituent de façon implicite, lors de la constitution des pratiques mathématiques comme illustré dans les parties précédentes.

Nos analyses des explications conjointement construites lors de la négociation des significations mathématiques nous permettent d'inférer quelques-unes de leurs caractéristiques. Un accent est clairement mis sur le plan opératoire et symbolique. La relation mathématique en jeu dans le problème demande, d'une part, à être explicitée. Ensuite, chaque étape constitutive de la procédure de calcul ou du raisonnement mathématique doit être énoncée. L'explication produite apparaît en ce sens très structurée et chronologique. Non seulement les élèves doivent être en mesure d'expliciter chaque opération constitutive de la procédure de calcul, mais ils doivent pouvoir également expliquer la façon dont ils calculent ces opérations. Cela peut se faire mentalement, par l'écriture de calculs complémentaires, ou sur les doigts, dans une diversité de stratégies de calcul acceptée et valorisée au plan communautaire. Dans la plupart des cas, la résolution est intégralement exposée, réponse(s) comprise(s); une résolution que Paula médiatise fortement en la reformulant, en la re-décrivant, en l'écrivant au tableau noir, afin notamment de la rendre compréhensible pour tous les membres de la classe. La formulation écrite initiale des élèves n'est pas forcément recopiée telle quelle par l'enseignante. Celle-ci la transforme en l'écrivant dans une formulation plus conventionnelle, eu égard aux pratiques socioculturelles de référence, mais également en fonction des pratiques propres à la classe. D'une façon générale, les explications conjointes et guidées, telles qu'elles apparaissent socialement attendues dans la microculture de classe de Paula, n'offrent que très peu d'occasions de justifications mathématiques.

Cette inférence de ce que représente une explication mathématique reconnue et partagée dans la microculture de classe de Paula met en évidence que celle-ci rend possible et tout à la fois contraint les élèves à avoir une *prise de conscience* relativement élevée de leur interprétation et raisonnement mathématiques déployés initialement dans des travaux de groupes ou individuels. On peut postuler que cette prise de conscience, socialement médiatisée et guidée – proche des processus métacognitifs promus par le modèle de la communauté d'apprentissage (e.g., Brown *et al.*, 1989) – est favorable aux processus individuels de construction des apprentissages mathématiques, mais également à la constitution et à l'évolution des pratiques mathématiques de la communauté classe. Toutefois, une des conséquences de cette forme de participation de la microculture de classe de Paula est que dès que l'on porte au plan public et collectif une résolution mathématique, la responsabilité des élèves se réduit, Paula prenant totalement le contrôle de la validation des résolutions. L'interaction collective ne représente pas un lieu de problématisation et de confrontation de points de vues entre les élèves.

QU'EST-CE QU'UNE DIFFÉRENCE MATHÉMATIQUE ACCEPTABLE?

Tout comme pour la NSM-IC précédente, des explications ou raisonnements mathématiques différents sont sollicités par un questionnement rituel de l'enseignante: *qui me propose / une autre* ↗ */ manière de faire* (P-IC-S1.1, tp152), *qui a fait d'une autre manière encore* (P-IC-S2.2, tp185), *qui a encore une autre manière* (P-IC-S2.5, tp114). L'enseignante incite constamment les élèves à comparer leur résolution avec celle(s) déjà expliquée(s), notamment en levant la main pour signifier si elles sont identiques ou différentes. D'autre part, des échanges brefs ont parfois eu lieu, significatifs de la conception et des attentes de Paula concernant ce que devrait représenter une «autre manière de faire». Prenons un exemple dans la séquence *Au Grand Rex* lorsque, pour la première fois, les élèves sont incités à expliquer différentes procédures de calcul servant à résoudre la multiplication 32 x 14 (P-IC-S1.1).

Suite à la première explication – additions successives de 10 et de 4 (Sq2) – Paula sollicite une résolution différente: *maintenant* ↘ */ qui a fait / autrement / pas du tout la même chose qu'Ale / et Aur / et qui a trouvé quand même* ↗ */ 448 ou bien peut-être 320 ou 128 ou une partie* (tp85). Les additions successives de 30 et de 2 sont expliquées et, une fois les réponses intermédiaires et finale notées au tableau, Paula demande:

Extrait P.7

149	E	bien ↘ // alors qu'est-ce qu'on remarque entre cette manière de faire et cette manière de faire ↘ // Yum /
150	Yum	c'est / c'est un autre calcul / seulement ça va dans / dans la même // réponse
151	E	**bien** ↘ / c'est une autre manière de calculer ↗ / mais on arrive ↗ / à la même réponse ↘ / donc / **l'un** ou l'autre / c'est tout à fait // **juste** ↘ // d'accord ↗ / qui a fait comme cette proposition de Syl Law et Eri qui a réussi à faire comme ça // d'accord bien / alors maintenant on va en faire encore une toute dernière / qui me propose / une autre ↗ / […]

La procédure par «regroupement en paquets» est proposée. En cours d'explication, Bry et Yum, les auteurs de la résolution, sont interrompus:

202	Bry	et puis l'autre bout ça fait 64
203	Yum	alors on a fait 64 plus 64 ça fait // 128
204	E	**bien** / stop / regardez bien / écoutez bien / 64 plus 64 ça fait 128 ↘ / est-ce que 128 on l'a quelque part dans les deux autres manières de faire / Nik
205	Nik	euh oui // là /
206	E	oui ↗ / là ↗ / d'accord ↗ / donc très bien / donc c'était une autre manière de faire bravo

Cet extrait, mais également l'ensemble de nos observations, montrent que la différence mathématique est fortement liée au plan opératoire – un constat par ailleurs récurrent dans la microculture de classe de Paula. La procédure de calcul ou les stratégies de calcul mental (calcul réfléchi) mises en œuvre sont acceptées comme étant différentes dès que des groupements différents d'itérations ou des combinaisons différentes de produits sont proposés, y compris s'il s'agit d'un même terme itéré par exemple. Par contre, on note que Paula est très attentive à souligner (1) le fait que ces procédures de calcul servent à résoudre un même calcul initial (ou relation mathématique du problème), (2) qu'elles doivent permettre l'obtention de résultat(s) identique(s). Ce dernier critère est présent dans la première sollicitation de Paula (tp85), puis dans ses reformulations des contributions des élèves. Il va apparaître à plusieurs reprises dans les IC analysées.

On pourrait objecter que ces critères sont «minimaux», compte tenu, par exemple, que les élèves ne sont pas incités à valider leurs résultats en utilisant deux procédures de calcul différentes. Toutefois, nous montrerons plus loin l'importance que cette norme a dans les processus d'évolution du raisonnement mathématique des élèves ainsi que, dans une relation réflexive, des pratiques mathématiques *taken-as-shared* de la communauté classe. En effet, par la construction conjointe d'explications mathématiques différentes, certains élèves apportent au plan collectif de nouvelles propositions – par forcément attendues ou anticipées par Paula – qui témoignent non seulement des progrès conceptuels effectués mais qui vont tout à la fois contribuer à l'évolution des connaissances mathématiques collectives de la classe. Cette norme sociomathématique apparaît, en ce sens, à l'articulation de la relation réflexive entre processus individuels et sociaux de la microculture de classe.

QUEL TYPE DE RÉSOLUTION EST ATTENDU?

Finalement, nous allons interroger les systèmes d'attentes et obligations réciproques relatifs à une procédure qui, au sein du référentiel collectif constitué par les différentes résolutions acceptées au plan communautaire, serait privilégiée car vue comme plus sophistiquée, experte ou efficace. Il est intéressant d'examiner les consignes de Paula, notamment lors du démarrage des travaux de groupes.

Extrait P.8
si vous êtes contents de votre méthode que vous pensez que c'est la meilleure / vous prenez celle-là ↗ / si vous pensez qu'une autre est mieux vous prenez celle-là ↗ / c'est à vous de choisir // et ensuite on verra où vous en êtes dans votre travail (P-DT16-S1.2)
je vais vous demander de continuer comme / vous / pensez // ça veut dire / une / des méthodes qui vous convient le mieux / soit la plus facile ↗ / soit vous vous dites ah mais vraiment là / je suis sûr de ne pas faire de fautes parce que j'ai bien compris comment la faire ↗ / soit c'est la première que vous avez faite / soit c'était la deuxième / soit c'est encore une autre ↗ / à vous / de voir // (P-DT17-S1.3)

Aucune consigne de Paula ne demande explicitement de privilégier une résolution spécifique qui serait qualifiée d'efficace ou de plus rapide par exemple. La référence est faite, par contre, à la «facilité», au fait qu'elle doit être «comprise» par celui qui l'utilise, et qu'elle doit pouvoir assurer l'obtention d'un résultat correct. Dans le cadre de la séquence *Au Grand Rex*, alors qu'une ou deux activités de prolongement ont déjà été réalisées par les élèves, Paula aborde, au début de la troisième IC, la question du choix des procédures de résolution: *qui* ↗ / *a changé de méthode par rapport aux deux premières activités* (tp5) […] *alors j'aimerais que vous m'expliquiez* ↗ / *pourquoi est-ce que vous avez changé* (tp9). Une brève séquence interactive (tp9-19) sert à exprimer plusieurs raisons. Law invoque «la simplicité» (tp12), puis Jer explique:

Extrait P.9

16	Jer	ben parce que ça m'embêtait un peu de toujours faire la même euh // calc- euh la même chose ↗ / et puis je voulais changer aussi
17	E	t'avais envie de changer / ça t'embêtait de faire encore une troisième fois le même calcul que les deux autres jours ↗ / donc tu as essayé de **changer** / est-ce que toi tu peux dire que l'une ou l'autre est / plus facile ↗ / plus efficace ↗ / plus rapide ↗ / plus simple ↗ / est-ce que tu peux t'exprimer là-dessus /
18	Jer	plus rapide / simple / et puis /// c'est plus facile à faire / [c'est plus vite fait
19	E	[toi tu trouves que c'est plus facile / **d'accord** / (P-IC-S1.3, Sq1)

Ne semblant pas satisfaite par la réponse de Jer (tp16), la relance de Paula introduit des critères pour justifier le changement d'une procédure de résolution (tp17). Quelques échanges de cet ordre auront encore lieu dans les deux dernières IC de la séquence *Au Grand Rex* (P-IC-S1.3, Sq4; P-IC-S1.4, Sq2), dans lesquels il s'agit pour les élèves de porter une appréciation sur leur(s) résolution(s). Toutefois, on n'observe pas des échanges très nourris sur cette question, et aucune justification au plan mathématique n'est associée au choix des procédures de calcul. L'appréciation reste encore sur un plan personnel; chaque élève est habilité à porter une évaluation différente sur une même procédure par exemple, corroborant l'idée de privilégier des résolutions qui «convient le mieux à chacun». Bien que certains élèves invoquent certains aspects plus économiques d'une résolution choisie, Paula ne profite pas de cette occasion pour initier une discussion et une comparaison entre les différentes procédures de calcul en présence. Autrement dit, il n'y a pas une procédure particulière dont le sens, au plan collectif, serait négocié avec le critère explicite de l'expertise ou de l'efficacité.

D'une façon générale, nous avons relativement peu d'indices sur ce que signifie, dans la microculture de classe, une procédure plus efficace ou experte. La norme, semble-t-il, est qu'en début d'apprentissage, plusieurs démarches de résolution sont possibles et acceptées (NSM-RP). Certaines, vues comme plus sophistiquées, sont valorisées au plan collectif. Dans les situations analysées, ce sont des procédures qui permettent un certain contrôle du calcul des itérations par exemple. On n'observe pas d'épisodes interactifs dont la fonction est de discuter les alternatives et confronter les différentes résolutions en présence. Le choix de la résolution dans les phases de travaux de groupes ou individuels appartient à chaque élève, en fonction de critères plus personnels. Nos observations des dernières leçons de l'année scolaire montrent que les élèves conservent toujours, en fin de 3P, une marge de liberté dans le choix des procédures de calcul dans des situations complexes de résolution de problèmes.

RÉGULATIONS SITUÉES DANS LA DYNAMIQUE DE MICROCULTURE DE CLASSE

En guise de conclusion à ce chapitre, nous allons examiner la relation réflexive entre processus sociaux et individuels – en termes de *régulation* – en nous appuyant notamment sur les interprétations exposées dans les parties précédentes. Comme dit dans l'introduction, il est difficile d'appréhender cette relation de régulation au plan empirique. Une option serait de la «laisser» en arrière-fond comme cadre général d'interprétation aux objets étudiés. Dans ce cas, le plan individuel reste étudié dans sa globalité, sans chercher à appréhender les différences inter-individuelles contribuant, par exemple, à la constitution et (re)structuration des processus sociaux et réciproquement. Pourtant, dans l'idée d'une «distribution» de la cognition entre les individus, on peut postuler que les élèves apportent des contributions différentes mais complémentaires, sur des objets différents, voire à des moments différents dans les séquences d'enseignement/ apprentissage. Toujours dans une idée de réflexivité, on peut postuler que la constitution interactive de la microculture de classe et de son cadre interprétatif *taken-as-shared* peut profiter de façon différente aux élèves. Notons que cet objet de questionnement, non évoqué dans la littérature consultée, demande que l'on sépare, dans un premier temps, plans individuel et social, pour ensuite les interpréter dans une relation réflexive.

Dans le cadre de la microculture de classe de Paula, une des conceptions de l'enseignante est que les IC servent à exposer des résolutions jugées intéressantes et qu'elle souhaite faire partager aux élèves «qui n'ont pas saisi complètement, qui ont de la peine». Ainsi les IC sont vues comme des situations qui servent à rendre socialement reconnus de nouvelles procédures de calcul, des interprétations et raisonnements mathématiques, vus comme encore non partagés par les élèves et qui, tout à la fois, peuvent concourir à leur progrès conceptuel. C'est dans cette conception des IC que nous allons questionner la relation de *régulation réflexive* entre plans individuel et communautaire dans la classe de Paula.

Nous choisissons de le faire en lien avec une norme sociomathématique qui traverse les différentes configurations sociales de la leçon (NSM-RP) et qui apparaît particulièrement *dominante*: non seulement plusieurs procédures de calcul sont possibles pour un même problème, mais il est hautement valorisé de pouvoir en proposer et en utiliser plusieurs. Un trait distinctif de la microculture de classe de Paula est de faire *co-exister* des résolutions différentes, plus ou moins sophistiquées, avant de viser une standardisation.

CONTRIBUTIONS DES ÉLÈVES, MAIS DE QUELS ÉLÈVES?

Nous restreignons notre questionnement à la séquence d'enseignement/ apprentissage *Au Grand Rex*, alors qu'il s'agit de la première fois qu'est négocié au plan communautaire le passage d'une conception additive à une conception multiplicative. Nos résultats ont souligné la façon dont la constitution des pratiques mathématiques de la microculture de classe s'est appuyée sur les apports des élèves initialement développés dans les travaux de groupes. Des résolutions non forcément attendues par Paula ont aussi fait l'objet d'une exploitation collective et ont été acceptées au même titre que les autres. Nous pensons ici à la résolution «par regroupement en paquets» proposée par les groupes de Bry/Yum, d'Alb/Sla et par Man. L'évolution des pratiques mathématiques apparaît ainsi liée aux contributions individuelles des élèves. L'hypothèse constructiviste est que la participation à la constitution interactive des pratiques mathématiques de la classe a fourni, à certains élèves, des occasions de déséquilibres cognitifs et de restructurations, les conduisant à de nouveaux apprentissages et à formuler de nouvelles propositions mathématiques.

Mais dans quelle mesure tous les élèves, indépendamment de leur niveau scolaire, ont-ils contribué à la constitution et régulation des pratiques mathématiques de la microculture de classe? Prenons pour indicateur les prises de parole des élèves dans les IC. Le tableau 11 présente le pourcentage de celles-ci, dont sont exclues les paroles de l'enseignante et celles énoncées par des élèves non identifiés.

Les élèves sont classés dans un ordre décroissant, en fonction de l'appréciation portée par l'enseignante sur le niveau scolaire en mathématiques au début du mois d'octobre – deux semaines avant le début de la séquence.[12] La logique dégagée de la séquence d'enseignement/ apprentissage a été prise en compte en délimitant deux totaux intermédiaires: (a) les contributions qui ont essentiellement servi à exposer de nouvelles procédures de calcul dans l'interaction collective (P-IC-S1.1 et P-IC-S1.2) et dont nos analyses montrent qu'elles ont été à la base du référentiel constitué de trois procédures de calcul principales, (b) les contributions dans les deux dernières interactions semi-collectives[13] qui ont pour particularité de permettre aux élèves d'expliquer leur résolution dans des situations de prolongement – des explications dont on observe qu'elles concernent, pour la plupart, des procédures de calcul exposées dans les premières IC.

---

12 Une évaluation sur la base de critères propres à l'enseignante, après environ 7 semaines d'école.

13 Seulement deux élèves, Cri et Nik, ont participé aux deux interactions semi-collectives.

Tableau 11.
Pourcentage des prises de parole des élèves
dans les IC «Au Grand Rex» (Paula)

Niveau scolaire maths	Pourcentage des prises de parole des élèves						
	P-S1.1	P-S1.2	Total	P-S1.3 int.	P-S1.4 int.	Total	Total
excellent							
Syl	6,7	0	**4,2**	9,0	–	**9,0**	6,2
Eri	1,0	4,7	**2,4**	2,5	–	**2,5**	2,4
bon							
Yum	16,3	12,5	**14,9**	10,7	–	**10,7**	13,1
Alb	0	14,1	**5,4**	9,0	–	**9,0**	6,9
Bry	23,1	23,4	**23,2**	22,1	–	**22,1**	22,8
Man	16,3	1,6	**10,7**	–	9,5	**9,5**	10,1
moyen							
Law	3,8	4,7	**4,2**	3,3	–	**3,3**	3,8
Sla	1,9	9,4	**4,8**	9,0	–	**9,0**	6,6
Lud	1,9	4,7	**3,0**	2,5	–	**2,5**	2,8
Alc	7,7	3,1	**6,0**	–	20,3	**20,3**	12,7
Aur	4,8	6,3	**5,4**	–	11,5	**11,0**	8,2
Dia	2,9	3,1	**3,0**	–	6,1	**6,1**	4,4
Nik	5,8	6,3	**6,0**	8,2	10,1	**9,3**	8,0
Dor	0	1,6	**0,6**	–	6,1	**6,1**	3,2
Jer	1,9	0	**1,2**	8,2	–	**8,2**	4,1
faible							
Cri	1,0	4,7	**2,4**	15,6	23,0	**19,6**	13,0
Lis	4,8	0	**3,0**	–	13,5	**13,5**	7,9
Nb total	104	64	**168**	122	148	*	*

* Varie en fonction des élèves; prise en compte de cette variation dans le calcul des %.
Grisé: élèves qui ont expliqué une des résolutions qui deviennent *taken-as-shared*.

Les valeurs surlignées en gris dans le tableau indiquent quels sont les élèves qui ont apporté les résolutions de calcul collectivement exploitées dans la séquence *Au Grand Rex*.

Dans les deux premières IC de la séquence, il ressort que ce sont essentiellement des élèves de niveau scolaire estimé «bon» par l'enseignante qui se sont exprimés pour expliquer leurs résolutions de problèmes ou pour intervenir dans des explications des pairs. Les deux élèves estimés «excellents» (Syl: 4,2; Eri: 2,4) n'ont, quant à eux, pas pris la parole plus fréquemment que les élèves jugés d'un niveau scolaire faible (Cri: 2,4; Lis: 3,0). Relevons encore que Dor (0,6) et Jer (1,2) qui ont le moins participé verbalement ont un niveau scolaire jugé moyen par l'enseignante.

Dans les interactions semi-collectives des deux dernières leçons, si les élèves estimés d'un bon niveau en mathématiques ont une fréquence de prise de parole toujours élevée, tous les autres élèves, excepté Law et Lud, augmentent leur pourcentage de participation verbale, y compris pour les deux élèves qui avaient très peu participé (Dor: 0,6 vs. 6,1; Jer: 1,2 vs. 8,2). Ce constat peut s'expliquer par le fait que les IC *semi-collectives* offrent davantage d'occasions de prises de parole pour chacun. Mais il est tout particulièrement intéressant d'observer que ces IC en fin de séquence ont donné la possibilité aux deux élèves de niveau scolaire faible d'intervenir de façon nettement plus soutenue (Cri: 2,4 vs. 19,6; Lis: 3,0 vs. 13,5), ainsi qu'aux élèves de niveau scolaire moyen d'une façon générale. Ces constats apparaissent cohérents avec le discours de l'enseignante concernant sa conception d'inviter les élèves qui ont des résolutions estimées intéressantes à les partager, afin que les pairs puissent ensuite se les approprier. Considérant que les normes sociomathématiques ainsi que la nature *taken-as-shared* des résolutions initialement expliquées se construisent également lors de ces dernières IC, notre interprétation est que les élèves qui s'expriment plutôt dans ce deuxième temps de la séquence contribuent également à la constitution interactive de la microculture de classe. Leurs interventions montrent leur appropriation des résolutions des pairs portées au plan public lors des premières interactions collectives. Autrement dit, ces résolutions deviennent *taken-as-shared* dans la mesure où ces élèves, qui n'étaient pas très actifs dans leur initiation, commencent à s'y référer dans des interactions collectives ultérieures.[14] Dans la microculture de classe de Paula, il apparaît néanmoins que l'évolution des pratiques mathématiques *taken-as-shared* s'appuie principalement sur les contributions des élèves d'un bon niveau scolaire en mathématiques. Ce constat ressort également dans la séquence *Course d'école* (Mottier Lopez, 2005).

---

14 Ainsi que dans leurs travaux de groupes ou individuels ultérieurs, lors de la résolution de nouveaux problèmes; information non recueillie ici.

Les valeurs du pourcentage total des prises de parole dans toutes les IC de la séquence *Au Grand Rex* montrent des variations interindividuelles importantes, entre 2,4% pour Eri et 22,8% pour Bry qui se caractérise par une participation régulièrement élevée dans toutes les IC.[15] Ces variations demanderaient à être questionnées au regard des caractéristiques individuelles des élèves. Certains d'entre eux pourraient être, par exemple, intimidés à s'exprimer dans une modalité interactive qui confère un statut public à leurs contributions – y compris pour des élèves de niveau scolaire excellent. Certains élèves paraissent contribuer de façon minimale à la constitution interactive de la microculture de classe, mais il est aussi possible de penser que la contribution d'autres élèves peu participatifs dans les IC se situe en amont, dans les travaux de groupes; leur contribution est ensuite amenée au plan public par leur(s) partenaire(s). Ce commentaire souligne la nécessité d'une interprétation nuancée.

POUR QUELLE ÉVOLUTION DES RÉSOLUTIONS DÉVELOPPÉES DANS LES TRAVAUX DE GROUPES?

Dans une idée de régulation réflexive, il convient de se demander dans quelle mesure la NSM-RP consistant à reconnaître et accepter plusieurs résolutions mathématiques ne se manifeste pas seulement au plan du discours collectif de la classe, mais également dans les différentes configurations sociales de la leçon. Si nos analyses ont montré que les contributions individuelles alimentent les pratiques et connaissances collectives de la classe, dans quelle mesure celles-ci constituent, réciproquement, des ressources aux activités mathématiques des élèves? Dans quelle mesure engagent-elles une régulation de leurs résolutions? Pour quels élèves?

Un indicateur consiste à examiner les traces écrites *avant* et *après* les deux premières IC consécutives de la séquence *Au Grand Rex* (P-IC-S1.1 et P-IC-S1.2). La phase *après* concerne plus spécifiquement les travaux de groupes réalisés dans les deuxième et troisième leçons (P-S1.2 et P-S1.3 dans tableau 9) précédant l'interaction semi-collective de clôture de la troisième leçon (P-IC-S1-3).[16] Le but est d'observer si certains élèves se

---

15 Notons qu'il s'agit de deux élèves d'un bon niveau scolaire en mathématiques.
16 Nous ne pouvons pas examiner les apports des deux dernières IC, car n'étant pas suivies par des situations de prolongement pour la grande majorité des

sont effectivement appropriés des résolutions médiatisées lors des deux premières interactions collectives de la séquence, voire ont développé différentes procédures de calcul au fil des activités de prolongement. Soulignons cependant une certaine difficulté à suivre cette évolution en raison de plusieurs éléments. D'une part, trois problèmes sont concernés, résolus à des rythmes différents:

– La suite et la fin du problème *Au Grand Rex* (GR, 32 x 14) pour six élèves; les autres l'ont terminé lors de la première leçon;
– le prolongement 1 (P1, 28 x 16); six élèves l'ont commencé dès la première leçon, deux autres élèves n'effectueront jamais ce problème;
– le prolongement 2 (P2, 25 x 15), réalisé par 16 élèves sur 17 dans la phase que nous avons délimitée *après* les premières IC.

D'autre part, certains élèves ont utilisé des procédures de calcul différentes dans un même problème. Nous présentons ici les tendances principales qui se dégagent de notre étude du suivi de chaque élève (voir tableau 7), ainsi que quelques cas intéressants à signaler.

Commençons par les procédures de calcul choisies par les élèves au fil des différents problèmes (tableau 12). Dans la phase *après* les interactions collectives P-IC-S1.1/IC-S1.2, il ressort que l'addition successive du plus petit terme reste la résolution privilégiée (GR: 5, P1: 9, P2: 12), soit avec une itération du terme sans autres marques de calcul, soit avec la formulation de deux additions successives du terme décomposé, soit par une procédure de «regroupement en paquets». On note que cette dernière est la plus souvent utilisée (GR: 2, P1: 5, P2: 7). Deux élèves, autres que ceux qui l'avaient proposée dans le problème initial *Au Grand Rex*, ont choisi d'itérer le plus grand terme dans les deux activités de prolongement. Dans P2, ces deux mêmes élèves ont fait deux propositions: l'écriture de deux additions sucessives des termes décomposés et une démarche par «regroupement en paquets». Ce faible nombre d'élèves qui ont choisi d'itérer le plus grand terme pourrait se comprendre par la question non discutée de la commutativité et de la rup-

---

élèves (14/17). A noter, d'autre part, la limite de cet indicateur qui ne rend évidemment pas compte de la potentialité des interactions et régulations entre pairs durant les travaux de groupes. Pour rappel du déroulement de la séquence, se reporter au tableau 9.

ture du sens empirique du problème.[17] Enfin, il est intéressant de relever que quatre élèves tentent une résolution non rendue publique lors des *premières* interactions collectives, avec la formulation d'une multiplication «en ligne» des termes décomposés d'un des deux facteurs. Trois élèves l'ont tentée dans les prolongements 1 et 2 et le quatrième l'a proposée seulement dans le prolongement 2.

Tableau 12.
Evolution des résolutions écrites dans «Au Grand Rex» (Paula)

Procédures de résolution choisies par les élèves sur la base de leurs traces écrites individuelles	P-IC-S1.1 / IC-S1.2		
	Avant dans S1.1	Après dans S1.2 et S1.3	
	GR	GR	P1	P2
Addition successive (AS) du plus petit terme	11	5	9	12
AS du terme uniquement	4	3	2	1
Décomposition du terme (écriture de deux AS)	2	0	2	4
AS avec «regroupement en paquets»	5	2	5	7
Addition successive du plus grand terme	2	0	2	4
AS du terme uniquement	0	0	0	0
Décomposition du terme (écriture de deux AS)	2	0	2	2
AS avec «regroupement en paquets»	0	0	0	2
Multiplication «en ligne» des termes décomposés d'un facteur	0	0	3	4
Algorithme de la multiplication en colonnes (essai)	1	0	0	0
Résolutions non pertinentes	3	1	2	0

GR: *Grand Rex*. Les valeurs du tableau comptabilisent le total de chaque procédure utilisée. Il ne correspond pas au nombre total d'élèves, compte tenu que certains d'entre eux ont choisi plusieurs procédures différentes pour résoudre un même problème. Rappelons, d'autre part, que même si les problèmes devaient se réaliser en dyades, chaque élève avait sa propre trace écrite, afin de pouvoir rendre compte d'une éventuelle différence entre les élèves d'un même groupe.

---

17 Une question qui n'a jamais été abordée de toutes les leçons observées en cours d'année.

Comme montré dans le tableau 13, quatre élèves sur 17 ont utilisé une même procédure de calcul dans les trois problèmes. Neuf élèves ont tenté deux résolutions et quatre autres ont effectué trois résolutions différentes. Le suivi de la résolution écrite de chaque élève *après* les premières interactions collectives permet d'observer à quel moment les élèves ont eu tendance à changer de procédures de calcul.

Tableau 13.
Nombre de résolutions différentes utilisées par les élèves

| Nombre d'élèves | P-IC-S1.1 / IC-S1.2 | |
(sur 17) qui ont tenté	Avant *Au Grand Rex*	Après (GR, P1, P2)
1 seule résolution	14	4
2 résolutions différentes	0	9
3 résolutions différentes	0	4

GR: *Au Grand Rex*

Ainsi, six élèves reprennent la même résolution dans le premier prolongement (P1); quatre d'entre eux vont tenter une autre démarche dans P2. Ce choix peut être interprété comme une façon de structurer, de consolider une résolution initiale, pour ensuite seulement «essayer autre chose». Huit autres élèves, par contre, choisissent une nouvelle résolution dès P1. Citons quelques cas. Lis et Dia, par exemple, ont constamment utilisé une résolution impliquant l'addition successive du plus petit terme, mais en la perfectionnant au fur et à mesure. Dans le problème initial, les élèves ont additionné le terme sans autres marques écrites de calcul. Dans P1, deux additions successives sont formellement écrites et, dans P2, Lis et Dia ont noté, à côté de chaque addition itérée, les deux opérations multiplicatives correspondantes; cette écriture formule ainsi la multiplication des termes décomposés d'un facteur. Deux autres élèves, Ale et Aur, ont réfléchi à une résolution nouvelle dès P1 et elles la reproposent dans P2. Mais, la leçon suivante, alors qu'elles auraient pu annoncer la fin de leur travail, elles choisissent de reprendre le problème P2 et proposent encore une nouvelle procédure de calcul. Quant à Eri, il tente une résolution «experte» par la multiplication des termes décomposés d'un facteur dès P1 et il persiste dans cette voie dans P2. Syl, sa partenaire de groupe, fait comme Eri dans P1, mais elle joue sur deux procédures de calcul dans P2.

Ces quelques constats montrent qu'une grande partie des élèves semble partager la représentation qu'un même problème peut être résolu par différentes démarches de calcul.

Centrons-nous sur l'activité de deux élèves qui peuvent être vus comme ceux qui auraient pu particulièrement profiter des deux premières IC de la séquence *Au Grand Rex*. Ce sont Cri et Nik qui ne sont pas parvenus à interpréter correctement le problème, des élèves dont le niveau scolaire en mathématiques et jugé moyen à faible (voir tableau 12). Lors de la première phase de travaux de groupes de la séquence *Au Grand Rex*, Cri et Nik ont écrit des combinaisons d'additions et soustractions utilisant les deux données numériques de l'énoncé du problème, sans lien avec sa signification empirique. Suite aux interactions collectives, Cri choisit de reproduire la résolution par «regroupement en paquets»; quant à Nik, il propose une addition successive du plus petit terme avec des traces de décomposition. En ce sens, la constitution interactive du référentiel collectif de différentes résolutions semble avoir servi à la régulation de leur résolution, mais ceci dans le cadre du même problème. Rappelons que ces résolutions étaient notées intégralement au tableau noir, avec la possibilité de les recopier. Dans le premier prolongement commencé en fin de deuxième leçon, ces deux élèves ne parviennent pas à remobiliser immédiatement ces procédures de calcul et ils reviennent à des combinaisons non pertinentes d'additions et soustractions comme dans leur traitement du problème initial.[18] Dès la troisième leçon, le deuxième prolongement est proposé à tous les élèves qui ne l'ont pas encore commencé. Dans le cadre de ce problème, Cri et Nik proposent une procédure de calcul pertinente, la même pour les deux élèves, reprenant la résolution par «regroupement en paquets» avec décomposition du terme itéré. Aucune trace de combinaisons d'additions et/ou soustractions non pertinentes n'est écrite sur leur feuille individuelle. Dans la dernière IC de la séquence, ces deux élèves seront amenés à expliquer leur résolution, une participation qui contribuera à la comparaison entre plusieurs stratégies possibles de regroupements successifs dans la procédure «paquets». Des analyses plus fines des interactions de ces deux élèves dans les travaux de groupes, y compris des interventions de l'enseignante, demanderaient à être effectuées afin de confirmer les apports des interactions collectives, compte tenu des

---

18 Il n'y aura pas d'autres propositions de calcul dans ce problème.

progrès constatés au fil des leçons. Notre point de vue est que la régulation demande à être appréhendée de façon dynamique entre apports individuels, travaux de groupes et interactions collectives, considérant que chaque configuration sociale est susceptible de produire des effets de régulation.

Terminons avec quelques commentaires concernant les quatre élèves qui ont tenté une multiplication des termes décomposés d'un facteur. Il est intéressant de relever que ces élèves se sentent autorisés à essayer des résolutions différentes, sans chercher à reproduire forcément une résolution qui a été expliquée, discutée, et de ce fait valorisée au plan collectif. La norme sociomathématique – plusieurs résolutions sont acceptées et valorisées – peut être vue comme contribuant à une forme de *régulation proactive* de l'activité mathématique de ces élèves, dans le sens qu'elle incite le développement de raisonnements mathématiques plus sophistiqués eu égard aux pratiques mathématiques *taken-as-shared*. Relevons que ces quatre élèves sont tous d'un bon niveau scolaire en mathématiques: Syl, Eri, Bry, Law. Leur résolution est acceptée par Paula lors de sa correction individuelle des travaux. Mais comme signalé dans nos interprétations précédentes, cette résolution ne sera pas portée au plan public lors de la séquence *Au grand Rex*, les dernières IC paraissant consacrées à la compréhension par les élèves – notamment ceux d'un niveau scolaire plus faible – des premières résolutions exposées. Dans une interprétation vygotskienne, une hypothèse serait que la formulation «experte» des deux multiplications d'un terme décomposé est vue par l'enseignante comme hors de la zone proximale de développement des élèves pour qui les dernières IC sont plus particulièrement destinées. Cette procédure experte n'apparaîtra que lors de la séquence *Course d'école*, quatre mois plus tard. Ce constat met également en avant que les résolutions des élèves les plus performants dans la microculture de classe de Paula semblent avoir «un temps d'avance» comparativement aux connaissances et pratiques mathématiques médiatisées et constituées au plan communautaire. Ce constat paraît cohérent avec notre observation concernant la régulation en termes d'évolution qualitative des pratiques mathématiques fondée sur la médiation et l'exploitation des contributions des élèves de niveau scolaire élevé.

Chapitre 5

Microculture de la classe de Luc

Ce chapitre est structuré dans une même logique que le précédent, tout en considérant la spécificité de la microculture de classe examinée. Des éléments de comparaison entre les deux microcultures sont introduits tout au long des développements.

PORTRAIT GÉNÉRAL DE LA MICROCULTURE DE CLASSE DE LUC

LE GROUPE CLASSE, SES ÉLÈVES ET SON ENSEIGNANT

Comparativement à Paula qui relève avec constance le bon niveau de son groupe classe, Luc se caractérise par un discours assez changeant et globalement plus négatif sur les apprentissages mathématiques de ses élèves et sur leur attitude en classe. Il considère que sa classe est d'un niveau scolaire plus faible que ses deux volées précédentes. Sa perception pouvait être très différente d'un entretien à l'autre, avec parfois un discours pessimiste sur la participation de certains élèves et, d'autres fois, exprimant une évaluation franchement positive, notamment pour constater les progrès réalisés. Provenant de plusieurs classes différentes, les élèves ont dû, en début de 3P, apprendre à se connaître et se construire une identité de groupe. D'une façon générale, Luc apparaît moins exigeant que Paula concernant les règles de conduite en classe. Les élèves sont autorisés à parler fort, ils peuvent se déplacer librement. Ils ont besoin d'un certain temps pour s'engager dans la tâche, avec des interactions hors tâche assez fréquentes de la part de certains élèves.

DÉROULEMENT RITUEL DES LEÇONS ET NORMES
PORTANT SUR LA RÉSOLUTION DE PROBLÈMES MATHÉMATIQUES

Il ressort de notre analyse des déroulements des leçons qu'une activité proposée par les moyens d'enseignement est rarement effectuée sur une seule période de 45 minutes. D'autre part, contrairement à Paula, Luc ne choisit pas de gérer ses leçons sur deux périodes consécutives. Deux modèles principaux d'organisation de leçon se dégagent:

a) La leçon introduit une activité mathématique que les élèves ne connaissent pas. Le déroulement est structuré dans la plupart des cas par (1) une phase de démarrage, (2) une lecture individuelle de l'énoncé de problèmes/règles du jeu, suivie d'une discussion de celui-ci par petits groupes (2 à 4 élèves), (3) une interaction collective portant sur la compréhension de l'énoncé, (4) une phase de recherche en petits groupes, (5) un commentaire conclusif de l'enseignant qui signale la fin de la leçon aux élèves. En fin d'année, le travail sur l'énoncé de problèmes est toujours présent, mais sans que ne soit distingué de façon aussi marquée le temps de lecture individuelle et la discussion en groupes, la lecture individuelle étant peut-être vue comme automatisée chez les élèves.

b) La leçon porte sur une activité introduite dans une leçon précédente. Dans ce cas de figure, le déroulement consiste souvent à (1) une phase de démarrage rappelant l'activité concernée, avec parfois une consigne supplémentaire ajoutée par l'enseignant en fonction d'événements antérieurs, (2) la poursuite de la résolution du problème en petits groupes, (3) une interaction collective, (4) parfois une relance de la phase de résolution en groupes, (5) clôturée par un commentaire conclusif de l'enseignant. L'enseignant insère parfois un temps relativement bref de comparaison inter-groupes avant la phase d'interaction collective. Dans ce cas, les élèves se déplacent dans la classe et prennent connaissance de la résolution – sous forme écrite – des camarades qui n'étaient pas dans leur groupe. Des échanges entre les élèves ont lieu librement, sans guidage de l'enseignant. Enfin, si la leçon précédente a permis aux élèves d'avancer suffisamment dans la résolution, le déroulement commence par la phase d'interaction collective, éventuellement précédée par ce temps de prise de connaissance des résolutions d'autrui.

Les leçons étant organisées sur une durée plus courte que dans la classe de Paula, Luc n'introduit que rarement de nouvelles activités au cours d'une même leçon; de même, il ne propose quasi jamais de fiche individuelle comme le fait Paula. Plus généralement, on observe une plus grande variation dans le déroulement et l'organisation des leçons de mathématiques dans la classe de Luc. Sans reprendre en détail l'ensemble de ces différentes phases, tentons de dégager quelques tendances.

Les phases de démarrage et de commentaires conclusifs

Les deux types de leçon commencent, pour la plupart, par une phase de démarrage qui se caractérise par l'explicitation, outre des consignes d'usage, des objectifs et attentes de Luc liés au rôle des élèves – et réciproquement de l'enseignant – et plus généralement à la participation aux pratiques mathématiques de la classe. Ainsi ces précisions concernent-elles la façon d'agir lorsque l'on ne comprend pas une consigne, la façon de participer et d'interagir dans les travaux de groupes, la démarche de résolution devant comprendre, par exemple, une vérification des résultats. Cette explicitation se réalise soit par des échanges de type questions/réponses avec les élèves, soit sur un mode transmissif sous forme de consignes données par l'enseignant.

Si les leçons ne sont pas clôturées par une IC, elles se terminent souvent par un commentaire conclusif de l'enseignant. Tout comme les phases de démarrage, ces commentaires ont pour particularité d'apporter fréquemment des précisions sur les attentes de l'enseignant, mais en s'appuyant sur des événements précis qui se sont produits dans la leçon. Autrement dit, ce sont des opportunités de constitution des normes de la classe, mais sur un mode relativement impositif.

Les phases d'appropriation du problème

Un travail collectif est régulièrement effectué sur les énoncés de problèmes. Par exemple, dans la phase de démarrage de la première leçon observée au mois de septembre, Luc aborde la question du «comment faire lorsque l'on ne comprend pas une consigne» – au sens d'énoncé de problème ou règles de jeu:

Extrait L.1

1   E   on se rappelle juste ensemble les différentes règles et comment
          est-ce qu'on fonctionne / [...] si par hasard il y a une consigne que
          vous ne comprenez pas / qu'est-ce qu'on fait /// Tam

2   Tam   on demande au professeur ou // on va regarder dans le dictionnaire ↘

3   E   alors c'est une très mauvaise idée de demander au professeur
          parce que le professeur il ne va pas te répondre // parce que c'est
          toi qui dois te débrouiller pour comprendre ↘ / alors voilà il faut
          trouver une autre solution // Mar

4   Mar   réfléchir ou aller regarder dans les dictionnaires [...]

5   Raf   on va regarder dans le livre / dans ce livre des maths comme ça
          on se rappelle de la règle

6   E   oui d'accord / mais si tu ne comprends pas ce qui est écrit ///
          comment est-ce qu'on va faire pour s'en sortir ↗ // Isa

7   Isa   on dit euh / que // on demande à quelqu'un

8   E   alors effectivement vous pouvez vous demander l'un à l'autre /
          par exemple demander à quelqu'un // qui a compris autrement /
          d'accord ↘ (L-DT1 – phase de démarrage)

Dans cet extrait, les interactions liées à la «consigne» fournissent une
occasion d'explicitation des rôles de chacun en cas de difficultés éprouvées dans la compréhension de l'énoncé du problème. L'enseignant souhaite ne pas devoir expliquer préalablement les énoncés aux élèves; ces
derniers doivent tenter de les comprendre sans solliciter son aide. S'ils
n'y parviennent pas, la règle est d'exploiter les ressources de la classe:
consulter un ouvrage de référence, demander à un pair dont le rôle est
d'accepter d'expliquer à son camarade ce que lui-même a compris. Des
ressources dont l'enseignement semble vouloir s'exclure, bien qu'aux
yeux de Tam (tp2), il représente la première référence – tout au moins en
début d'année scolaire. Luc refuse ici catégoriquement (tp3).

Si l'intention de Luc est d'inciter les élèves, dans un premier temps, à
s'approprier et se construire une compréhension de l'énoncé sans guidage de sa part (NSM-RP), nos observations montrent qu'une IC portant
sur cet objet est organisée dans un deuxième temps. Cette IC contribue à
construire une représentation d'un énoncé dont il faut avoir une compréhension et interprétation communes, en vue des futures expositions
et confrontations des résolutions produites par les élèves. Cette compréhension commune pourra, ensuite, potentiellement servir à l'argumentation des résolutions. Il s'agit de la première chose à mettre en place avec
les élèves du point de vue de Luc.

Les phases de résolution de problèmes

Nos analyses montrent qu'une des normes sociomathématiques de la microculture de classe de Luc est de résoudre le problème sans attendre une explication préalable de l'enseignant (NSM-RP). Par contre, contrairement à la classe de Paula, cette norme n'apparaît pas socialement reconnue et partagée en début d'année scolaire. Cela amène Luc, par exemple, à clore une des leçons du mois de septembre par le commentaire suivant: *vous allez constamment travailler comme ça | c'est **vous** | qui devez essayer de trouver les solutions* ↘ *| et de travailler en groupes* ↘ *|| moi* ↗ *| je ne vous **donne** pas les solutions* ↘ *|| hein* ↗ *| parce que vous devez trouver par vous-mêmes* ↘ (L-DT2 – commentaires conclusifs).

Toutefois, si les élèves ont la responsabilité de «trouver par eux-mêmes», l'enseignant les incite à privilégier un certain type de résolution; une incitation qui apparaît dès le premier mois de l'année scolaire dans le cadre d'une consigne en démarrage de leçon (concernant un jeu): *j'aimerais que **toujours** vous trouviez | un moyen **efficace** | pour gagner | rapidement | hein || j'aimerais que vous puissiez être efficaces* (L-DT4 – phase de démarrage). Luc transmet ainsi à ses élèves sa conception de devoir privilégier des résolutions *efficaces* qui, ici, dans le cadre d'un jeu consiste à «trouver des trucs utiles qui permettent de gagner rapidement». On observe que cette attente de l'enseignant – qui va très vite devenir une contrainte pour les élèves (NSM-RP) – n'a pas émergé sur la base d'une discussion servant, par exemple, à confronter des résolutions alternatives, à discuter leurs caractéristiques, avantages et limites. Ce constat apparaît également dans le discours de l'enseignant, lorsqu'il précise spontanément dans un entretien:

Extrait L.2
un point essentiel pour moi / c'est le terme **efficacité** donc tu vas l'entendre souvent // [...] je l'ai introduit la semaine passée[1] / j'ai justement travaillé ça [...] voilà maintenant je **veux** que vous soyez efficaces / vous n'allez pas faire ça n'importe comment ↗ / mais vous allez vous dire comment je vais faire pour gagner le maximum de temps // dans votre activité (L-Ent5)

---

1   Nos observations montrent qu'il l'a introduit avant, peut-être sans en avoir conscience car ne représentant pas un projet aussi clairement défini que dans cette description.

Que ce soit dans nos observations des leçons du mois de septembre ou dans le discours de Luc, cette norme de l'efficacité apparaît introduite de façon relativement impositive par l'enseignant, plutôt qu'émergeant des activités conjointes et négociations des significations mathématiques.

Pendant les travaux de groupes, les élèves se répartissent dans les différents espaces de la classe et peuvent avoir recours à toutes les ressources matérielles souhaitées, excepté la calculette qui est gérée au cas par cas. Luc passe auprès des groupes afin de récolter de l'information, souvent à l'aide d'une grille d'observation. Il demande aux élèves de poursuivre leurs travaux: *vous faites comme si je ne suis pas là* (L-DT1). Nos analyses (Mottier Lopez, à paraître) ont montré que si la trace écrite de la résolution est suffisamment explicite pour que Luc puisse interpréter la démarche entreprise, il a tendance à ne pas solliciter d'explications détaillées de la part des élèves comme le demandait Paula. Il se contente d'observer. Mais si la trace écrite n'est pas assez explicite, il pose quelques questions dont on note qu'elles servent essentiellement à sa propre compréhension plutôt qu'à des fins de régulation de la démarche des élèves. D'une façon générale, les interventions de l'enseignant auprès des élèves sont relativement *standardisées* d'un groupe à l'autre, reprenant et répétant les consignes du jour de façon rituelle – contrairement à Paula. Ainsi intervient-il peu sur le contenu mathématique et les démarches de résolution qui semblent réservés aux échanges dans l'IC.

S'expliquer et se comprendre mutuellement entre pairs

Dans la microculture de classe de Luc, il ressort que la résolution du problème devrait se faire de façon collaborative entre les élèves et non pas de façon individuelle. Le choix entre une modalité ou l'autre n'est pas accepté comme c'était le cas dans la microculture de classe de Paula – tout au moins au plan du discours véhiculé dans la communauté classe, les élèves ayant toujours une marge de liberté à titre individuel. Fidèle à lui-même, Luc insiste fortement auprès des élèves sur ses attentes, notamment par des relances rituelles pendant les travaux de groupes: *j'aimerais que vous puissiez comprendre le problème les **deux** ensemble / alors tu **expliques** ce que tu aimerais faire / et toi tu expliques ce que tu as compris»* (L-DT6 – phase TG). Nous n'entrerons pas ici dans une analyse détaillée des interactions entre élèves qui nous permettrait d'identifier dans quelle mesure la participation dans les travaux de groupes est effectivement sous-tendue par l'explication mutuelle de sa compréhension et résolution mathématique, ainsi que par la recherche d'un accord argumenté sur la démarche et la solution annoncées pour le groupe.[2] Mais soulignons qu'une hypothèse concernant les normes qui structurent la participation aux travaux de groupes dans la microculture de classe de Luc est le devoir de s'expliquer mutuellement son interprétation et raisonnement mathématiques – voire les justifier – ainsi que de trouver une solution commune au groupe.[3]

Les phases d'interactions collectives

Les prochaines sections textuelles se focalisant sur l'étude des IC, nous ne brossons ici que quelques traits caractéristiques, toujours dans le but de dégager les aspects routiniers qui ont traversé l'ensemble des leçons observées tout au long de l'année scolaire. Un premier élément qui ressort du discours de Luc, dans le cadre des entretiens mais également lorsqu'il s'adresse aux élèves, est l'importance qu'il accorde aux IC (mises en commun):

Extrait L.3
ben je l'ai encore dit ce matin / ce que vous allez apprendre en maths c'est dans la mise en commun ⁊ / c'est lorsque l'on se retrouve ensemble / et puis qu'on va regarder comment vous faites etc. / c'est là ⁊ où vous allez apprendre quelque chose / donc c'est très très important / que vous parliez / de façon à ce que les autres vous comprennent / et les autres vous devez vraiment écouter et dire si vous êtes d'accord / ou bien pourquoi vous êtes d'accord / pourquoi vous n'êtes pas d'accord ⬝ / pas seulement dire oui ou non (L-EntIC5)

Expliquer de façon à être compris, écouter les pairs, exprimer des accords ou des désaccords argumentés, telle est la participation – idéale – que Luc attend de ses élèves et qu'il considère comme particulièrement propice aux apprentissages. Une expression rituelle de Luc est

---

2   Voir Mottier Lopez (2002, 2003a) qui montre que, dans le cadre de l'étude pilote concernant la microculture de classe de Luc (4P), l'explication de son interprétation et raisonnement mathématiques structuraient effectivement les résolutions entre élèves, dans des dynamiques de co-élaboration contrastées (Gilly, Fraisse & Roux, 1988).

3   Des conduites qui peuvent également exister dans la classe de Paula, mais qui ne sont pas relevées comme normes *taken-as-shared*.

d'inciter les élèves à participer «pour se donner des idées». Ainsi, tout comme Paula, l'IC apparaît être un dispositif qui devrait permettre aux élèves de s'approprier les résolutions et raisonnements des pairs, notamment par le jeu des échanges et des confrontations d'idées. Avec en arrière-fond cette conception générale, on note que la fonction et la dynamique des IC dans la microculture de classe de Luc varient de façon plus importante que dans la classe de Paula. Sans chercher à définir une typologie, on observe que, dans un premier cas de figure général, Luc organise une IC sans attendre que les élèves aient une solution à proposer. L'IC apparaît être un dispositif au service de la régulation d'une difficulté ou erreur constatée dans les travaux de groupes (Mottier Lopez, 2000). Elle n'a pas pour fonction de valider et d'institutionnaliser un contenu de savoir. Par exemple, la réponse aux problèmes n'est pas annoncée. De nouveaux travaux de groupe font suite à ce type d'IC. Dans un deuxième cas de figure, l'IC est organisée lorsqu'une grande partie des élèves a terminé la résolution. Des solutions sont annoncées et validées. Bien que pouvant également offrir des occasions de confrontations de points de vue, elle sert essentiellement à institutionnaliser le savoir en jeu ou rappeler des éléments qui sont considérés comme devant être socialement reconnus et partagés par les membres de la communauté classe.

NORMES SOCIOMATHÉMATIQUES
RELATIVES AUX INTERACTIONS COLLECTIVES

Le but de cette section est d'identifier les NSM-IC considérées comme *taken-as-shared* dans la microculture de classe de Luc, sans chercher encore à inférer finement leurs significations. Trois normes se dégagent très nettement de l'analyse de chaque protocole. Elles ont également été reconnues dans les attentes exprimées par l'enseignant lors des différents entretiens:

NSM-IC 1:   Expliquer sa résolution de problème (au sens large) et justifier/étayer (17/23 IC);
NSM-IC 2:   expliquer une résolution mathématique différente eu égard aux propositions des pairs (13/23 IC);
NSM-IC 3:   exprimer son avis sur la proposition mathématique d'un pair, notamment pour évaluer la pertinence et/ou l'efficacité de la résolution expliquée, et justifier (20/23 IC).

Tableau 14.
L-NSM-IC sur l'année scolaire

DT	IC	NSM-IC1	NSM-IC2	NSM-IC3
DT1	L-IC1.1 (jeu)	–	–	–
	L-IC1.2 (jeu)	X	X	X*
DT2	L-IC2	–	–	X*
DT3	L-IC3	–	–	X
DT4	L-IC4 (jeu)	–	–	X*
DT5	L-IC5 (jeu)	X	X	X*
Séquence 1				
DT6	L-IC6-S1.1	–	–	–
DT7	L-IC7-S1.2	X	X	X*
DT8	L-IC8-S1.3	X*	X	X*
DT9	L-IC9-S1.4	X*	X	X*
DT10	L-IC10-S1.5	X	–	X*
DT11	L.IC11-S1.6	–	–	X*
DT12	L-IC12-S1.7	X*	–	X
Entre deux séquences				
DT13	L-IC13 (TM)	X*	X	X*
DT14	L-IC14 (TM)	X	X	X
DT15	L-IC15	X*	X	X*
Séquence 2				
DT16	L-IC16-S2.1	X*	X	X*
DT17	L-IC17-S2.2	X*	X	X*
DT18	L-IC18-S2.3	X*	X	X*
DT19	L-IC19-S2.4	X*	–	–
DT20	L-IC20-S2.5	X*	–	X
Mai				
DT21	L-IC21	X*	X	X*
DT22	L-IC22	X	X	X*
Total fréquence /IC		17/23	13/23	20/23

* comprenant des éléments de justification/étayage.
L-NSM-IC: classe de Luc, normes sociomathématiques portant sur les interactions collectives. DT: déroulement temporel.

Tout comme dans la classe de Paula, le rôle des élèves dans les IC consiste à expliquer leurs interprétations et raisonnements mathématiques, ainsi qu'à expliquer des résolutions différentes. Quant à la NSM-IC3, consistant à exprimer son avis sur les propositions mathématiques des pairs, elle n'avait pas été inférée dans la classe de Paula. Elle est particulièrement dominante dans la classe de Luc. Nos analyses montrent que cet avis sert, dans la plupart des cas, à participer à l'évaluation de la pertinence des propositions, ainsi qu'à l'évaluation de l'efficacité des résolutions exposées. Les explications et points de vue exprimés doivent souvent être assortis d'une justification de la part de l'élève – ou tout au moins d'une *tentative* de justification. La conception de Luc est que les élèves: *puissent développer leur esprit critique // pour qu'une logique mathématique s'instaure* (L-EntRC1). Tout comme dans la classe de Paula, les normes sont très rapidement présentes dans les IC, puis apparaissent de façon récurrente tout au long de l'année scolaire.

PROCESSUS DE PARTICIPATION DANS LA SÉQUENCE «AU GRAND REX»

VISION DIACHRONIQUE DE LA SÉQUENCE «AU GRAND REX»

Enchaînement des leçons et problèmes mathématiques proposés aux élèves

Un premier constat est que la séquence *Au Grand Rex* s'est déroulée sur un plus grand nombre de leçons que dans la classe de Paula: sept leçons vs. quatre leçons. Les trois premières sont consacrées au problème initial «32 billets à 14 francs»; plusieurs solutions sont proposées par les élèves qui toutes impliquent une addition itérée du terme 14 dans différentes variations. Trois prolongements sont ensuite introduits oralement par l'enseignant, un par leçon, proposé à tous les élèves en même temps. Les deux premiers reprennent le même énoncé de problème mais en modifiant les données numériques. Ainsi, le prolongement 1 propose «347 billets à 18 francs» qui, aux dires de l'enseignant, avait pour but d'inciter les élèves à renoncer aux additions itérées (L-Ent-S1.4). Le deuxième reprend deux facteurs à deux chiffres «35 billets à 16 francs», mais sans que la totalité de l'énoncé du problème ne soit redit aux élèves. Par contre, la réponse est ici communiquée: *alors / la réponse ↗ // ben je vous la donne /// parce que moi ce que je veux c'est que vous trouviez le truc pour cal-*

culer /// *d'accord* ↗ // *alors 35* ↗ // *fois 16* // *égale* /// (sur la calculette) *560.*
Luc précise ses attentes concernant les procédures de résolution: *la seule*
chose que je ne veux **pas** ↗ / *ben c'est que vous fassiez 16 plus 16 plus 16 plus*
16 plus 16 ↘ // *parce ça on l'a déjà fait* ↘ // *d'accord* ↗ / *alors là il faut trouver*
un autre moyen // *avec des fois par exemple* ↘ (L-DT-S1.5 – démarrage).

Quant au troisième prolongement, il n'est plus directement lié au
contexte «billets de cinéma» évoqué par le problème *Au Grand Rex.* L'enseignant l'introduit comme une multiplication à résoudre: *maintenant j'ai-*
merais que vous alliez par groupes [...] *trouver / un truc / efficace / pour faire*
cette multiplication ↘ / *moi je vous donne une multiplication / plus compliquée /*
parce que / j'ai remarqué la chose suivante c'est quand je donne une multiplica-
tion simple vous / ça ne vous embête pas d'écrire les nombres / alors je vous
donne la multiplication suivante // (en notant au TN) *473* // *fois* // [...] *fois 19*
(L-IC-S1.6, tp303-311). L'enjeu annoncé par Luc n'est à nouveau pas l'obtention de la réponse mais la procédure de calcul: [...] *moi ce que j'aimerais*
/ c'est pas que vous trouviez la réponse ↗ / *c'est que vous trouviez le truc* // *pour*
y arriver [...] *alors je vais vous donner la réponse* ↘ / *hein* // *mais je vous la don-*
nerais seulement après que vous ayez trouvé quelque chose (L-IC-S1.6, tp315).
Enfin, la dernière leçon de la séquence revient sur le problème *Au Grand*
Rex. Le but est que les élèves s'accordent sur la réponse parmi l'ensemble
des propositions formulées dans les IC des leçons 2 et 3.

Les interactions collectives de la séquence

Il est possible de distinguer *deux temps* principaux dans la séquence
d'enseignement/apprentissage dans laquelle une IC a eu lieu dans
chaque leçon: le premier temps concerne les trois premières leçons qui
portaient sur le problème *Au Grand Rex,* avec le développement de résolutions additives qui, toutes, impliquent 32 itérations du terme 14,
décomposé ou non. La première IC, relativement courte, a permis un
travail interactif sur l'énoncé du problème comme fait usuellement dans
la microculture de classe de Luc. L'IC suivante a eu pour fonction principale d'expliquer les résolutions additives entreprises – correctes ou erronées. Des résultats différents sont communiqués par plusieurs élèves,
amenant l'enseignant à introduire la question de leur vérification. Enfin,
la résolution additive consistant à itérer les termes décomposés de 14 est
institutionnalisée dans l'IC de la troisième leçon. Par contre, la réponse
au problème n'est toujours pas validée et la question de la vérification
des résultats est encore abordée.

Dans le deuxième temps de la séquence, l'enjeu devient l'*évolution* des procédures additives des élèves, notamment par le moyen des activités de prolongement qui devaient inciter les élèves à renoncer à l'addition successive en raison des grands nombres proposés. L'intégralité de l'IC de la quatrième leçon est consacrée à la discussion de l'*efficacité* des résolutions développées par les élèves, dont une majorité propose, malgré tout, une itération du plus petit nombre. Le groupe de Fab et Bra propose une nouvelle procédure qui amène une formulation multiplicative explicitement discutée et reconnue (L-IC-S1.4, Sq3). Désormais, seules des propositions comportant le «signe fois» seront acceptées dans les deux prochaines IC[4].

Dans la sixième leçon, Luc institutionnalise, très formellement, l'usage du signe fois dont le sens apparaît associé à la recherche de procédures de calcul efficaces. La leçon se termine par le constat collectif – sous forme de commentaires conclusifs de Luc – de la nécessité de disposer d'outils, dont la table de multiplication et une meilleure maîtrise de l'addition en colonnes.

Tableau 15.
Déroulement et interactions collectives dans «Au Grand Rex» (Luc)

Thèmes mathématiques et résolutions expliquées au plan collectif	NSM-	PI
PREMIER TEMPS		
Leçon 1: *Au Grand Rex*		
L-IC-S1.1: Entre deux phases (5 min.) **Autour de l'énoncé du problème** Sq1 (1-62): S'accorder sur les consignes du problème		
Leçon 2: *Au Grand Rex*		
L-IC-S1.2: Entre deux phases (25 min.) **Différentes procédures de résolution et résultats** Sq1 (1-31): Addition successive de 14 avec résolution mentale par décomposition (Mer), annonce par plusieurs élèves de différents résultats obtenus par cette même procédure de calcul	-IC1	3 procédure → E (ds Sq3 et Sq6) résultat → é (ds IC12-S1.7)

---

4   Deux IC à concevoir dans la continuité l'une de l'autre, les objets rapidement énoncés dans l'IC en fin de leçon 5 étant repris en début de leçon 6.

Sq2 (32-99): Difficulté dans la résolution: garder en mémoire les réponses intermédiaires en cours de calcul mental (Mar)	-IC1 -IC3	3 → é (NSM-IC3) et E(fin Sq2) 3-E/é
Sq3 (99-110): Multiplication en colonnes puis additions successives symbolisées sous forme de dessins (ronds = 10, carrés = 4) (Ema, Ale)	-IC2	3 → E (ds Sq6)
Sq4 (111-232): Procédure erronée, écriture de la chaîne numérique de 1 à 32, assimilation des deux variables numériques (Nao)	-IC2 -IC3	3→ é/E (NSM-IC3) 3-é ➡ 2-E
Sq5 (233-259): Deux suites de nb, additions successives de 14 avec notation des sommes successives et compteur d'itérations en partant de 32 (Isa)	-IC2	3 → E (ds Sq6)
Sq6 (260-279): Comment vérifier les résultats obtenus? par l'emploi d'une autre procédure de résolution		
Leçon 3: *Au Grand Rex* et P1 (347 x 18)		
L-IC-S1.3: Entre deux phases (13 min.) Addition successive de 14, décomposition et vérification des résultats Sq1 (1-66): Autour de l'addition successive de 14	-IC1 -IC2 -IC3	1-E 2-E 1-E
Sq2 (67-96): Institutionnalisation de la décomposition de 14 et exercices avec différents nombres		
Sq3 (96-155): Communication des résultats obtenus et comment les vérifier? en utilisant une autre procédure de calcul	-IC1* -IC2*	3-E 3-E
DEUXIÈME TEMPS		
Leçon 4: P1 (347 x 18)		
L-IC-S1.4: Clôture de leçon (16 min.) **Efficacité des procédures développées (P1)** Sq1 (1-51): La résolution déployée est-elle efficace?		
Sq2 (52-92): Un exemple concret: écriture de tous les nombres de la chaîne numérique (Ema)	-IC1 -IC3	2→ E/é (NSM-IC3) 1-E
Sq3 (92-139/203-262): Un exemple concret: faire 18 fois 47 et 18 fois 300, deux additions successives (Fab) (commutativité et décomposition du 300)	-IC2 -IC3	2→ é/E (NSM-IC3) 2-é/E

Thèmes mathématiques et résolutions expliquées au plan collectif	NSM-	PI
Sq4 (139-202): Est-ce «la même chose» de faire 18 fois 47 ou 47 fois 18? (Char) Démonstration guidée par E avec 4 fois 7 et 7 fois 4 (insérée dans Sq3)		
Sq5 (263- 284): Conclusion de l'enseignant, utilité d'avoir des outils efficaces		
Leçon 5: P2 (35 x 16 = 560)		
L-IC-S1.5: Clôture de leçon (10 min.) **Procédures de calcul utilisant le signe fois** *Sq1* (1-18): Faire 16 x 5 et 16 x 30 = 560 (Fab)	-IC1	3-E/é
Sq2 (18-55): 30 x 16 x 5 = 560 (erronée) (Mar)	-IC3	2-E
Sq3 (55-101): Multiplication en colonnes non effectuée (Aud et Cha) (pas d'explication, feuille montrée au groupe classe)		
Sq4 (101-125): Commentaires conclusifs de E		
Leçon 6: P3 (473 x 19 = 8987)		
L-IC-S1.6: Introduction de leçon (20 min.) **Le signe fois et l'efficacité des procédures de calcul des élèves** Sq1 (1-93): Institutionnalisation du signe fois		
Sq2 (93-132): Pertinence mais inefficacité de l'addition successive Constitution explicite NSM-RP: résolution efficace	-IC3	1-E
Sq3 (132-155): Retour sur la multiplication en colonnes non effectuée (Aud et Cha)	-IC3	1-E
Sq4 (155-185): Ré-expliquer la procédure 16 x 5 et 16 x 30 = 560 (Fab)		
Sq5 (186-301): Retour sur la procédure erronée de Mar 30 x 16 x 5 = 560	-IC3	1-E
Sq6 (301-323): Commentaires conclusifs		
Leçon 7: *Au Grand Rex* (reprise et fin)		
L-IC-S1.7: Clôture de leçon (11 min.) **Résultat final du problème *Au grand Rex* et démarches de vérification** Sq1 (1-45): Evaluation de E selon critères «Rallye mathématique»		
Sq2 (46-77): Suffit-il de penser avoir raison pour être sûr que la réponse soit juste?		

Sq3 (77-112):Validation de la réponse par deux procédures additives différentes et obtention d'un même résultat	-IC1	2/1-E
Sq4 (112-136): Quelle vérification si réponse incorrecte mais procédure pertinente?	-IC3	1-E
Sq5 (136-161): Commentaires conclusifs: stratégie de vérification attendue		

* *Explication d'une démarche de vérification des résultats*
L'écriture «fois» ou «x», notée dans le tableau, est conforme à celle qui a été utilisée dans les IC.
PI1: questions/réponses de reproduction; PI2: question(s)/réponse(s) de développement suivies de questions/réponses de reproduction; PI3: questions/réponses de développement; PI4: questions/réponses de développement liées à des initiatives et des échanges entre élèves; ➡: glissement du PI pour un même objet
→ L'évaluation n'est pas immédiate; -E: évaluation portée par l'enseignant seulement; - é/E: évaluation partagée entre les membres de la classe.
Un exemple: PI2→ é/E(NSM-IC3): question(s)/réponse(s) de développement suivies de questions/réponses de reproduction, évaluation non immédiate, partagée entre les élèves et l'enseignant, se manifestant lors des échanges soustendus par la NSM-IC3.

Il est à préciser que les deux temps de la séquence sont traversés par une question récurrente qui est celle de la vérification des résultats (NSM-RP). Cette question a été initiée dès les premières IC, avec l'annonce de résultats différents par les élèves dans le cadre du problème *Au Grand Rex*. Ensuite, le fait de disposer de différentes procédures de calcul a permis la négociation de ce que représente une démarche de vérification acceptable au plan communautaire. Dans la dernière IC de la séquence, le résultat correct au problème *Au Grand Rex* est validé sur la base des démarches de vérification développées préalablement par les élèves, sans guidage de l'enseignant.

De cette description générale, il est à retenir que plusieurs enjeux ont sous-tendu la séquence *Au Grand Rex*. Dans une relation dynamique et complémentaire à la négociation du passage de la conception additive à la conception multiplicative (1er niveau de discours), les IC ont offert plusieurs occasions de négociation *explicite* des normes sociomathématiques (2e niveau de discours) relatives à l'activité de résolution de problèmes des élèves (NSM-RP): (a) devoir privilégier des résolutions mathématiques efficaces, (b) devoir vérifier les résultats obtenus.

Les structures de participation au fil de la séquence

L'analyse des structures de participation met en évidence une *variation* au fil de la séquence *Au Grand Rex*. Un premier constat est que les NSM-IC consistant à expliquer sa résolution mathématique ou une résolution différente sont particulièrement présentes dans les premières IC du début de chacun des deux temps de la séquence *Au Grand Rex* (L-IC-S1.2 et L-IC-S1.4, voir tableau 15). Par contre, elles sont moins présentes dans les IC suivantes qui servent notamment à l'institutionnalisation de l'addition successive avec ou sans décomposition du terme itéré (L-IC-S1.3), ainsi qu'à l'institutionnalisation du signe fois et de son usage dans la résolution des problèmes (L-IC-S1.6). Une autre variation marquante concerne les patterns interactifs. Dans la deuxième IC (L-IC-S1.2),[5] les contributions des élèves consistent à proposer des réponses de développement, non suivies d'un étayage ciblé de Luc (PI3). Ensuite, au fil des IC, on note que les interactions sociales deviennent plus contraintes (PI2), voire fortement contraintes (PI1) par les interventions de Luc incitant les élèves à des contributions essentiellement de reproduction d'un contenu vu comme connu préalablement par l'enseignant et pouvant être reproduit par les membres de la communauté classe.

D'autre part, une variation particulièrement intéressante concerne les processus d'évaluation des contributions des élèves tels qu'ils se manifestent dans l'interaction sociale. Un premier constat est que la responsabilité de l'évaluation est partagée entre l'enseignant et les élèves dans les premières IC des deux temps délimités de la séquence (L-IC-S1.2 dans 1er temps; L-IC-S1.4 dans 2e temps, voir tableau 15). On note que ce partage de la responsabilité de l'évaluation entre les membres de la classe introduit des situations relativement complexes. Dans certains cas, l'implication des élèves dans l'évaluation est associée à la NSM-IC3 consistant à exprimer son point de vue sur les propositions mathématiques des pairs.[6] Dans ce cas de figure, soit l'élève continue de garder une part de responsabilité dans l'évaluation de la pertinence des avis exprimés, soit c'est Luc qui guide et évalue les propositions. D'autre part, dans l'IC de la deuxième leçon (L-IC-S1.2) dans laquelle les élèves expliquent, pour la première fois, leur résolution du problème *Au Grand Rex*, on note que la

---

5   Qui représente, rappelons-le, la première IC dans laquelle les élèves sont amenés à expliquer leur résolution de problèmes.
6   Dans tableau 15: → é/E (NSM-IC3).

validation de la procédure de calcul par l'enseignant n'est pas immédiate, mais qu'elle se réalise de façon différée dans le cadre d'autres séquences thématiques de l'IC. Finalement, dans les IC suivantes, à l'exception d'une séquence thématique (L-IC-S1.5, Sq1), les élèves ne sont plus impliqués dans les processus d'évaluation interactive.

Ces premiers constats soulignent une certaine complexité des processus participatifs dans la microculture de classe de Luc comparativement à ceux de Paula. Les prochaines sections textuelles interrogent les variations dégagées en tentant de les interpréter eu égard à la négociation et constitution interactive des pratiques mathématiques. Mais commençons par dégager les enjeux mathématiques construits au fil des IC.

ENJEUX MATHÉMATIQUES AU PLAN COLLECTIF

Dans la classe de Paula, il avait été mis en évidence que les premiers échanges interactifs de la première IC de la séquence portaient sur l'identification de la relation multiplicative du problème pour ensuite exposer différentes procédures de résolutions possibles. Dans la classe de Luc, suite à une première IC portant sur la compréhension de l'énoncé de problème – dans laquelle aucune référence au mot fois n'a été faite, ni par l'enseignant, ni par les élèves – la deuxième IC démarre immédiatement avec la demande de Luc: *on va regarder vos manières de faire // hein // et puis / vous allez essayer de les expliquer et puis on va voir si ça joue ↗ // et on va voir si ça ne joue pas ↘ / d'accord ↗ / et pourquoi ça ne joue pas* (L-IC-S1.2, tp1). Autrement dit, la relation multiplicative du problème n'est pas un objet immédiat de discussion, mais ce sont les résolutions entreprises par les élèves dans les travaux de groupes. Cette logique est préservée dans la présentation de nos résultats. Rappelons que, dans la classe de Luc, les deux temps distingués dans la séquence *Au Grand Rex* sont: (1) le développement des résolutions initiales du problème, (2) l'évolution de ces résolutions vers une conception multiplicative. Sans reprendre en détail chacune des IC de la séquence, nous allons présenter les principales procédures de calcul et raisonnements mathématiques portés au plan collectif lors de ces deux temps et sur lesquelles s'est appuyée tout particulièrement la négociation des significations et pratiques mathématiques dans le cadre des structures de participation qui nous intéressent. Comme fait précédemment, nous commençons par mettre en perspective les résolutions écrites des élèves issues des travaux de groupes, puis celles qui deviennent objet de discussion collective entre l'enseignant et les élèves. Rappelons que chaque élève, bien que travaillant en groupe, a rédigé sa propre trace écrite de la résolution, permettant ainsi de rendre compte d'éventuelles différences de compréhension et d'interprétation entre partenaires.

Premier temps (leçons 1 à 3): premières résolutions développées par les élèves

Notre analyse des traces écrites de la résolution de chaque élève dans les phases de travaux en groupes avant L-IC-S1.2 montre que deux élèves sur 17 élèves ne sont pas parvenus à interpréter correctement le problème *Au Grand Rex* (Bra et Fab) et associent les données numériques dans différentes combinaisons additives et soustractives. Tous les autres élèves proposent une addition itérée du plus petit terme, conformément au sens empirique du problème, dans différentes variations comme montré dans le tableau 16. Parmi ces variations, c'est la procédure impliquant une décomposition du terme itéré (10+4) qui est la plus utilisée (6 fois), mais sans qu'elle ne soit formalisée par l'écriture de deux additions successives comme fait par les deux élèves de la classe de Paula. Deux élèves d'un même groupe ont, quant à elles, formulé une multiplication en colonnes et ont tenté une réponse. Puis, elles ont poursuivi avec une addition successive de 14 en la symbolisant par des dessins. Comparativement à la classe de Paula, personne n'a exploité la commutativité les amenant à itérer le terme le plus grand. Finalement, quatre élèves sur 17 ont noté la relation multiplicative 32 x 14 en jeu dans le problème. Avant l'IC de la deuxième leçon, cinq élèves proposent une réponse à la question du problème, mais aucune n'est correcte, contre 11 réponses correctes dans la classe de Paula dès la première leçon de la séquence d'enseignement/apprentissage.

Concernant les résolutions qui sont portées au plan collectif, la première provient de Mer (① dans tableau 16) qui explique une addition itérée de 14, puis un comptage mental par dizaines et unités (L-IC-S1.2, Sq1). A cette occasion, plusieurs réponses – intermédiaires ou finales – sont proposées par les élèves qui ont utilisé cette même procédure de calcul. Notons déjà ici que Cha et Mar annoncent oralement des résultats corrects, autres que ceux notés sur leur trace écrite; ce constat montre que les échanges semblent avoir offert des conditions incitant certains élèves à poursuivre leur réflexion et réguler leur résolution de problèmes en cours d'IC.

Tableau 16.
Résolutions des élèves dans «Au Grand Rex»,
premier temps (Luc)

Procédures de résolution développées par les élèves Traces écrites, *Au Grand Rex*, 32 x 14	Dans TG avant L-IC-S1.2 Nb élèves (sur 17)	Discutées dans L-IC-S1.2
Addition successive (AS) du plus petit terme	15	
AS du terme 14 uniquement	4	–
AS avec combinaisons d'additions partielles, «regroupement en paquets» et sommes intermédiaires	1	–
Avec trace de la décomposition du 14 (10+4)	6	①
Décomposition symbolisée sous forme de dessins	2	③
Deux suites de nombres, dont une comme «compteur» des itérations et l'autre avec l'écriture de chaque somme intermédiaire	2	⑤
Addition successive du plus grand terme	0	–
Algorithme de la multiplication en colonnes (essai)	2	②
Résolutions non pertinentes	2	
Additions, soustractions sans lien explicite avec l'énoncé	2	–
Assimilation des deux variables numériques (écriture chaîne numérique)	–	④
Nombre d'élèves tentant deux résolutions	2	
Nombre d'élèves annonçant une réponse correcte	0	2
Nombre d'élèves annonçant une réponse incorrecte*	5	3
Ecriture de la relation 14 x 32 ou 32 x 14	4	–

* Les autres élèves n'annoncent pas encore de réponse.
TG: travaux de groupes.

L'enseignant sollicite ensuite l'explication et la discussion d'une diffi-culté constatée chez Mar lors des travaux de groupes, à savoir garder en mémoire les sommes intermédiaires. L'explication suivante porte sur deux procédures – non abouties – tentées par le groupe d'Ema et Ale: la multiplication en colonnes (②) puis une addition successive symbolisée sous forme de dessins (③): 32 ronds pour représenter les dizaines et 32 carrés pour les quatre unités (Sq3). La proposition suivante est énoncée par Nao (Sq4), avec un raisonnement erroné qui témoigne d'une assimilation des deux variables du problème «prix du billet» et «nombre de personnes» (écriture de la chaîne numérique de 1 à 32 ④). Cette erreur n'apparaissait pas sur sa trace écrite qui montre une addition itérée de 14. Enfin, la dernière procédure de calcul propose une résolution qu'un seul groupe d'élèves (Isa et Rac) a développé (⑤): deux suites de nombres sont écrites, la première sert de «compteur» des itérations (de 32 à 1) et l'autre transcrit chaque somme intermédiaire calculée (14, 28, 42, etc.). Globalement, il ressort que, tout comme dans la classe de Paula, différentes résolutions sont proposées dans l'IC. Par contre, toutes ne sont pas forcément pertinentes et des difficultés rencontrées dans la démarche de résolution sont également objets de discussion.

La troisième leçon sert à institutionnaliser la procédure de calcul consistant à «additionner le 14 écrit 32 fois», puis à mettre en évidence deux façons de résoudre ce calcul, soit en additionnant le terme 14, soit en le décomposant en une dizaine et quatre unités. La décomposition est très formellement nommée et démontrée collectivement avec l'exemple de plusieurs nombres. L'écriture de deux additions successives n'apparaît cependant pas explicitement – la résolution mentale par décomposition semble suffire pour répondre aux attentes de l'enseignant. A la fin de la troisième leçon, tous les élèves ont proposé une procédure additive consistant à itérer le terme 14 – parmi plusieurs propositions pour certains. Cinq d'entre eux ont, en plus, tenté l'algorithme en colonnes, mais sans succès. Un élève – Mar – semble, quant à lui, avoir appréhendé le problème dans une formulation proche de la multiplication en décomposant un facteur; cette hypothèse se fonde sur son raisonnement explicité par une phrase sur sa trace écrite: «on compte 14 fois 30 fois après on compte les 2 du 32 égale 448». Ce raisonnement ne sera cependant pas rendu public.

Deuxième temps (leçons 4 à 6): évolution des résolutions et usage du signe fois

Dans la quatrième leçon, un premier prolongement est proposé aux élèves (347 billets à 18 francs). Aux dires de l'enseignant, le but est d'inciter les élèves à *trouver une procédure plus efficace* (L-Ent-S1.3) pour *qu'ils réalisent que leur technique ne va pas pour des grands calculs* (L-Ent-S1.4). Comme synthétisé dans le tableau 17, huit d'élèves ne vont néanmoins pas renoncer à l'addition successive du plus petit terme malgré les 347 itérations à écrire. Par contre, deux élèves d'un même groupe – Fab et Bra – proposent 18 itérations des termes décomposés de 347[7]. Aucune formulation multiplicative n'est inscrite sur les traces écrites des élèves. Trois élèves tentent l'algorithme de la multiplication en colonnes. Deux élèves – Ema et Ale – proposent une résolution non pertinente avec l'écriture de la chaîne numérique; deux autres formulent des essais difficiles à interpréter.

L'interaction collective L-IC-S1.4 faisant suite à ces travaux de groupes va servir à la discussion de *l'efficacité* des procédures de calcul utilisées par les élèves (NSM-RP). Deux résolutions sont discutées: (1) celle d'Ema et Ale consistant à écrire la chaîne numérique jusqu'à 347 (① dans tableau 17), (2) celle de Fab et Bra qui, pour la première fois, propose deux additions successives des termes décomposés du nombre le plus grand (②). Notre analyse montre que cette deuxième explication va représenter un *tournant décisif* dans la séquence d'enseignement/apprentissage, offrant l'opportunité de formuler deux opérations multiplicatives correspondant aux deux additions successives proposées par les élèves (18 fois 47, 18 fois 300[8]). La multiplication par la décomposition du facteur le plus grand émerge ainsi pour la première fois au plan collectif (③). Elle n'est pas directement issue des travaux de groupes mais résulte de la transposition d'une proposition d'élève lors des processus participatifs de l'IC. Nous reviendrons plus longuement sur cette IC au fil de ce chapitre. Déjà dans l'entretien post de la *deuxième* leçon de la séquence, Luc déclarait attendre cette procédure de calcul.

Suite à l'IC de la quatrième leçon, les élèves devront expliquer et discuter des résolutions autres que l'addition successive en faveur de procédures de calcul impliquant l'usage du signe fois. Toutefois, l'intention de Luc n'est pas de signaler aux élèves que la procédure de calcul visée est la multiplication en décomposant un facteur (L-Ent5-S1.5). Cette posture de l'enseignant l'incite à ne pas institutionnaliser la proposition mathématique de Fab et Bra dans la séquence *Au Grand Rex*.

---

7   18 itérations du 47 et addition successive non terminée du 300; nous parlerons ensuite de leur intention énoncée dans l'IC d'effectuer deux additions successives: 18 itérations du 47 et 18 itérations du 300. Rappelons que notre classification porte sur des ébauches de résolution pour la plupart non terminée par les élèves. Dans ce cas précis, les travaux de groupes ont été interrompus pour une IC.

8   Le signe x n'est pas noté.

Tableau 17.
Résolutions des élèves dans «Au Grand Rex»,
démarrage deuxième temps (Luc)

Résolutions développées par les élèves Traces écrites, prolongement *Au Grand Rex*, 347 x 18	Dans TG avant L-IC-S1.4 Nb élèves	Discutées dans L-IC-S1.4
Résolutions non pertinentes	4	–
Ecriture chaîne numérique	2	①
Autres	2	–
Addition successive (AS) du plus petit terme	8	–
AS du terme uniquement	5	
AS avec combinaisons d'additions partielles, «regroupement en paquets» et sommes intermédiaires	1	–
Avec trace de la décomposition du terme itéré	2	–
Décomposition symbolisée sous forme de dessins	0	–
Deux suites de nombres, une comme «compteur» des itérations et l'autre, écriture des sommes intermédiaires	0	–
Addition successive du plus grand terme	2	
Avec trace de la décomposition du terme itéré	2	② →
Algorithme de la multiplication en colonnes (essai)	3	–
Multiplication «en ligne» des termes décomposés d'un facteur (essai)	0	→ ③
Nombre d'élèves tentant deux résolutions	0	

② →: signifie que cette procédure de calcul donne l'occasion de discuter une autre résolution → ③.
TG: travaux de groupes.

Finalement, nous retiendrons que la multiplication des termes décomposés d'un facteur a émergé dans les IC du deuxième temps de la séquence *Au Grand Rex*, mais l'intention de l'enseignant n'est pas qu'elle soit déjà considérée comme reconnue et partagée par les membres de la communauté classe. L'attente de Luc est que les élèves puissent formuler une ébauche de résolution multiplicative et reconnaître qu'ils ne sont pas encore capables de la résoudre autrement que par l'addition; la table de multiplication est ainsi introduite et son rôle est construit en lien avec cette finalité. Autrement dit, un des buts de la séquence *Au Grand Rex* a été de faire émerger le besoin de posséder des outils permettant de résoudre une opération multiplicative. Notre analyse des traces écrites de la résolution des élèves montre que, dans les travaux de groupes, peu d'entre eux sont parvenus à dépasser une procédure additive.

STRUCTURES DE PARTICIPATION
ET SENS MATHÉMATIQUE CONSTRUIT COLLECTIVEMENT

Expliquer sa résolution additive, une explication essentiellement portée par son auteur

Tout comme dans la classe de Paula, une NSM-IC prédominante est de devoir expliquer dans l'IC la résolution entreprise dans les travaux de groupes. Dans le cadre des trois prochaines sections textuelles, nous allons exposer notre interprétation de quelques explications de résolutions vues comme particulièrement significatives des patterns interactifs dans lesquels elles s'actualisent; notre objectif est toujours d'examiner comment sont négociées les significations mathématiques au sein de celles-ci et leur relation avec la genèse des pratiques mathématiques. Le choix des extraits est fondé sur l'analyse de toutes les séquences interactives qui se caractérisent par la présence à la fois des NSM-IC *taken-as-shared* et des enjeux mathématiques négociés entre les participants.

Comme exposé dans le tableau 15, le pattern interactif qui sous-tend l'explication des *premières* résolutions de problèmes (L-IC-S1.2) consiste à la production de réponses de développement (PI3), non suivies d'un questionnement ciblé de l'enseignant. Prenons l'exemple de la démarche de Mer qui implique une addition itérée de 14 avec une résolution mentale par décomposition (Sq1):

Extrait L.4

1   E   alors / qui est-ce qui veut me montrer / ou expliquer la manière qu'ils ont fait / alors / Mer (Mer se lève spontanément et se place devant le TN) /// tu nous expliques // tu peux nous donner ta fiche / on la met ici/ au cas où /// voilà // (E prend la fiche et la fixe au TN avec un aimant)

2   Mer   ben moi j'ai fait comme ça / j'ai mis trente-deux / trente-deux 14 puis après j'ai compté d'abord les 10 // j'ai compté d'abord les 10 ↗ / 10 20 30 comme ça / je suis arrivé à 320 / et puis après j'ai commencé / à compter les 4 ↗ // je suis arrivé à 100 / 129 et puis après / je les relie / et puis à la fin on fait le calcul (3 sec)

(E note au TN pendant l'explication de Mer)

3	E	vous avez compris↗
4	Pl	oui
5	E	donc je répète ↗ / il a écrit 32 / les trente-deux 14 / tu peux te rasseoir merci / les trente-deux 14 / ensuite il a compté les 10 / ça lui a fait 320 / c'est ce que j'ai noté ici // et puis ↗ / il a compté les 4 / ça lui a fait 129 / et puis ↗
6	Mer	après je les ai reliés //
7	E	tu les as reliés / et puis
8	Mer	ouais c'est [(xxx) ça va donner un calcul
9	Mar	[il y a aussi une autre technique
10	E	OK / est-ce que il y en a d'autres qui ont pris cette même technique
11	Pl	[oui
12	Nao	[non //
13	E	alors qui a pris la même technique / levez la main / […] est-ce que vous êtes arrivés au même résultat que Mer

> Au TN
>
> Mer
> 32 «14»
> compter les 10 → 320
> puis les 4 → 129

S'adressant d'abord au groupe classe, Luc sollicite une explication des démarches entreprises dans les travaux de groupes. Mer se manifeste et devient le destinataire privilégié d'un échange «duel» avec l'enseignant, le groupe classe occupant momentanément la position du destinataire secondaire dans le trilogue qui se met en place. L'explication de Mer apparaît relativement développée, sans usage du mot fois, et non ponctuée d'acquiescements de Luc. En réponse à cette proposition, celui-ci relance auprès des pairs – *vous avez compris* ↗ (tp3) – puis reformule (tp5). Cette reformulation de l'enseignant n'introduit pas le mot fois, comme montré dans les reformulations de Paula dans le cas des premières explications mathématiques des élèves. Autrement dit, l'enseignant n'initie pas une interprétation multiplicative du problème mais accepte la conception additive proposée par l'élève. La trace écrite au tableau noir montre qu'il ne traduit pas les propos de Mer en écriture mathématique; seuls des «principes de solution» sont notés – y compris les erreurs, ici la réponse 129.

Cet extrait illustre également comment le groupe classe est sollicité suite à l'explication produite par un pair, afin d'inciter des comparaisons entre l'explication portée au plan public et celles réalisées dans les travaux de groupes. Dans ce cas précis, la demande «une même technique» (tp10) a pour but l'énonciation des différents résultats obtenus avec une même procédure de calcul, servant ensuite au projet de la vérification des résultats. Cette demande de comparaison peut également être interprétée en rapport avec la NSM-IC2 consistant à devoir proposer des explications mathématiques différentes, une norme que Mar semble avoir intégré si l'on considère sa réaction spontanée faisant suite à la proposition de son camarade: *il y a aussi une autre technique* (tp9).

Concernant l'évaluation de la pertinence de la proposition de Mer, cet exemple permet de déjà relever l'ambiguïté que peut revêtir l'interprétation des intentions des participants – que ce soit pour les membres de la classe ou pour le chercheur. En effet, on peut se demander dans quelle mesure le très rapide «OK» (tp10) de Luc signifie une validation de la pertinence de la proposition mathématique, ou s'il relève d'un feedback sur la contribution participative de Mer – OK j'ai compris; OK pour ton explication – sans receler un jugement sur la pertinence de son contenu informationnel. Cette ambiguïté dans l'interprétation, si elle se pose pour le chercheur, peut également concerner les élèves qui pourraient avoir des interprétations différentes d'un même feedback de l'enseignant. Dans le cadre de notre étude, les va-et-vient entre les analyses d'épisodes spécifiques et la formulation d'hypothèses interprétatives plus générales tentant d'appréhender le corpus dans une vision plus globale, nous amène dans ce cas précis, à prendre en compte d'autres séquences interactives qui montrent que ce type de feedback est également formulé par Luc lors de la proposition d'une procédure de calcul ou raisonnement mathématiques erronés. Ce constat nous amène à considérer que le «OK» de l'enseignant n'apparaît pas suffisant pour signifier la validation au plan mathématique de la proposition de l'élève.

Plus généralement, il ressort que les explications des résolutions de l'addition successive du plus petit terme – dans ses différentes variations – pour la première fois portées au plan collectif sont relativement *brèves*. Elles ne donnent pas lieu à un travail de mise en correspondance entre formulations additive et multiplicative. Elles sont essentiellement exposées par un auteur – avec peu d'échanges croisés entre des élèves d'un même groupe. Leur pertinence n'est pas relevée par l'enseignant de façon très explicite et directe en cours d'explication, mais elle est déclarée dans un temps *différé* en fin de leçon. L'implication des pairs dans les explications des résolutions pertinentes ne se manifeste pas, comme dans la classe de Paula, par la NSM-IC de devoir ré-expliquer ou poursuivre l'explication du camarade. Les pairs ont ici pour rôle de comparer avec leur propre résolution afin d'observer si des résultats identiques ont été trouvés avec une même procédure de calcul, ou en vue de la production d'une nouvelle explication qui se doit d'être différente.

Dans l'IC de la troisième leçon, alors qu'elles ont déjà été portées au plan collectif, les explications de l'addition successive de 14 sont encore plus brèves:

Extrait L.5

39	E	dis-nous ce que tu as fait /
40	Fab	ben j'ai fait // euh plus 14 / 32 fois 14 là // et puis après j'ai calculé les 10 et puis après les 4 //
41	E	d'accord ↘ / donc tu as calculé ↗ //
42	Fab	les 10 et les 4
43	Mar	c'est la même chose que j'ai fait
44	E	les 10 /// puis les 4 ↘ /// qui est-ce qui a fait comme ça /// calculer d'abord tous les 10 ↗ / et puis après tous les 4 ↘ // qui est-ce qui n'a pas fait comme ça ↗ /// comment avez-vous fait ↗ // (L-IC-S1.3, Sq1)

```
┌─────────────────────────────┐
│           Au TN             │
│                             │
│   calculé les 10 puis les 4 │
└─────────────────────────────┘
```

Cette résolution, si elle sera encore discutée afin notamment de la comparer avec une addition successive du 14 sans décomposition, ainsi que pour discuter l'équivalence des résultats, ne fera pas davantage l'objet d'explication de la part de son auteur ou par des pairs. On note que Fab introduit oralement la formulation multiplicative (tp40) – fondée sur le langage courant «nombre de fois» – mais sans que Luc ne l'exploite pour expliciter la correspondance entre additions et multiplication. Il relance sur la comparaison des résolutions «identiques et différentes» liée à la NSM-IC2. Notre analyse montre que dans le cadre de ces échanges portant sur l'addition successive de 14, l'enseignant procède à un guidage plus ciblé (PI2/1-E) que dans l'IC précédente (PI3-é/E). Il ne cherche plus à impliquer les élèves dans les processus d'évaluation. Il est intéressant d'observer que cette structure de participation plus contraignante s'actualise lorsque l'addition successive apparaît admise comme procédure pertinente pour résoudre le problème *Au Grand Rex*, un statut qu'elle n'avait pas encore dans l'IC précédente.

Expliquer un raisonnement erroné, un objet socialement discuté et partagé

Notre analyse montre qu'une dynamique interactive différente se développe dans le cas d'explications de difficultés ou raisonnements mathématiques erronés. Prenons l'exemple de l'écriture de la chaîne numérique de 1 à 32 dans l'IC de la deuxième leçon (L-IC-S1.2, Sq4):

Extrait L.6

			Au TN	
114	E	[...] / est-ce qu'il y a autre chose // Nao		
115	Nao	ben moi j'ai marqué euh / de 1 mais j'ai pas pu finir	1	14
		/ j'ai marqué jusqu'à / 32 ↗ / jusqu'à 32 / 1 2 3 4	2	14
		comme ça / et puis après j'ai compté 32 fois euh //	3	14
		combien il y a // combien il y a de 14	4	14
116	E	vous avez compris ↗ // elle numérote de 1 jusqu'à	5	14
		32 et puis après elle compte combien de fois il y a 14		
		(note au TN) / donc 14 / 14 / 14 / etc. // et puis	...	
		après qu'est-ce que tu faisais avec ces 14 ↗ // (E	32	
		commence à écrire deux listes de nombres: un		
		«compteur» des itérations, puis une autre avec les		
		itérations de 14)		

L'explication commence de façon habituelle: sollicitation du groupe classe, proposition d'un élève qui s'est autosélectionné en levant la main, demande de compréhension aux pairs par Luc, puis reformulation et écriture au tableau noir. On constate que l'enseignant interprète d'abord la proposition de Nao dans une forme adéquate qu'il écrit au tableau noir. Mais sa question *après qu'est-ce que tu faisais avec ces 14 ↗* (tp116) va déboucher sur une situation de trilogue, avec un échange qui va servir essentiellement à la construction conjointe de la compréhension de Luc du raisonnement de Nao, toujours dans un pattern interactif de type questions/réponses de développement (PI-3):

Extrait L.6 (suite 1)

117	Nao	non mais combien de fois // parce qu'en fait je comptais et puis par exemple
118	E	ah d'accord
119	Nao	jusqu'à où ça faisait 14 et puis après je recommençais 1 2 3 / et puis / après je récrivais 14 ↗ / et puis après je comptais comme ça
120	E	donc tu comptais 1 2 3 4 5 6 7 8 9 10 11 12 13 14 ↗ /
121	Nao	ouais /
122	E	et puis après tu recommençais ↗ //
123	Mer	mais non //

124 Nao　mais je recommençais à écrire plus loin (3 sec)

125 E　　mais pourquoi tu // là tu devais aller à 32 // (efface la colonne des itérations de 14)

126 Nao　ben ouais là j'ai marqué 32 ↗ / et puis là j'ai pas pu finir / et puis ben là j'arrivais à 14 et puis je continuais à compter // et puis je faisais les calculs //

127 E　　mais là tu disais que tu allais jusqu'à 14 // alors // là je crois que j'ai compris ↘ // je note / et puis les autres vous regardez ce que vous en pensez (E note au TN, 3 sec) […]

131 E　　1 2 3 / 4 5 6 7 8 9 10 11 12 13 14 ↗ // (compte en montrant au TN depuis 15 à 28…)

133 Nao　je faisais un petit trait

134 E　　tu faisais un petit trait // et puis après 1 2 3 4 /// (compte en montrant au TN depuis 29 à 32) […] et après tu t'arrêtes là

137 Nao　oui

138 E　　OK ↘ / qu'est-ce que vous pensez de ça (L-IC-S1.2, Sq4)

Dès que Luc semble avoir compris le raisonnement de Nao, il le note au tableau noir après avoir rectifié sa première compréhension et effacé la liste des 14. Il modélise ensuite la démarche de Nao qui, quant à elle, guide et confirme l'interprétation de l'enseignant. Ce faisant, Luc n'oublie pas le groupe classe, en tant que destinataire secondaire qui reste momentanément en retrait: *je note / et puis les autres vous regardez ce que vous en pensez* (tp 127). Une dizaine de tours de parole plus tard, l'avis des pairs est sollicité (tp138). Les échanges qui vont servir à la discussion de la proposition de Nao représentent en tout 96 tours de parole. Ils sont sous-tendus par la NSM-IC3 amenant les élèves, d'une part, à tenter de comprendre le raisonnement de Nao, puis à expliquer pour quelles raisons cette résolution est incorrecte. Nao n'est plus la locutrice privilégiée de l'échange; elle n'interviendra que quatre fois. Dix autres élèves seront impliqués dans la discussion. Sans reprendre l'intégralité des échanges, citons quelques extraits qui illustrent non seulement la nature des contributions des pairs lorsqu'il s'agit d'exprimer un avis sur une proposition erronée, mais également la difficulté que peut représenter ce mode de participation:

Au TN	
1	18
2	19
3	20
4	21
5	22
6	23
7	24
8	25
9	26
10	27
11	28
12	29
13	30
14	31
15	32
16	
17	

Extrait L.6 (suite 2)

138 E   OK ↘ / qu'est-ce que vous pensez de ça

139 Pl   non

140 E   j'aimerais que vous expliquiez ↘ / parce que l'important c'est qu'on comprenne // s'il y a quelque chose qu'on ne comprend pas qu'on puisse l'expliquer / alors Ema /

141 Ema   ça ne joue pas parce que // là ça fait / jusqu'à 14 // là aussi / mais là il ne reste plus 4 ↗ / au lieu de 14 ↘ /

142 E   d'accord donc on ne pouvait pas arriver jusqu'à 14 ↘ / ça c'est sûr ↗ / autre chose à dire // (L-IC-S1.2, Sq4)

Les premiers échanges de l'extrait montrent que dans la microculture de classe de Luc, il n'est pas acceptable de seulement dire «oui, non» pour exprimer son avis sur la proposition du pair. Une réponse de ce type amène Luc à préciser ses attentes (tp140). On note aussi que l'enseignant ne refuse pas explicitement l'argument d'Ema (tp141). Sans souligner que celui-ci n'explique par l'erreur de raisonnement, il relance auprès des pairs. Après l'affirmation par plusieurs élèves que la proposition de Nao est «fausse», mais sans qu'ils ne soient capables d'étayer leur point de vue au plan mathématique, Luc insiste:

Extrait L.6 (suite 3)

148 E   alors moi j'aimerais savoir en **quoi** elle est fausse / pour qu'on puisse comprendre ↗ / parce que Nao elle a besoin de **savoir** aussi où est son problème / hein / s'il y a quelque chose qui ne joue pas / Cha /

149 Cha   ben justement / il ne reste plus que 4 après les deux fois 14

150 E   alors ça ça vous embête ↘ // alors ça c'est [une chose ↘ / Fab

151 Cha   [il faudrait qu'il y ait encore 14 ↗

152 Fab   ben parce que // la réponse ça ne donne pas 32 //

153 E   alors non / la réponse ça donne 2 et puis il y a 4 / effectivement // alors toi tu aimerais une réponse 32 //

154 Fab   ouais […]

160 E   qu'est-ce que vous avez encore d'autres à dire / Tam / allez // parce qu'il y a un tas de choses à dire / Bra ↘ /

161 Bra   peut-être alors il faut compter jusqu'à 4 //

162 Mer   non c'est pas comme ça

163 Nao   non parce que / c'est / il y avait 32

164 Bra   ça fait 4 4 4 4

165 E   où est le problème ↘ / vous avez vu que ce n'était pas juste ↘ / d'accord ↗ / mais moi j'aimerais que vous trouviez où est le **problème** ↗ /// Rac et Pri on **écoute** // Isa /

Ces quelques échanges montrent que l'enseignant incite les élèves à produire des réponses de développement, sans interventions ciblées de sa part qui les guideraient vers l'identification de l'erreur de raisonnement de Nao. Cela ne va pas de soi et les élèves peinent à trouver des arguments. Mar tente encore: *parce que si on doit écrire 1 2 3 4 5 6 7 8 9 10 11 12 13 14 / après ça va faire presque toute la fiche et on n'aura plus de place ///* (tp175). Luc semble prêt à abandonner: *vous n'arrivez pas à voir où est le problème* (tp176) *donc si vous n'arrivez pas à voir / on laisse de côté et puis on verra après / Ema* (tp178). Mais l'échange prend une nouvelle tournure grâce à de nouvelles contributions de quelques élèves:

Extrait L.6 (suite 4)

184	Han	ce qui ne joue pas / c'est que la dame / elle euh / dans le livre ils avaient dit que / il y avait 32 billets qui ont été vendus en une / soirée //
185	E	mm /
165	Han	donc euh là / c'est pas vraiment 32 billets //
166	E	ça fait quoi ///
167	Han	ça va faire vers les // deux billets ↗ //
168	Mer	deux ↗ //
190	E	donc ça ne fait pas les 32 billets ↘ / ça [...]
197	E	qu'est-ce que vous avez d'autre à me dire / allez-y creusez-là // vous êtes en train d'y réfléchir et puis ça commence à venir // allez // [...]
202	Cha	ouais mais en fait ça c'est pas les / ouais ça c'est les billets qui ont été vendus ↗ / mais c'est pas la somme / qu'elle a reçue la caissière ↘ //
203	E	donc / ça tu dis que c'est les 32 billets //
204	Cha	ouais qui ont été vendus
205	E	mais **pas** la somme (écrit au TN «pas la somme d'argent») // c'est quoi la somme /
206	Cha	ben l'argent qu'elle a reçu la caissière //
207	E	qu'est-ce que vous en pensez // (L-IC-S1.2, Sq4)

La proposition de Han (tp184), puis celle de Cha (tp202), offrent un début d'argumentation pertinente. Luc relance avec la question rituelle auprès des pairs: *qu'est-ce que vous en pensez* (tp207). Relevons la difficulté pour des élèves de huit ans de cette demande de Luc qui implique d'exprimer un avis sur une argumentation d'un pair concernant une explication initiale de résolution de problèmes par un autre pair. Dans ce cas précis, les élèves ont des avis divergents et ne parviennent pas à discuter l'argumentation de Cha. Un changement s'observe dès lors dans l'étayage interactif de l'enseignant qui glisse vers un guidage ciblé de type PI1-E. La non pertinence du raisonnement de Nao est explicitement verbalisée:

Extrait L.6 (suite 5)

214	E	ouais // alors je reprends ce qu'à dit Cha / ici j'ai les 32 / le 32 correspond à quoi //
215	Tam	[la somme
216	Mer	[au total
217	E	à 32
218	Ema	[billets
219	Tam	[billets
220	Mar	[billets
221	Ema	à la somme
222	E	billets / le 14 il correspond à quoi //
223	Cha	au / à la somme d'argent /
224	E	à la somme d'argent ↘ / hein ↗ / ou à l'argent ↘ / alors là qu'est ce qu'elle a fait Nao /// ouais
225	Mar	ben ici elle a fait 14 plus 14 ↗ / parce qu'il y a 32 / il y a 32 personnes qui sont venues / mais là ici c'est écrit plus que 32 / alors ici il met juste deux personnes // [donc puisque 14 plus 14 /
226	E	[ouais je comprends ce que tu veux dire // donc je ré-explique ce qu'a dit Mar / c'est qu'avec 28 / avec 28 francs ça fait combien de personnes ↗ /
227	Mar	deux
228	E	deux // hein / donc là elle a fait quoi Nao ↗ / elle a **mélangé** // [les personnes / ou les billets ↗ / et l'argent / hein / alors est-ce qu'on peut mélanger les deux
229	Mar	[les personnes
230	Pl	non
231	E	d'accord ↗ / tu vois ↗ / alors on ne va pas pouvoir mélanger les deux ↘ (E biffe les traces écrites au TN) (L-IC-S1.2, Sq4)

Cette longue illustration est révélatrice du fonctionnement social de la microculture de classe sur plusieurs points. D'une part, il apparaît que les pairs, s'ils ne sont pas particulièrement impliqués lors de l'explication des résolutions impliquant une addition successive de 14, sont par contre fortement sollicités dans le cas de raisonnements erronés ou difficultés exprimées. Cette implication consiste à exprimer son avis sur la proposition mathématique préalablement exposée (NSM-IC3), débouchant sur des essais de compréhension et d'argumentation de l'erreur effectuée. Dans ce cas de figure, la NSM-IC3 contribue à l'implication des élèves dans les processus d'évaluation de la résolution expliquée par un camarade. D'autre part, dans l'extrait commenté, on observe que Luc ne cherche pas à valider immédiatement les arguments des élèves, mais relance auprès des pairs avec des questions de développement. Finalement, suite à un certain nombre de propositions des élèves, l'enseignant reprend la responsabilité de l'évaluation et explicite l'erreur tout en s'appuyant sur des arguments préalablement énoncés par certains élèves – une façon de valider la pertinence de ces arguments mais de façon indirecte et différée. L'argumentation construite au plan collectif apparaît, en ce sens, distribuée entre les différentes contributions des membres de la classe, enseignant compris. Notons que cette dynamique interactive paraît pouvoir contribuer au développement d'une forme de débat dans la classe, bien que notre analyse montre que les élèves ne parviennent pas encore à réellement construire une argumentation qui prenne en compte les propositions des pairs.

D'autre part, cet extrait est particulièrement illustratif du *statut de l'erreur* dans la microculture de classe de Luc, qui apparaît être un objet socialement discuté. Ce partage public de l'erreur ne va néanmoins pas de soi, amenant Luc à devoir préciser à plusieurs reprises «le droit à l'erreur». Ainsi, il spécifie aux élèves dès l'introduction de l'IC: *on va voir si ça joue ↗ || et on va voir si ça ne joue pas ↘ / d'accord ↗ | et **pourquoi** ça ne joue pas || donc | si on n'a pas fait tout juste ||| il y a aucun problème | [...] le but c'était pas d'arriver tout juste au problème* (L-IC-S1.2, Sq1, tp1). De même, il insistera auprès de Mar: *si tu as le **droit** de te tromper ↘ || sinon ça ne sert à rien que tu viennes à l'école si tu n'as pas le droit de te tromper ↘ || d'accord ↗ /* (L-IC-S1.2, Sq2, tp99).

Notre interprétation est que, dans la microculture de classe de Luc, l'erreur est perçue dans une conception constructiviste, en tant qu'étape dans le processus d'apprentissage de l'élève et non pas perçue comme une faute à sanctionner (Astolfi, 1997; Brun, 1999).[9] Elle est vue comme pouvant contribuer aux apprentissages non seulement de l'élève qui l'a faite, mais également aux apprentissages des autres élèves dont le rôle est de comprendre et de discuter les erreurs des pairs. Mais les élèves

---

9 Sans considérer ici la question de l'articulation avec les situations d'évaluation sommative dans lesquelles l'erreur est sanctionnée dans la plupart des cas.

doivent accepter de les rendre visibles et publiques, avec toute la prise de risque que cela peut impliquer, par exemple pour l'estime de soi. Ce rapport à l'erreur semble être nouveau pour les élèves de la classe de Luc:

> *Extrait L.7*
> ils (les élèves) ont horreur de se tromper / ils refusent systématiquement l'erreur // je n'arrête pas d'insister / si tu te trompes tu n'es pas bête / tu as le droit de te tromper et c'est en te trompant que tu vas apprendre des choses // (L-Ent-S1.2)

Comme mis en avant dans nos développements, une des caractéristiques de la microculture de classe de Luc est de tenter d'impliquer les élèves dans l'évaluation des propositions mathématiques des pairs. Autrement dit, selon la formule de Brun (1999), «la responsabilité de la validation change de camp», elle passe du maître aux élèves (p. 8). Un processus de re-négociation des rôles de chacun émerge, afin que se construisent, notamment, une nouvelle signification et un nouveau rapport à l'erreur.

Expliquer une résolution plus sophistiquée,
un objet soumis à évaluation des pairs

Dans le deuxième temps de la séquence *Au Grand Rex*, un premier prolongement est proposé aux élèves qui, rappelons-le, a pour particularité d'induire une résolution particulièrement longue et fastidieuse dans le cas d'une itération du plus petit terme: 347 fois 18. C'est lors de l'IC portant sur ce problème qu'apparaît un travail interactif sur la relation multiplicative, avec l'explication de Fab (L-IC-S1.4, Sq3).

En début d'IC, s'adressant au groupe classe, la demande de l'enseignant est d'évaluer l'efficacité des résolutions développées dans les travaux de groupes: *alors première question // êtes-vous arrivés au bout de votre problème* (tp1). Les élèves répondent par la négative. *Alors moi je pose la question suivante ↗ // [...] est-ce que votre technique / était / efficace* (tp9). Fab estime que sa résolution était rapide et demande à pouvoir l'expliquer: *ben moi en fait / j'ai compté les / j'ai mis les 47 / j'ai mis 18 fois 47* (tp94) *après j'ai fait les 300* (tp103). L'enseignant écrit au tableau noir «18 fois 47» et pose sa question habituelle liée à la NSM-IC3:

Extrait L.8

| 114 | E | 47 billets à 18 francs ↘ / et puis lui il fait 18 fois 47 / qu'est-ce que vous en pensez // |

| 115 | Pl | non /// |
| 116 | Ema | c'est l'inverse // |

| Au TN |
| 18 fois 47   47 fois 18 |

117   E   c'est l'inverse /// (note 47 fois 18 au TN) c'est la même chose ↗ / ou bien pas ↘

118   Han oui

119   Tam [non

120   X   [euh non / ça ne va pas vraiment donner la même chose [...]

121   E   j'ai 47 billets à 18 francs ↗ / et lui il dit 18 fois 47 ///

125   Tam non c'est pas la même chose parce que / 18 fois 47 / ça fait comme s'il avait vendu 18 euh / billets à 47 francs / [...]

136   Bra ça donne le même nombre ↗

137   E   alors maintenant la question / ça c'est une question intéressante ↗ // est-ce que cela va donner le même nombre celui-ci ou celui-ci / (montre les deux calculs au TN) (L-IC-S1.4, Sq3).

La contribution de Fab amène deux éléments nouveaux au plan collectif: une formulation multiplicative orale de chaque terme décomposé du plus grand facteur, la commutativité qui implique une rupture par rapport à la signification empirique du problème «nombre de fois un billet à x francs». Rappelons que la formulation multiplicative n'apparaît pas sur la trace écrite de l'élève, ni de son partenaire, qui propose une addition successive de 300 et de 47. Choisissant de ne pas valider immédiatement cette proposition, Luc sollicite le point de vue des pairs (tp114). Ema oriente la discussion sur la commutativité: *c'est l'inverse* (tp116).

Par la demande de Luc, les élèves deviennent ainsi impliqués dans l'évaluation de la pertinence de la résolution de leur camarade. Cette demande n'avait jamais été formulée dans le cas des premières explications de l'addition successive de 14, vue comme la résolution de base, la moins sophistiquée et largement utilisée dans la classe. Peut-être sa pertinence n'avait-elle pas besoin d'être discutée aux yeux de Luc, compte tenu que quasi tous les élèves l'avaient utilisée. L'objection de Tam (tp125) met en évidence qu'elle a conscience du changement de signification eu égard à la situation empirique évoquée par l'énoncé du problème. Quant à Bra, il demande si la réponse obtenue est la même entre les deux calculs notés au tableau noir. Luc exploite cette question – indirectement introduite par sa demande précédente (tp117) – et organise les conditions de la démonstration de l'équivalence des calculs en prenant l'exemple de 4 fois 7 et 7 fois 4[10] (L-IC-S1.4, Sq4). C'est dans le cadre de cette démonstration, totalement contrôlée par un questionnement contraignant de l'enseignant (PI1-E), qu'une mise en correspondance explicite est faite, pour la première fois, entre formulation multiplicative et résolution additive.

Extrait L.9

148 E   7 fois 4 (écrit au TN) alors 4 fois // quatre paquets de 7 on arrive à combien // allez-y calculez /// [...] vous faites comment pour calculer ça ↗ //

158 Rac   ben dans notre tête

159 Nao   [je calcule avec mes doigts

160 Han   [ben je fais 7 plus 7 plus 7 plus

161 E   7 plus 7 // ça fait combien ↗ (Luc dessine au fur et à mesure des groupements servant à la médiation de la résolution collective de l'opération additive) [...]

172 E   d'accord ↘ / hein ↗ / et puis maintenant vous essayez de calculer 7 fois 4 / c'est-à-dire 1 2 3 4 5 6 7 / fois / 4 (L-IC-S1.4, Sq4).

Dans le tour de parole 172, Luc verbalise le sens attribué à la formulation multiplicative, fondé sur le langage courant «nombre de fois un nombre écrit» déjà apparu dans les explications des élèves, mais sans qu'elle n'ait été auparavant formalisée par l'enseignant. C'est par le moyen de cette démonstration que la proposition de Fab est finalement validée par l'enseignant: *dans la réalité on voit que c'est différent hein / vous avez dit ça aussi* ↘ / *d'accord* ↗ / *mais le résultat est le même* ↘ // *donc* ↗ / *si je fais 18 fois 47 ou bien 47 fois 18 qu'est-ce qui va se passer* ↗ (tp195). *C'est la même chose* répondent plusieurs élèves. La commutativité, en tant que propriété de la multiplication, apparaît ainsi collectivement construite[11] mais tout en étant marquée du sens rattaché au développement de procédures de calcul plus efficaces.

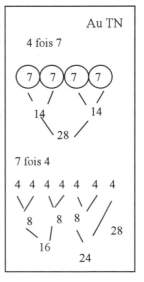

---

10   Le «fois» écrit en lettres et non pas symbolisé par le signe x.

11   Il s'agit évidemment d'un début de construction dans l'extrait commenté.

Une fois ce constat conjointement construit, la fin de l'explication de la résolution de Fab se termine dans un pattern interactif caractérisé par un guidage ciblé de l'enseignant, dans lequel la mise en correspondance entre addition et multiplication réapparaît afin d'expliciter la résolution opératoire de 18 fois 47 et 18 fois 300. La formulation multiplicative des deux termes décomposés de 347 n'est cependant pas explicitement validée, Luc souhaitant ne pas indiquer aux élèves qu'il s'agit de la résolution experte attendue (L-Ent-S1.5). Mais, désormais, la contrainte sera de développer des résolutions qui impliquent l'usage du signe fois, justifié à des fins de plus grande efficacité. Les élèves n'ont plus le «droit» de proposer une addition successive du plus petit terme qui est devenue une résolution illégitime. Les résolutions répondant à cette contrainte seront exposées et discutées lors des deux IC suivantes, toujours mises en relation avec la NSM-RP de devoir privilégier des résolutions efficaces. Les résolutions strictement additives seront refusées. Peu d'élèves parviendront à répondre à cette demande de Luc.

Éléments de synthèse

Les extraits interprétés dans les pages précédentes soulignent une certaine variation des processus participatifs dans les IC de la microculture de classe de Luc. Cette variation a été interprétée eu égard à la négociation des significations mathématiques et, plus particulièrement, en fonction des enjeux de la séquence *Au Grand Rex*. Les pairs sont spécialement impliqués, non pas pour poursuivre ou ré-expliquer une explication mathématique comme c'était le cas dans la microculture de classe de Paula, mais pour exprimer leurs points de vue sur les propositions mathématiques, les amenant notamment à participer aux processus d'évaluation interactive. Deux cas de figure principaux se dégagent dans la microculture de classe de Luc. (1) L'évaluation est liée au critère de *pertinence* – vrai/faux – qui implique l'élève dans le processus de validation des propositions des pairs (plus rarement de sa propre proposition). Cette évaluation peut concerner une résolution exposée, mais également un avis exprimé par un pair. (2) L'évaluation porte sur l'*efficacité* des résolutions exposées, introduisant ainsi un autre critère d'évaluation que celui de la pertinence. On note que les élèves éprouvent des difficultés à répondre à cette attente de l'enseignant dans la séquence *Au Grand Rex*.

Contrairement à la classe de Paula, il n'y a pas eu un travail immédiat sur la correspondance entre formulation orale de la relation multiplicative et la résolution additive. Lors de l'IC servant à exposer les différentes résolutions développées par les dyades, plusieurs propositions ont été portées au plan public dans une structure de participation caractérisée par des contributions essentiellement de développement de la part des élèves. Rappelons que toutes proposent une addition itérée du plus petit terme dans différentes variations. Au fil des leçons, certaines de ces propositions «disparaissent» du discours collectif[12]: l'usage de dessins pour symboliser dizaines et unités, l'écriture de deux listes dont une qui sert de compteur des itérations. Finalement, seule l'addition successive du plus petit terme est retenue dans la troisième IC, avec une valorisation de la décomposition du terme à itérer, mais sans écriture de plusieurs additions successives (L-IC-S1.3). Notons que la séquence *Au Grand Rex* aurait pu se clore à la troisième leçon, le problème étant résolu.[13] Mais si cela avait été le cas, le problème *Au Grand Rex* serait resté un problème additif et tel n'était pas le projet de Luc. Ce dernier va tenter de faire évoluer les raisonnements des élèves par le moyen des activités de prolongement associées à la contrainte de devoir résoudre les problèmes de façon efficace. Dès qu'une résolution plus sophistiquée que l'addition successive du plus petit terme est proposée par un élève, l'enseignant initie la négociation entre formulation additive et formulation multiplicative, fondée sur le langage courant «nombre de fois».

Ainsi, la négociation des significations mathématiques a porté, dans un premier temps, sur les procédures additives quasi exclusivement, pour ensuite seulement aller vers un début de conception multiplicative. Le sens de la multiplication est construit avec l'idée qu'elle représente une procédure de remplacement d'additions itérées jugées trop longues à calculer. Ce sens est intimement lié à la norme sociomathématique de devoir résoudre les problèmes de façon efficace. Toutefois, les élèves ne disposent pas encore des outils conceptuels nécessaires. Suite aux constats que très peu d'élèves parviennent à «utiliser le signe fois» comme demandé et que personne n'annonce un résultat au problème 473 x 19, Luc commente en fin de sixième leçon: *alors // vous n'avez pas trouvé la solution* ↘ */ donc la seule chose qu'on peut remarquer / c'est qu'il vous manque encore // des trucs et des choses pour y arriver* ↘ */ hein* ↗ */ d'accord* ↗ */ alors on va les apprendre prochainement* (L-DT-S1.6 – clôture).

---

12 Mais sans avoir été explicitement refusées.
13 Notamment si la réponse avait été collectivement validée.

Pour la plupart des élèves, on peut postuler qu'une résolution multiplicative était hors de leur zone proximale de développement, malgré la médiation sociale offerte par les IC. *A posteriori*, lors de l'entretien de restitution/confrontation, Luc pense avoir été très ambitieux[14], mais tout en considérant que cette séquence d'enseignement/apprentissage a été déterminante pour la communauté classe: *ce que l'on construit maintenant cela vient toujours du Grand Rex* (L-EntRC1).

VARIATION DES STRUCTURES DE PARTICIPATION ENTRE LES DEUX SÉQUENCES D'ENSEIGNEMENT/APPRENTISSAGE

Dans les deux microcultures de classe, la variation des *patterns interactifs*, en termes de traits caractéristiques, apparaît liée à la *genèse* des pratiques mathématiques de la classe, selon si de nouveaux objets à construire sont portés au plan public ou s'il s'agit d'objets déjà reconnus ou partiellement reconnus au plan communautaire. Dans la classe de Luc, cette variation a été observée dès la première séquence *Au Grand Rex*, avec des structures de participation favorisant des contributions de développement des élèves dans le cas de nouveaux objets discutés. Puis, dans un deuxième temps, les structures de participation deviennent plus contraintes par un guidage ciblé de Luc; les apports des élèves, validés par l'enseignant, sont vus comme pouvant être désormais restitués par les membres de la communauté classe. L'implication de l'élève dans les processus d'évaluation interactive a été observée dans les séquences interactives portant sur la discussion de raisonnements erronés ou difficultés éprouvées, ainsi que lors de l'explication d'une résolution plus sophistiquée que celles développées par la majorité des élèves. Rappelons que, dans la microculture de classe de Paula, un mouvement inverse avait été constaté.

Dans la deuxième séquence d'enseignement/apprentissage, on note à nouveau une structure de participation ouverte dans le cas d'objets qui n'ont encore jamais été abordés au plan collectif (ici des stratégies d'appariement des facteurs). Ces objets sont toujours mis en discussion

---

14 On peut postuler que la recherche peut avoir contribué, en partie, à cette «ambition» de Luc, bien que ce dernier s'en soit défendu lorsque nous lui avons posé la question.

avant d'être formellement validés par l'enseignant. Comparativement à la séquence *Au Grand Rex*, les élèves produisent de façon plus fluide des avis argumentés, avec l'hypothèse qu'ils ont appris à participer dans cette structure de participation valorisée dans la microculture de classe de Luc.

Dans la séquence *Course d'école*, il ressort que la multiplication «en ligne» par la décomposition d'un des facteurs est déjà admise comme socialement reconnue et partagée *(taken-as-shared)*. Lorsqu'il s'agit de rappeler cette procédure, la structure de participation est contrainte par un questionnement de reproduction de l'enseignant (PI1). Les élèves sont impliqués dans l'évaluation lorsque c'est la première fois que la procédure est rappelée. Les (ré)explications suivantes sont ensuite complètement contrôlées par Luc. Contrairement à l'exposition de nouvelles résolutions, l'explication des procédures *taken-as-shared* est distribuée entre les élèves qui s'expriment tour à tour. Des résolutions collectives de calculs ont lieu, non observées dans la séquence *Au Grand Rex*. Enfin, on note que la NSM-IC2 consistant à expliquer des résolutions *différentes* ne sous-tend plus la participation des élèves. Ce constat peut se comprendre par le fait que la multiplication «en ligne» représente la résolution admise comme étant la plus experte, et l'enseignant n'a pas l'intention de la faire évoluer vers l'algorithme en colonnes (planifié en quatrième année scolaire). Cette interprétation souligne, tout comme dans la classe de Paula, le rôle joué par cette norme dans l'évolution des connaissances et pratiques mathématiques de la classe et, dans une relation réflexive, des apprentissages des élèves.

CONSTITUTION INTERACTIVE
DES NORMES SOCIOMATHÉMATIQUES

Cette partie est consacrée à l'examen de la constitution interactive des normes sociomathématiques dans les IC de la microculture de classe de Luc. Comme fait précédemment pour la classe de Paula, notre analyse porte sur trois aspects: les consignes de l'enseignant, les épisodes interactifs dans lesquels l'enseignant et les élèves négocient de façon *explicite* les systèmes d'attentes et obligations propres à l'activité mathématique en classe (deuxième niveau de discours selon Cobb *et al.*, 1994) et l'inférence de la signification de la norme telle qu'elle apparaît socialement reconnue et partagée au plan communautaire.

Qu'est-ce qu'une explication mathématique acceptable?

Tout comme dans la microculture de Paula, la NSM-IC consistant à expliquer sa résolution mathématique est sollicitée par des questions plus ou moins directes de l'enseignant: *alors / qui est-ce qui veut me montrer / ou expliquer la manière qu'ils ont fait* (L-IC-S1.2, tp1), *qui a eu des idées avec les fois* (L-IC-S1.5, tp1), *comment est-ce que vous vous y prenez* (L-IC-S2.1, tp9), *qu'est-ce que vous me proposez comme résultat* (L-IC-S2.3, tp1). Des demandes spontanées des élèves sont également observées à plusieurs reprises: *je peux expliquer,* demande Fab alors qu'il affirme que sa résolution est efficace (L-IC-S1.4, tp93). On n'observe cependant aucun épisode interactif dans lequel l'explication à produire devient un objet explicite de discussion entre Luc et ses élèves. Autrement dit, les critères de ce que représente une explication mathématique acceptable au plan communautaire se consituent implicitement lors de la négociation des significations et pratiques mathématiques.

Nos analyses des explications des résolutions de problèmes, conjointement construites entre les membres de la classe, nous permettent d'inférer quelques traits caractéristiques. Concernant des objets nouvellement introduits au plan collectif, les résolutions ne sont pas totalement expliquées et notées au tableau noir. Par exemple, dans la séquence *Au Grand Rex*, seuls des «principes de solution» sont énoncés, sans explicitation du calcul de chaque étape constitutive de la procédure comme c'était le cas dans la microculture de classe de Paula. Parfois, Luc demande que le résultat ne soit pas annoncé. D'autres fois, il le note si celui-ci apparaît spontanément dans l'explication de l'élève – y compris si ce résultat est incorrect. Mais il ne le sollicite pas systématiquement. L'explication devient détaillée uniquement dans le cas de raisonnements et résolutions erronés. Il ressort que par ces explications relativement sommaires, une part de la résolution reste dévolue aux élèves lorsqu'ils reprennent leurs travaux de groupes, immédiatement après l'IC ou lors d'une leçon ultérieure. Les principes exposés et notés au tableau noir représentent un référentiel collectif, tout comme dans la classe de Paula, mais ils ne permettent pas aux élèves de recopier intégralement une procédure de calcul pour terminer la résolution en cours par exemple. Cela était possible, par contre, dans la microculture de classe de Paula.

Dans le deuxième temps de la séquence *Au Grand Rex* qui, rappelons-le, avait pour fonction principale de faire évoluer les procédures additives des élèves, il ressort à nouveau que seules les étapes principales de la résolution sont expliquées et notées au tableau noir. Notre hypothèse interprétative est que la procédure devient totalement formalisée et explicitée par le moyen d'un guidage ciblé de Luc une fois seulement que la procédure de calcul est vue comme *taken-as-shared*, en tant que *procédure experte* à utiliser de préférence parmi les autres démarches possibles. Dans la microculture de classe de Paula par contre, dès les premières explications des élèves, l'enseignante traduit l'ensemble de la démarche mathématique dans une écriture conventionnelle.

Plus généralement, dans la microculture de Luc, une moins grande importance est accordée à la conscientisation de chaque étape et aux calculs effectués pour résoudre un problème, comparativement à celle de Paula. L'explication est acceptée si elle évoque les étapes principales de la résolution qui permettent de comprendre le raisonnement sous-jacent. Par contre, l'explication est souvent associée à une demande de justification qui se réfère fréquemment à l'efficacité des démarches déployées.

QU'EST-CE QU'UNE DIFFÉRENCE MATHÉMATIQUE ACCEPTABLE?

Un questionnement rituel de Luc sollicite l'explication des résolutions mathématiques différentes: *est-ce que quelqu'un a une autre technique* (L-IC-S1.2, tp99), *est-ce qu'il y a quelqu'un qui a autre chose encore* (L-IC-S1.5, tp55). Plusieurs épisodes de constitution *explicite* ont été identifiés, avec le constat que cette norme apparaît liée à la vérification des résultats. Les extraits suivants illustrent cette interprétation. Dans la deuxième IC de la séquence *Au Grand Rex*, plusieurs réponses différentes sont proposées par les élèves. Luc choisit de ne pas les valider et aborde la question de leur vérification:

Extrait L.10
265 E   d'accord / alors vous voyez que / on peut calculer de différentes manières hein / maintenant où est le problème ⬈ / on remarque ici ⬈ / ils ont / 449 ⬈ / là 448 ⬈ / 456 / là 340 encore plus quelque chose / là /448 on n'est pas tout à faire sûr ⬊ / hein // où est le problème // [...] donc il va falloir faire **quoi** ⬊ /
270 Cha qu'on revérifie /
271 E   oui // il va falloir / revérifier (note au TN) / ça c'est quelque chose / **d'important** / alors c'est l'autre question que je voulais voir avec vous [...]/ je vais faire comment pour vérifier // Ema / Rac
272 Rac on va relire /

273 E   on va relire ↗ / Bra
274 Bra   on va refaire le calcul
275 E   recalculer /↗ / oui //
276 Ema   on va contrôler ↗ //
277 E   contrôler oui mais de quelle manière / donc relire recalculer / est
            ce qu'on pourrait réutiliser une autre manière ↗ encore /
278 Mer   oui la calculette
279 E   alors aujourd'hui je ne veux pas que vous preniez de calculette on
            va faire sans calculette ↘ / hein ↗ / il y aurait une autre possibilité
            ↗ / c'est-à-dire ↗ / d'essayer une autre technique ↗ / hein ↗ /
            d'accord ↗ / on pourrait essayer une autre technique mais une
            technique qui soit juste // ok ↗ (L-IC-S1.2 – clôture)

Suite à plusieurs suggestions de démarches de vérification qui ne semblent pas convenir à l'enseignant, celui-ci suggère aux élèves d'utiliser une «autre possibilité». En d'autres mots, il s'agit d'utiliser une procédure de calcul différente pour vérifier si les résultats annoncés sont corrects. Néanmoins, il ne suffit pas de le conseiller aux élèves pour qu'ils le mettent en œuvre. L'extrait ci-dessous, issu de l'IC de la leçon suivante (L-IC-S1.3), en témoigne:

Extrait L.11

118 E   j'ai passé vers chaque groupe / hein ↗ […] et puis vous avez
            trouvé le résultat / moi je vous ai à **chaque fois** / posé la question
            / en êtes-vous **sûrs** //
119 Pl   oui
120 E   qu'est-ce que vous m'avez répondu //
121 Cha   oui
122 E   oui et puis je vous ai posé la question / **pourquoi oui** ↘ / alors
            moi j'aimerais vous entendre / **pourquoi** ↗ (vous êtes sûrs, 3 sec)
            Nao vas-y /
123 Nao   moi au début ↗ / j'ai tout calculé comme ça / et puis après c'était
            long pour recalculer encore une fois ↗ / alors j'ai mis des petites
            barres / quatre petites barres ↗ / et puis après j'ai compté ↗ / j'ai
            compté et puis à chaque fois j'ai compté un deux trois quatre ↗ /
            comme ça et puis après // je [(xxx)
124 E   [donc la deuxième fois tu as re**compté** ↗ / en remettant des petites
            barres pour te rappeler /
124 Nao   ouais //
125 E   vous avez compris ↗ // d'accord / qui / d'autres m'avaient dit
            autre chose / Ema /

126 Ema ben // il faut vérifier / mais c'est assez long de vérifier // ben //
en calculant par exemple heu // 310 ↗ /// plus 4 / ça fait // [...]

132 Mer moi j'ai mis 14 14 14 / comme ça ↗ / j'ai compté d'abord les 10 ↗
/ et puis après les 4 // et puis après ça m'a donné le résultat [...]
j'ai recalculé

135 E tu as **recalculé** / d'accord // je crois que c'est à peu prêt chaque
fois ça que vous m'avez dit / j'ai recalculé et maintenant je suis
sûr ↘ // (L-IC-S1.3)

Luc commence par solliciter l'explication des démarches de vérification
utilisées par les élèves. Elles lui avaient déjà été expliquées lors des travaux de groupes, mais l'enseignant semble ne pas avoir voulu intervenir
dans cette configuration sociale et préférer en faire un objet de discussion collective. Aucun élève ne semble avoir utilisé une procédure de
calcul différente à des fins de vérification comme suggéré par l'enseignant en fin de leçon précédente. Luc revient sur la question du nombre
de «réponses» possibles pour un même problème:

Extrait L.12

135 E il y a combien de réponses à ce problème // normalement /// il
y a combien de réponses justes ///

136 Mar une (timidement)

137 E **une** /// hors là il y en a une deux trois quatre cinq six sept huit
(compte au TN) /// alors est-ce que **vraiment** // vous avez bien
calculé et vous êtes sûrs

138 Fab [oui

139 Pl [non

140 E là il vous faut reconnaître une chose / et ça c'est important que
vous le reconnaissiez ↗ / c'est qu'il y en a de **toutes** façons ///
qui auront eu un problème pour compter ↗ // parce qu'on doit
trouver qu'une réponse / si vous aviez tous la même réponse //
ben ça veut dire que là on est d'accord ↘ / hein / mais là il y a un
problème à quelque part ↘ / donc votre technique de comptage
elle a peut-être un problème // hein ↗ // alors il faudrait peut
être trouver // une autre manière // de compter // [...]

151 E alors moi ce que j'aimerais c'est que vous preniez / une **autre**
technique // et puis que vous voyez si vous arrivez au même
résultat ↘ / si vous arrivez au **même** résultat / qu'avant / avec
une autre technique / ça veut dire que probablement vous avez
fait // juste ↘ /// (L-IC-S1.3)

Cet extrait illustre comment la démarche de vérification valorisée par Luc est introduite de façon impositive, se transformant en une consigne adressée aux élèves. D'autre part, il montre que, dans la microculture de classe de Luc, il doit être négocié qu'un même problème peut être résolu de «différentes manières», mais aboutir à une seule et même réponse. Cette négociation n'a pas été observée dans la microculture de classe de Paula, sans que l'on ne sache si c'était déjà connu par les élèves ou si cet élément est resté dans «l'allant de soi» de la part de Paula.

Dans la classe de Luc, la NSM-RP «un problème, plusieurs résolutions possibles, une seule réponse» semble poser quelques difficultés. Une ambiguïté se retrouve à plusieurs occasions sur ce que représente une différence mathématique dans la séquence *Au Grand Rex*. Ainsi, dans l'IC servant à expliquer les premières résolutions du problème (L-IC-S1.2), Luc sollicite et accepte des résolutions qualifiées de différentes qui toutes impliquent une addition successive du terme 14. On note que la différence se situe au plan des stratégies plus ou moins élaborées de comptage des itérations, mais sans que cela ne soit explicité auprès des élèves. Dans l'IC de la leçon suivante (L-IC-S1.3), alors que le projet de l'enseignant apparaît être l'institutionnalisation de l'addition successive, avec ou sans décomposition du terme itéré, les procédures exposées la veille sont toutes qualifiées de «même» résolution par Luc, permettant ainsi de souligner l'itération du 14 qui apparaît dans toutes les propositions des élèves. Cependant, il n'est pas discuté pourquoi ces procédures sont d'abord acceptées comme explications différentes, puis refusées la fois suivante. En fin d'IC, alors que Luc demande aux élèves d'utiliser une «autre manière de compter» à des fins de vérification des résultats, les principes de résolution écrits au tableau noir sont à nouveau considérés comme des propositions différentes.

Une ambiguïté se retrouve également dans le discours de Luc lorsqu'il déclare aux élèves: *pour **vérifier** / on essaie de trouver une **autre** manière de calculer // **mais** / on doit arriver // [...] à la même réponse parce qu'à **un** calcul il y a seulement qu'une [...] réponse* (L-IC-S1.7, Sq5, tp150-155). Si «le calcul qui n'a qu'une seule réponse» fait référence à l'opération 32 x 14 du problème *Au Grand Rex*, il se trouve que celui-ci n'a jamais été explicité comme étant «le calcul du problème» – contrairement à la situation de classe de Paula. Il n'y a pas eu, par exemple, un travail interactif sur la correspondance entre la formulation multiplicative et les différentes résolutions additives proposées par les élèves. Dès lors, dans quelle mesure les élèves parviennent-ils à comprendre la différence entre «les manières de calculer» qui peuvent être plurielles et «le calcul du problème» qui, lui, serait unique? Mais rappelons que l'intention de Luc était de ne pas orienter immédiatement le raisonnement des élèves sur une formulation multiplicative (y compris orale). Cette intention, associée au processus de dévolution du problème à l'élève, semble ici avoir complexifié la négociation de la norme sociomathématique et de sa signification.

QU'EST-CE QU'UNE RÉSOLUTION EFFICACE?

Il ressort de nos développements précédents que la NSM-RP de devoir privilégier des résolutions efficaces est omniprésente dans le discours de Luc, y compris dans les différents entretiens réalisés. Nous allons, dans le cadre de cette section, interroger les épisodes explicites de négociation dans les IC de ce que signifie une résolution efficace. Ceux-ci sont tout particulièrement présents dans la séquence *Au Grand Rex*. Dans la deuxième séquence d'enseignement/apprentissage, si Luc et les élèves se réfèrent fréquemment à cette norme pour justifier une résolution entreprise par exemple, sa signification ne fait plus l'objet de négociations explicites. Notre hypothèse interprétative est que les critères qui définissent la résolution efficace sont vus comme connus et partagés entre les membres de la classe; aucun autre critère n'a été introduit et discuté.

Commentons quelques extraits significatifs de la négociation explicite de la signification de la norme qui nous intéresse. Constatant la persistance de l'utilisation par les élèves de l'addition successive du plus petit terme dans le prolongement 347 billets à 18 francs (P1), la quatrième IC de la séquence *Au Grand Rex* est consacrée à la discussion de l'efficacité des résolutions entreprises (L-IC-S1.4). Luc commence par demander si un groupe est parvenu à terminer le problème. *Non*, répondent certains, *presque, pas tout à fait,* disent d'autres.

Extrait L.13

9   E   d'accord // alors moi je pose la question suivante ↗ // et là j'aimerais que vous puissiez **bien** comprendre ça / hein / est-ce que votre technique / était / efficace alors
10 Pl   [oui
11 Mer [non
12 Han [non pas du tout
13 Tam non

14 Ema oui
15 E   pour être efficace ↗ / il y a deux choses / qui doivent entrer en ligne de compte / / pour être efficace il faut que ce soit / / /
16 X   rapide
17 Tam rapide
18 E   **rapide** / oui / et puis que ce soit / /
19 Bra simple
20 Mer efficace / /
21 E   on doit arriver / au calcul
22 Mar précisément
23 E   juste / ou précisément ↘ / d'accord ↗ / c'est ces **deux** choses pour que ce soit efficace ↘ / / / **rapide** ↗ / / et juste / / / d'accord ↗ / / / (L-IC-S1.4, Sq1)

Suite à des avis divergents entre les élèves, Luc introduit la question des critères qui permettent de juger l'efficacité d'une résolution (tp15). Il fait restituer deux critères attendus: (1) une résolution efficace doit permettre d'obtenir rapidement la réponse au problème, (2) la réponse obtenue doit être «juste», dans le sens, comme nous le verrons dans la suite de l'extrait, que la procédure de calcul choisie doit être pertinente pour arriver à une réponse correcte. On note que le critère de la «simplicité» suggéré par Bra (tp19) n'est pas retenu. Notre analyse de l'ensemble du corpus montre que ce critère n'entrera jamais en ligne de compte dans les processus de négociation entre l'enseignant et les élèves, bien que du point de vue des élèves une procédure d'un certain niveau d'expertise pourrait paraître inefficace car difficile à réaliser; un critère d'efficacité pourrait donc être que la procédure de calcul soit «simple» à réaliser. Tel n'est pas le cas dans la microculture de classe de Luc.

Poursuivons avec l'extrait qui nous intéresse. Luc reprend chacun des deux critères qui définissent ce que représente une résolution efficace. Dans un premier temps, il questionne la pertinence des procédures utilisées par les élèves dans le problème 347 x 18: *maintenant / avec votre technique /// est-ce que vous allez arriver à la bonne réponse* (tp23). Les avis divergent entre les élèves. Luc prend appui sur le référentiel de «principes de solution» exposés dans la deuxième IC, noté au tableau noir. Par un jeu de questions/réponses de reproduction, la pertinence des résolutions utilisées par les élèves est mise en avant. Luc conclut: *donc ce que j'ai remarqué ↗ // c'est qu'en fait vous avez pris ↗ /// une de ces quatre techniques ↗ // donc est-ce que votre technique pour calculer était juste* (tp39). Les élèves acquiescent. Ainsi, il est mis en évidence que les résolutions des élèves remplissent un des critères: elles sont pertinentes. Luc relance ensuite sur le critère de la rapidité:

Extrait L.13 (suite 1)

44	E	mais maintenant / je vous ai dit qu'il fallait que ce soit juste mais aussi ↗ /// rapide ↘ / alors est-ce que votre technique était efficace
45	Fab	oui
46	Tam	non
47	E	c'était rapide votre technique ↗
48	Fab	oui
49	Pl	[non
50	Ema	[oui moi c'était facile
51	Fab	[mais elle était rapide la nôtre hein
52	E	alors / bon ↘ / alors Ema elle trouve que c'est facile / alors tu as fait quoi comme technique // écoutez les autres (L-IC-S1.4, Sq1)

Malgré l'avis des camarades, deux élèves continuent de prétendre que leur résolution était efficace; un constat qui montre que ceux-ci se sentent autorisés à ne pas se conformer aux questions de reproduction de l'enseignant. Fab affirme que la sienne est rapide. Quant à Ema, elle dit que la sienne était «facile»; réponse qui, par ailleurs, témoigne de la représentation de l'élève associant facilité à efficacité. Ema est invitée à expliquer son raisonnement:

Extrait L.13 (suite 2)

55	Ema	ben j'ai fait un deux trois quatre cinq etc. jusqu'à / 347
56	E	tu les as tous écrits
57	Ema	non j'en suis à 145
58	E	alors / donc tu en as écrits combien /
59	Ema	ben 145
60	E	145 / il t'en reste encore //
61	Tam	cent cinquante / euh cent deux
62	Raf	202
63	E	202 exactement // hein t'as même pas écrit la moitié de tes nombres ↘ / est-ce efficace les autres ↗
64	Tam	non
65	Pl	non
66	E	il lui faut combien de temps pour faire ce calcul
67	Cha	[deux heures au moins
68	Tam	[une heure
69	Mer	non

70   E   ouais même plus je pense / hein /
71   Tam   une nuit / une nuit
72   E   il lui a déjà fallu un bon quart d'heure / vingt minutes pour écrire
            jusqu'à la moitié ↗ / il t'en faudra euh / encore une bonne demi-
            heure pour écrire tes nombres / donc heu // on en sera à une
            petite heure ↗ / et puis après il faudra tout compter tout calculer
            /donc je pense qu'en deux heures tu t'en sors pas ↘ (L-IC-S1.4,
            Sq2)

Quelques tours de parole suffisent pour expliquer la résolution entreprise. L'intervention de Tam (tp61) qui répond à la place d'Ema – intervention acceptée par Luc – montre à nouveau combien l'explication du
pair peut devenir un objet de discussion distribué entre les membres de
la classe. Immédiatement après, les pairs sont sollicités à évaluer la
procédure d'Ema (tp63). Une fois constaté que la procédure d'Ema ne
remplit par le critère de rapidité[15] avec un commentaire appuyé de l'enseignant (tp72), Fab demande spontanément à pouvoir, lui aussi, expliquer sa résolution: *moi j'ai un truc moi* (tp93) *je peux expliquer* ↗ (tp95).
Comme vu précédemment, l'explication de Fab introduit, pour la première fois, deux additions itérées des termes décomposés du plus grand
nombre. Luc se saisit de cette proposition, et par la négociation de
l'équivalence des résultats concernant les formulations multiplicatives
(18 fois 47 = 47 fois 18)[16], l'efficacité de cette nouvelle résolution est mise
en avant eu égard aux résolutions précédentes. Mais il pondère par rapport à d'autres procédures qui pourraient se révéler encore plus efficaces:

Extrait L.14
231   E   alors qu'est-ce que vous pensez de cette technique-là / (fait réfé-
             rence à la procédure de Fab)
232   Cha   elle est efficace
233   Han   efficace [...]
Puis Luc conclut l'IC:
263   E   alors / alors on va s'arrêter ici mais j'aimerais bien que vous
             compreniez ceci // (3 sec) avec la technique de Fab // et de Bra /
             ils étaient les deux /// il est **possible** de faire ce calcul en l'espace

---

15 Ni même celui de la pertinence.
16 Une loi de composition commutative connue par les élèves concernant l'ad-
    dition.

		de dix minutes ↘ // donc c'est efficace ↘ // d'accord ↗ // la technique // de Mer / Cha Tam et Nao / Mar ↗ // il n'est pas possible de faire ce calcul en dix minutes ↘ / donc c'est **juste** ↗ / mais ///
264	Mar	pas efficace
265	E	pas efficace ↘ / hein ↗ / parce que les nombres ils sont beaucoup trop **grands** / vous êtes d'accord ↗ / vous avez compris ça ↗
266	Pl	oui
267	E	c'est très important // non j'ai pas fini il y a encore une chose // maintenant la deuxième chose que j'aimerais dire ↗ / vous avez dit ↗ / ça c'est //
268	Han	[plus efficace
269	Mar	[plus efficace
270	E	alors oui ça c'est plus efficace ↗ / mais vous m'avait dit que c'était / **long** // d'accord ↗ // alors ce qu'on va faire / et c'est ce que j'aimerais qu'on arrive à trouver gentiment // c'est qu'on trouve une technique **encore** ↗ plus efficace // que celle de Fab et Bra ↘ /// et je vous assure ↗ // qu'il y a des techniques encore plus efficaces hein (L-IC-S1.4, Sq5)

Ces quelques extraits montrent que la norme de l'efficacité incite les élèves à porter des jugements évaluatifs non seulement sur leur propre résolution, mais également sur celles des pairs. D'autre part, ils sont amenés à effectuer la distinction entre «pertinent et efficace» et «pertinent mais non efficace». Comme illustré dans Mottier Lopez et Allal (2004), d'autres épisodes interactifs seront encore nécessaires pour que cette nuance subtile pour des élèves de neuf ans apparaisse reconnue et partagée au plan communautaire. Au fil des leçons observées, on constate que cette norme de l'efficacité est attribuée à certaines procédures de calcul, indépendamment de la préférence des élèves et de leurs caractéristiques individuelles. Cela s'observe de façon très marquée dans la séquence *Course d'école*:

Extrait L.15

317	E	vous avez une idée comment est-ce qu'on va pouvoir faire les calculs plus compliqués ↗ / entre parenthèses // sans les expliquer
318	Han	avec des colonnes avec des techniques /
319	E	ben probablement en colonnes ↗ / exactement /
320	Aud	on va les [apprendre en colonnes
321	E	[vous voyez on a fait exactement la même chose chaque fois /// pour les additions à un chiffre on a dit qu'on faisait ↗ //

322 Isa dans la tête /
323 E   dans la tête / par cœur ↘ // à deux chiffres ↗ /
324 Mer à l'écrit
325 Mar par l'écrit ↘ /
326 E   à deux chiffres on a dit qu'on faisait // dans la tête avec des techniques ↘ / et puis des grands nombres / on prend /
327 Mar en colonnes /
328 E   en colonnes ↘ / la soustraction / à un chiffre ↗ / on a dit qu'on faisait ↗ /
329 Mar par cœur /
330 E   par cœur dans la tête // à deux chiffres //
331 Mer à l'écrit /
332 Han à l'écrit
333 E   ou l'écrit ou avec des petites techniques ↗ / dans la tête ↗ // et à plusieurs chiffres des grands nombres ↗ /
334 Mar en colonnes /
335 Mer en colonnes
236 E   en colonnes ↘ / et bien la multiplication ↗ / vous voyez qu'il n'y a rien de nouveau / à un chiffre // on va mettre //
237 Mar par cœur /
238 E   par cœur ↗ // quand il y a des petits chiffres // on a une petite technique comme ça // qu'on peut faire par écrit comme ça / ou bien //
239 Pl   dans la tête 240
240 E   et la grande technique ce sera ↗ /
241 Fab en colonnes /
242 E   ben voilà ↘ // et la multiplication en colonnes on la verra plus tard (L-IC-S2.5 – clôture)

Ainsi, dans la microculture de classe de Luc, l'efficacité d'une procédure de calcul doit être jugée en fonction de la grandeur des nombres. En fin d'année scolaire, il est devenu reconnu et partagé que, dans le cas d'une opération multiplicative comprenant des facteurs à un chiffre, la résolution efficace est mentale, grâce à la mémorisation des produits de la table de multiplication. Dans le cas d'un facteur à deux chiffres, la procédure qualifiée d'efficace est la multiplication «écrite» en décomposant le plus grand facteur; puis dans le cas de facteurs encore plus grands, la résolution efficace sera l'utilisation de l'algorithme en colonnes. Il est intéressant de noter la correspondance effectuée avec les autres opérations connues par les élèves, l'addition et la soustraction. Ces «règles» demandent à être appliquées à toutes ces opérations.

Une discussion plus critique de cette norme est proposée plus bas. Mais rappelons le lien fort entre cette norme de l'efficacité des résolutions et la NSM-IC qui consiste à exprimer son avis sur les propositions des pairs dans l'IC. En effet, comme illustré tout au long des développements de ce chapitre, notre analyse montre que, dans la microculture de classe de Luc, l'expression par les élèves de leur avis consiste généralement à évaluer la pertinence et l'efficacité de la proposition du pair. Autrement dit, cette NSM-IC est fortement liée à la constitution de ce que représente une résolution efficace. Et, réciproquement, la norme de l'efficacité va représenter une base de justification pour les points de vue exprimés. Ces constats étayent notre conception systémique des normes sociomathématiques. On note que ce type de justification devient fréquemment invoqué par les élèves au fil de l'année scolaire, de façon de plus en plus spontanée. La norme de l'efficacité fait désormais partie du discours de la classe, de l'enseignant et des élèves. Dans notre conception situationniste, elle est également vue comme faisant partie intégrante du sens rattaché aux procédures de calcul apprises dans la microculture de classe de Luc.

RÉGULATIONS SITUÉES DANS LA DYNAMIQUE DE MICROCULTURE DE CLASSE

Comme dans le chapitre précédent nous allons questionner la relation réflexive entre processus sociaux et individuels en nous appuyant sur les interprétations exposées précédemment. Dans la microculture de classe de Paula, notre hypothèse interprétative était que la NSM-IC consistant à expliquer des résolutions mathématiques différentes, associée à la NSM-RP «plusieurs résolutions différentes sont acceptées et valorisées», jouait un rôle important dans l'évolution des connaissances collectives et individuelles de la communauté classe[17]. Dans la microculture de classe de Luc, nous allons évidemment interroger la NSM-RP consistant à privilégier, parmi les résolutions possibles, celle qui est la plus efficace. Une norme qui apparaît être un élément organisateur de l'ensemble des attentes et obligations que nous avons étudiées dans les pages précédentes. Pour ce faire, nous choisissons, dans un premier

---

17 Sans nier le rôle des autres NSM, en tant que système.

temps, de focaliser notre analyse sur la séquence d'enseignement/
apprentissage *Au Grand Rex*, puis nous questionnerons quelques effets
qui se constatent dans la deuxième séquence *Course d'école*.

CONTRIBUTION DES ÉLÈVES, MAIS DE QUELS ÉLÈVES?

Comme il ressort de nos développements relatifs à la séquence *Au Grand
Rex*, la norme sociomathématique «privilégier des résolutions efficaces»
– à appréhender dans sa relation avec les autres normes sociomathématiques en tant que système – apparaît à l'articulation de la régulation
réflexive des pratiques mathématiques de la classe et des apprentissages
mathématiques des élèves. Mais quels sont les élèves qui participent à la
constitution et régulation des pratiques mathématiques et qui, de ce fait,
contribuent à la reconnaissance de résolutions efficaces? Certaines
contributions d'élèves apparaissent décisives. Pensons, par exemple, à la
proposition de Fab dans la quatrième leçon de la séquence *Au Grand
Rex*, débouchant sur la formulation collective d'une multiplication par la
décomposition du facteur le plus grand. Mais cette contribution qualifiée de plus efficace ne prend sens que par sa mise en perspective avec
les autres résolutions – moins efficaces – précédemment portées au plan
public par les autres élèves de la classe. De même, comme dit plus haut,
une proposition d'un élève devient rapidement un objet soumis à discussion et à évaluation des pairs. Autrement dit, les élèves qui n'auraient pas développé une résolution estimée efficace dans les travaux de
groupes ont la possibilité de contribuer activement à l'évolution et régulation des pratiques mathématiques lors des IC, en participant à la discussion des résolutions des pairs.

C'est sur la base de ces considérations que nous allons, comme dans
la classe de Paula, prendre comme indicateur les prises de parole des
élèves dans les IC de la séquence *Au Grand Rex*, afin d'examiner quels
sont les élèves qui semblent particulièrement contribuer à l'évolution
des pratiques mathématiques de la classe. Le tableau 18 présente la
répartition des prises de parole dont sont exclus les énoncés de l'enseignant et des élèves non identifiés. Les élèves sont classés dans un ordre
décroissant en fonction de l'appréciation portée par Luc sur leur niveau
scolaire en mathématiques au début du mois de novembre, deux
semaines avant le début de la séquence d'enseignement/apprentissage.
D'autre part, nous avons calculé des totaux intermédiaires en considérant les deux temps de la séquence *Au Grand Rex*: (1) les propositions

Tableau 18.
Pourcentage des prises de parole des élèves
dans les IC «Au Grand Rex» (Luc)

Pourcentage des prises de parole des élèves									
Niveau scolaire maths	**L-S1.1**	**L-S1.2**	**L-S1.3**	**Total int.**	**L-S1.4**	**L-S1.5**	**L-S1.6**	**Total int.**	**Total**
excellent									
Mar	17,4	20,6	28,4	**22,7**	14,1	7,4	32,1	**20,6**	**21,5**
Han	0	5,1	5,4	**4,7**	14,1	3,7	5,1	**8,6**	**7,0**
bon									
Raf	13,0	2,2	0	**2,6**	8,9	0	3,6	**5,2**	**4,1**
Cha	0	8,8	5,4	**6,9**	5,2	0	16,1	**8,9**	**8,1**
Pri	0	0,7	0	**0,4**	0	0	0	**0**	**0,2**
Aud	4,3	0	2,7	**1,3**	0	0	2,2	**0,9**	**1,1**
moyen									
Bra	4,3	5,9	0	**3,9**	0,7	3,7	1,5	**1,5**	**2,5**
Isa	0	5,1	8,1	**5,6**	0	11,1	2,2	**2,8**	**3,9**
Cec	0	0	0	**0**	0	0	0	**0**	**0**
Tam	8,7	5,1	1,4	**4,3**	15,6	1,9	10,9	**11,3**	**8,4**
Ale	4,3	2,2	5,4	**3,4**	0	3,7	0,7	**0,9**	**2,0**
Ema	17,4	9,6	5,4*	**9,0**	8,1	24,1	13,1	**12,9**	**11,3**
Mer	30,4	17,6	12,2	**17,2**	7,4	14,8	1,5	**6,1**	**10,7**
Rac	0	2,2	5,4	**3,0**	5,9	3,7	5,8	**5,5**	**4,5**
Lea	0	0	1,4	**0,4**	0	0	0	**0**	**0,2**
faible									
Nao	0	11,8	8,1*	**9,4**	3,7	0	0,7	**1,8**	**5,0**
Fab	0	2,9	10,8	**5,2**	16,3	25,9	4,4	**12,9**	**9,7**
Nb total tp	23	136	74	233	135	54	137	326	559

Grisé: élèves qui ont expliqué leur résolution de problème.
*: explication d'une démarche de vérification.
Dans L-S1.6, l'IC est consacrée à la discussion de plusieurs propositions expliquées dans les IC précédentes (NSM-IC3). Les propositions ont été rappelées par Luc, sans explications par leurs auteurs.

des premières solutions qui toutes impliquaient une addition itérée du plus petit terme dans différentes formulations, puis l'institutionnalisation de cette procédure de calcul, (2) l'évolution de cette résolution additive vers une procédure de calcul impliquant, si possible, l'usage du signe fois. Nous n'avons pas pris en compte la dernière leçon, totalement consacrée au projet de la vérification des résultats du problème *Au Grand Rex*.

Un élève se distingue par une participation verbale nettement plus élevée que celle des autres. Il s'agit de Mar, élève de niveau scolaire jugé excellent, avec un taux général de 21,5%, le taux suivant le plus élevé étant de 11,3% (Ema, élève de niveau scolaire moyen). Cet écart important entre les deux élèves qui interviennent de façon la plus intensive s'observe également dans la classe de Paula (22,8% pour Bry, suivi de 13,1% pour Yum). Excepté celui de Mar, le taux de participation verbale des élèves dans la microculture de classe de Luc n'apparaît pas être lié à leur niveau scolaire en mathématiques.

Par exemple, on n'observe pas, comme dans la classe de Paula, que ce sont d'abord des élèves d'un bon niveau scolaire qui expliquent leur résolution développée dans les travaux de groupes, puis seulement dans un deuxième temps des élèves d'un niveau scolaire plus faible. Ce constat apparaît cohérent avec nos analyses qui montrent que, dans le premier temps de la séquence *Au Grand Rex*, les résolutions erronées sont tout autant exploitées (voir plus) que les résolutions correctes dans l'IC. Luc a incité les élèves à expliquer différentes résolutions, y compris certaines qui n'utilisaient pas des symboles conventionnels comme celle d'Ema et Ale, ou encore celle erronée de Nao qui assimilait les deux variables numériques (écriture de la chaîne numérique). C'est seulement dans le deuxième temps de la séquence que certaines procédures sont retenues. Il est intéressant de constater que la procédure qui représente un apport significatif dans l'évolution des pratiques mathématiques de la classe provient de Fab, élève jugé d'un niveau scolaire faible. Notons cependant que cet élève apparaît souvent être le porte-parole de son groupe, apportant parfois des propositions qu'il ne semble pas totalement comprendre ou pouvoir expliquer (Mottier Lopez, 2007). Quant à son partenaire, Bra, il est très actif dans les travaux en petits groupe aux dires de Luc, mais il semble rester sur sa réserve dès qu'il s'agit de s'exprimer devant la classe. Ce commentaire met en avant, d'une part, les contributions que certains élèves apportent *en amont* des IC. D'autre part, il souligne l'obstacle que peut représenter la dimension publique de l'IC pour certains élèves. Retenons toutefois la possibilité offerte aux élèves de niveau scolaire faible et moyen de participer activement à la constitution des normes et des pratiques mathématiques de la microculture de classe de Luc.

Dans le deuxième temps de la séquence, moins d'élèves sont sollicités pour expliquer leur résolution développée dans les travaux de groupes (surligné gris dans le tableau 18), certainement en raison de la contrainte de l'usage du signe fois imposée par l'enseignant. Comme nous le verrons dans la section suivante, un certain nombre d'élèves n'est pas parvenu à répondre à cette contrainte qui représente le critère de sélection des résolutions expliquées dans les dernières IC (L-IC-S1.5, L-IC-S1.6). Comparativement aux IC du premier temps de la séquence, les taux de participation verbale restent relativement identiques concernant les élèves qui intervenaient peu. Ceux-ci restent toujours aussi discrets (Aud: 1,3 vs. 0,9; Cec: 0; Lea: 0,4 vs. 0). Aucun élève, dans la classe de Paula, n'avait un taux aussi faible. D'autres, au contraire, augmentent leur taux de prise de parole de façon relativement importante (e.g., Tam: 4,3 vs. 11,3; Fab: 5,2 vs. 12,9) et certains baissent (Nao: 9,4 vs. 1,8; Mer: 17,2 vs. 6,1). A nouveau, on n'observe pas une tendance générale liée au niveau scolaire en mathématiques des élèves. A l'exception de certains élèves dans les pôles extrêmes, il ressort que les élèves peuvent avoir des taux de participation verbale très contrastés d'une IC à l'autre.

De façon plus marquée que dans la classe de Paula, certains élèves apparaissent plus actifs dans la constitution interactive de la microculture de classe. Quant à d'autres, tels Pri, Aud, Cec, Lea, ils ne paraissent pas ou très peu participer, au plan verbal, à cette constitution. Luc ne semble pas les inciter à davantage intervenir. Ainsi, lorsque nos analyses mettent en avant que l'explication d'une résolution devient rapidement un objet discuté et distribué entre les membres de la classe de Luc, ces élèves peuvent être vus comme des *locuteurs improbables* (Witko-Commeau, 1995). Tentons quelques hypothèses interprétatives: Paula est peut-être plus attentive que Luc à distribuer la parole entre tous les élèves. Mais les structures de participation de sa classe semblent également s'y prêter plus facilement. En effet, lors de la ré-explication ou la poursuite d'une explication mathématique, tous les élèves semblent à même de pouvoir apporter une contribution de reproduction, notamment s'ils sont soutenus par le guidage ciblé, toujours très positif et encourageant, de l'enseignante. Par contre, les structures de participation de la classe de Luc peuvent être vues comme plus exigeantes. En effet, les contributions des pairs sont tout spécialement sollicitées pour exprimer un point de vue sur une proposition mathématique, pour évaluer sa pertinence et son efficacité, pour argumenter en faveur ou non d'une interprétation, d'un raisonnement mathématiques. Cette participation implique l'apport d'un contenu informationnel qui, souvent, n'est pas de l'ordre de la restitution et qui demande une plus grande autonomie intellectuelle et sociale que dans le cas de la re-explication d'une résolution d'un pair par exemple. D'autre part, on peut postuler que certains élèves ne sont pas encore prêts à prendre le «risque» de s'exposer à l'avis, donc au jugement, des camarades et de l'enseignant. S'agissant d'un mode de fonctionnement social nouveau pour les élèves, il est nécessaire que ces derniers construisent un rapport positif à l'erreur et à la critique, de plus dans une configuration sociale qui leur confère un caractère public.

POUR QUELLE ÉVOLUTION DES RÉSOLUTIONS DÉVELOPPÉES DANS LES TRAVAUX DE GROUPES?

Dans une conception de régulation réflexive, il est intéressant d'étudier dans quelle mesure la contrainte de devoir privilégier des résolutions efficaces incite les élèves à réguler leur raisonnement et résolutions mathématiques, y compris ceux qui apparaissent à la périphérie des processus participatifs dans l'IC. Nous choisissons de nous focaliser, dans un premier temps, sur l'IC de la quatrième leçon (L-IC-S1.4), vue comme représentant un tournant décisif dans la séquence d'enseignement/apprentissage *Au Grand Rex*. Dans un deuxième temps, nous interrogerons plus brièvement les résolutions des élèves dans la séquence *Course d'école*. Sur la base de la distinction définie par Allal (1988), la régulation peut être soit immédiate – c'est-à-dire se manifester au cours des échanges interactifs de l'IC – soit différée, par exemple lors de la reprise de la résolution du problème dans une phase ultérieure ou manifestée dans une autre situation mathématique dans une dynamique de régulation proactive. Dans Mottier Lopez (2007), nous avions étudié quelques interventions d'élèves qui pourraient relever d'une régulation immédiate dans le cadre de l'IC qui nous intéresse, avec le constat que les représentations de certains élèves semblaient effectivement avoir évolué au fil des processus participatifs. Mais ici, tout comme nous l'avons fait pour la microculture de classe de Paula, nous choisissons de nous centrer sur l'analyse de l'évolution des traces écrites des élèves dans les travaux de groupes.

Evolution des résolutions dans la séquence «Au Grand Rex»

Dans le problème initial *Au Grand Rex*, rappelons que la majorité des élèves a utilisé une procédure additive en itérant le plus petit terme (14/17). Trois élèves effectuent quelques tâtonnements avec le signe fois, dont Raf qui essaie l'algorithme en colonnes et d'autres combinaisons de calcul dans une disposition en ligne. Quant à Mar, il ne parvient pas à écrire son raisonnement sous forme d'équations et il note sur sa feuille: *on compte 14 fois 30 fois après on compte les 2 du 32 égale 448*. A des fins de régulation des résolutions des élèves, une des stratégies de l'enseignant est d'agir sur les variables numériques du problème. Dans le cas qui nous intéresse, l'intention de Luc est d'inciter les élèves à renoncer à l'addition successive du plus petit terme en faveur de démarches de calcul plus efficaces. Pour ce faire, le prolongement «347 billets à 18 francs» (P1) est proposé aux élèves lors de la quatrième leçon de la séquence *Au Grand Rex*. Rappelons qu'il n'y a pas encore eu, dans cette phase avant l'IC9-S1.4, une négociation collective de la norme sociomathématique liée à l'efficacité.

Comme illustré dans le tableau 19,[18] l'action sur la structuration de la situation va effectivement inciter un nombre important d'élèves à développer de nouvelles résolutions. Cinq élèves proposent une démarche plus sophistiquée, dont trois qui tentent l'algorithme en colonnes (Cha, Pris, Aud) – sans succès – et deux qui formulent, pour la première fois, une addition successive du plus grand terme (Bra, Fab). Six autres élèves proposent, quant à eux, une résolution moins élaborée: quatre ne sont pas pertinentes (Lea, Cec, Ale, Ema) et deux élèves reviennent à l'itération du plus petit terme (Raf, Mar). Concernant ces élèves, l'hypothèse constructiviste est que le nouveau problème (P1) a produit une déstabilisation amenant les élèves à revenir à des démarches de tâtonnement ou à l'utilisation de procédures acquises, pouvant, à termes, déboucher sur une restructuration cognitive. Enfin, notre analyse des traces écrites des élèves montre que huit élèves sur 17 (dont Raf et Mar) choisissent de s'engager dans la tâche fastidieuse d'écrire 347 fois le nombre 18. D'une façon générale, il apparaît que les contraintes liées aux variables numériques du problème n'ont pas été suffisantes pour inciter une régulation des démarches de résolution vers des procédures de calcul plus élaborées pour une grande partie des élèves (dans le

---

18 Comparaison entre les colonnes *Grand Rex* et P1, avant l'IC-S1.4.

temps imparti à P1). Après une vingtaine de minutes, l'enseignant interrompt les travaux de groupes et organise l'interaction collective L-IC-S1.4. Comme exposé précédemment, celle-ci a pour intérêt d'être particulièrement représentative des processus fondamentalement liés, dans la microculture de classe de Luc, entre la négociation des significations mathématiques et celle de la norme portant sur l'efficacité des résolutions de problèmes. Suite à ces échanges, dans quelle mesure les élèves sont-ils amenés à réguler leur résolution additive vers une procédure jugée plus efficace?

Le problème 347 x 18 (P1) ne sera pas davantage travaillé, l'enseignant préférant proposer un nouveau prolongement (P2) lors de la leçon suivante: 35 billets de cinéma à 16 francs.

Tableau 19.
Evolution des résolutions écrites dans «Au Grand Rex» (Luc)

Procédures de résolution développées par les élèves Traces écrites	L-IC-S1.4 avant		après
	Grand Rex 32 x 14	**P1** 347 x 18	**P2** 35 x 16 =560
Addition successive (AS) *du plus petit terme*	15	8	3
AS du terme uniquement	Lea, Cec Pri*, Bra 4	Isa, Rac, Mar Raf, Mer 5	Pri*, Ale, Ema 3
Avec traces d'une décomposition du terme itéré	Aud, Pri* Fab, Mer 4	Han, Nao 2	–
Avec combinaisons d'additions «regroupement en paquets»	Han 1	Tam 1	–
Décomposition symbolisée sous forme de dessins	Ema, Ale Nao, Tam 4	–	–
Deux suites de nombres, une comme «compteur», l'autre avec sommes intermédiaires	Isa, Rac 2	–	–
Addition successive du plus *grand terme*	0	2	5
AS du terme uniquement	–	–	Aud, Raf*, Pri* 3

Avec traces d'une décomposition du terme itéré	–	Bra, Fab 2	–
Avec combinaisons d'additions, «regroupement en paquets»	–	–	Tam, Mer 2
Multiplication «en ligne» des termes décomposés d'un facteur (essai)	1 Mar 1	0 –	4 Bra, Fab, Mar Raf* 4
Algorithme de la multiplication en colonnes (essai)	1 Raf* 1	3 Cha, Pri, Aud 3	1 Cha 1
Résolutions non pertinentes Additions, soustractions	2 –	4 Lea, Cec 2	5 Isa, Rac 2
Assimilation des deux variables numériques	–	Ale, Ema 2	–
Essais avec signe x, difficile à interpréter	Cha, Raf* 2	–	Nao, Han, Lea 3
Nombre d'élèves tentant deux résolutions	2/17	0/17	2/16 (Cec absente)

*Élève qui a tenté deux résolutions dans la même phase.

L'analyse de l'évolution des traces écrites montre que la discussion de l'efficacité des résolutions liée à la négociation des significations mathématiques a amené tous les élèves qui avaient utilisé l'addition du plus petit terme dans P1 à y renoncer dans P2. Quatre d'entre eux tentent «autre chose», dont Rac et Isa qui formulent des combinaisons d'additions et soustractions et Noa et Han qui cherchent à utiliser le signe fois (tentatives difficiles à interpréter), conformément à la demande de l'enseignant. Comme dit précédemment, il est possible d'interpréter ces démarches comme une manifestation d'un déséquilibre cognitif conduisant les élèves à des démarches de tâtonnement. Les quatre autres élèves qui renoncent à l'addition successive du plus petit terme vont soit itérer, pour la première fois, le terme le plus grand (Raf*, Tam[19], Mer), soit tenter de s'approprier la multiplication des termes décomposés d'un des deux facteurs (Mar, Raf*). Quant aux élèves qui avaient cherché à effectuer l'algorithme en colonnes dans P1, seul Cha persiste; Aud et Pri

---

19 Ce faisant, Tam propose des itérations par «regroupement en paquets», stratégie qu'elle a constamment améliorée au fur et à mesure de la séquence.

semblent avoir compris l'équivalence des résultats entre additions successives du plus petit terme et du plus grand terme et elles choisissent ce dernier cas de figure qui limite le nombre d'itérations à écrire.

Parmi les 17 élèves, trois choisissent néanmoins d'itérer le plus petit terme, procédure qu'ils n'avaient pas utilisée dans le problème P1 (347 x 18). Mais Pris tente également une addition itérée du plus grand terme. Quant à Ale et Ema, elles ont renoncé à l'écriture de la chaîne numérique qui assimilait les deux variables numériques, ce qui représente déjà une régulation d'une démarche erronée. Bra et Fab, quant à eux, semblent avoir compris la relation entre les additions successives et la formulation multiplicative des termes décomposés d'un des deux facteurs. Ils continuent d'exploiter la commutativité en choisissant le plus grand nombre comme multiplicateur. Enfin, Lea est la seule élève qui propose une résolution non pertinente à la fois dans P1 et dans P2, bien qu'elle tente d'utiliser le signe fois dans P2 conformément à la consigne de Luc. Parmi les quatre élèves qui se particularisaient par un très faible taux de participation verbale dans les IC (Pri, Aud, Cec, Lea, voir tableau 19), deux d'entre elles, Pri et Aud, semblent être parvenues à s'approprier des éléments négociés dans les échanges à des fins de régulation de leurs activités mathématiques. Ce constat corrobore les résultats de recherche d'Hatano et Inagaki (1991) qui ont mis en évidence que des «participants silencieux» *(silent participants)* peuvent aussi apprendre des interactions collectives et des contributions des pairs *(vocal participants)*. Mais ce n'est pas le cas de Lea, une élève d'un niveau scolaire estimé moyen à faible par l'enseignant.[20] Sans prétendre à une généralisation, on note ici que les élèves, peu actifs au plan verbal mais qui ont su tirer profit des échanges collectifs, sont des élèves d'un bon niveau scolaire en mathématiques.

Globalement, à l'exception de Cha, tous les élèves ont tenté d'utiliser une autre procédure de calcul dans P2, comparativement à celle déployée dans le problème 347 x 18 (P1). Pour huit d'entre eux, il s'agit d'une résolution pertinente jamais tentée précédemment.[21] Ces constats

---

20 Un constat que l'on observe également dans la séquence *Course d'école*. Quant à Cec, sa partenaire de groupe, nous ne disposons pas d'information la concernant, car elle était absente.

21 Nous ne comptons pas ici Mar: après sa formulation en «mots» proche de la multiplication des termes décomposés d'un facteur dans le problème initial

mettent en évidence la régulation associée à la négociation de la norme de l'efficacité, même si celle-ci ne débouche sur une formulation multiplicative que pour quelques élèves. On pourrait objecter que les élèves n'ont fait que reproduire une procédure de calcul publiquement discutée et ainsi mise en valeur. Outre le fait que la procédure de calcul n'a pas été intégralement exposée, les résolutions examinées concernent un nouveau problème. D'autre part, l'analyse détaillée des traces écrites montre qu'un certain nombre d'élèves semble s'être approprié les dimensions discutées dans l'IC, mais en les réinvestissant soit en termes d'addition successive du plus grand terme seulement, soit déjà par le remplacement des itérations par des combinaisons de multiplications et additions. Dans les deux cas de figure – mais également concernant l'élève qui cherche à effectuer une multiplication en colonnes – ces procédures sont plus rapides que celles initialement déployées dans les premières séances. Mais il est à souligner que la plupart des résolutions reste des tentatives qui n'aboutissent pas encore à un résultat.

Comparativement à la microculture de classe de Paula, dans laquelle nous avions mis en évidence le nombre de résolutions différentes mobilisées par les élèves, il convient de préciser que, dans la séquence *Au Grand Rex*, les élèves de Luc ont également développé diverses résolutions, notamment par le moyen de la démarche de vérification des résultats. Mais à la différence de la classe de Paula, le rôle des élèves est de devoir sélectionner, parmi les résolutions possibles, celle qui est considérée comme la plus efficace (rapide). L'exposition des résolutions différentes n'a pas pour finalité de faire co-exister plusieurs résolutions (microculture de classe de Paula), mais elle incite l'évolution des procédures de calcul vers des résolutions plus efficaces stipulant un renoncement à d'autres démarches.

Quelques effets dans la séquence «Course d'école»

Concluons ce chapitre en interrogeant les effets à plus long terme de la NSM-RP de devoir privilégier des résolutions efficaces dans la microculture de classe de Luc, dans la séquence *Course d'école*. En effet, si en début d'apprentissage, cette norme semble contribuer, de façon positive, à la régulation des apprentissages des élèves, qu'en est-il à plus long

---

Au Grand Rex, il parvient pour P2 à la formulation d'une équation, bien qu'encore erronée (30 x 16 x 5).

terme? Dans le problème initial *Course d'école*, la majeure partie des élèves (12/17) utilise la résolution considérée comme experte qui est de multiplier les termes décomposés d'un des facteurs. Rappelons qu'elle a été négociée comme étant *l'unique* procédure efficace dans le cas de multiplications comprenant un facteur à un chiffre et un facteur à deux chiffres. Bien que cette procédure semble *taken-as-shared* dans la séquence *Course d'école* (statut qu'elle n'avait pas encore dans la séquence *Au Grand Rex*), notre analyse des traces écrites montre que cinq élèves ne la déploient pas: Cha semble effectuer d'autres tentatives de résolution multiplicative, Cec et Lea n'ont pas identifié la structure multiplicative du problème *Course d'école*, et Bra et Fab, une fois la formulation multiplicative notée, choisissent de résoudre le problème par une addition successive du plus grand terme.[22] Concernant cette dernière dyade, un épisode tout particulièrement intéressant témoigne des attentes et obligations qui se sont construites dans la microculture de classe de Luc. L'extrait porte sur le problème initial *Course d'école* et concerne la façon de calculer 7 x 20, dans le but de résoudre le calcul 7 x 28:

Extrait L.16

161	Isa	7 fois 20 ↗ // on fait 7 fois 2 et puis après on rajoute un zéro derrière
162	E	7 fois 2 ça fait //
163	Pl	14 //
164	E	(note au tableau) et puis après //
165	Ema	140
166	E	je mets un zéro derrière ↘ (note au TN) / tu as vu Fab ↗ /
167	Fab	ouais /
168	E	ça c'est un truc qui était là / (parle du panneau…) je ne dis pas que ton truc (addition successive) il est **faux** ↗ // je dis qu'il est plus long / à faire ↘ // donc tu dois gagner du temps // alors si tu veux gagner du temps / alors utilise ce truc //
172	Fab	mais moi quand j'ai fait avec ma technique (addition successive) / ça veut dire comme ça / ben on n'a pas pris beaucoup de temps hein //
173	E	qu'est-ce que je t'ai dit ///
174	Fab	que ça / que ça faisait (xxx)
175	E	j'ai mis combien de temps pour faire celui-là ↘ /
176	Mer	[deux minutes

21　Il s'agit de la résolution développée par ces deux élèves à la fin de la première séquence d'enseignement/apprentissage, acceptée à ce moment-là.

177 Tam [deux secondes /
178 E   deux secondes ↗ // maintenant ta technique // c'est de faire //
         (note au TN) 20 40 60 80 / 100 120 140 // est-ce que c'est long ↘ /
179 Fab [non // non c'est pas très long // c'est pas
180 X   [oui
181 E   non ce n'est pas très long je suis d'accord avec toi / mais qu'est-ce
         qui est le plus long ↘ / ça ↗ (montre l'addition successive) / ou ça
         ↘ / (montre la multiplication)
182 Pl   ça
183 Fab ça (obtempère)
184 E   ça de toute façon / donc si tu veux **gagner** du temps / prends la
         technique / **la** / plus // **rapide** / hein / et la plus rapide ce sera
         celle-là ↘ /// je ne dis pas que celle-ci est fausse elle est juste hein
         // mais elle va parce que tu as un petit nombre parce que si tu
         avais un grand nombre et bien je peux te dire que tu en aurais
         pour un moment hein // d'accord ↗ / (L-IC-S2.2)

Cet extrait illustre la forte intention de standardisation des procédures de calcul que les élèves doivent utiliser, une standardisation justifiée à des fins d'efficacité. La diversité des résolutions n'est plus acceptée dans la séquence *Course d'école*. Même une démarche estimée efficace à titre individuel n'est pas légitimée au plan communautaire. Si la négociation relative à l'efficacité des résolutions apparaît être au cœur de la dynamique des processus d'enculturation et de construction individuelle, elle paraît toutefois très contraignante telle qu'elle est actualisée dans la microculture de classe de Luc. Notre hypothèse est qu'elle pourrait produire des effets négatifs sur l'apprentissage de *certains* élèves. Un signe s'observe, par exemple, dans la résolution du problème initial *Course d'école* effectuée par Lea et Cec. En effet, ces élèves, une fois la relation multiplicative identifiée, semblent éprouver des difficultés à multiplier en décomposant un des deux termes. Mais le constat particulièrement frappant est que Lea et Cec ne paraissent pas chercher une *autre* résolution, additive par exemple, qui leur permettrait de résoudre les calculs. Dans le problème initial *Au Grand Rex* de la première séquence d'enseignement/apprentissage, ces élèves avaient pourtant été capables de mobiliser une procédure additive pertinente. Dans la microculture de classe de Luc, dès qu'une démarche devient socialement reconnue comme étant «la» procédure de calcul efficace comme c'est le cas dans la séquence *Course d'école*, il apparaît que le rôle de l'élève est de devoir la reproduire. Les résultats d'un certain nombre de recherches mettent cependant en garde contre ce type d'attentes (e.g., Brown *et al.*, 1989; Hiebert *et al.*, 1996; Lave, 1992; Schoenfeld, 1985) qui peut inciter les élèves à ne pas entrer dans une véritable problématisation mathématique car trop focalisés à produire la démarche attendue par l'enseignant. Alors qu'initialement la NSM-RP de l'efficacité dans la microculture de classe de Luc paraît contribuer, de façon positive, à la construction du sens de la multiplication eu égard à l'addition (séquence *Au Grand Rex*), celle-ci semble, en contre partie, devenir un obstacle à la prise en compte des différences entre les élèves à plus long terme (séquence *Course d'école*). Mais ces quelques constats soulignent également le difficile équilibre à trouver entre les constructions individuelles des élèves et la contrainte de l'adéquation avec les conventions auxquelles l'enseignant a la responsabilité de les enculturer.

Chapitre 6

Discussion et perspectives conclusives

Ce dernier chapitre propose une synthèse critique de la dynamique des deux microcultures de classe que nous avons étudiées. Il souligne les apports principaux de notre recherche, ainsi que quelques points critiques. Un essai de modélisation des structures de participation est présenté dans la première partie, mises en perspective avec quelques modèles de la littérature. Une deuxième partie expose les résultats à un test soumis aux élèves en fin d'année scolaire. Quelques éléments de discussion sont proposés sur la qualité des apprentissages mathématiques réalisés par les élèves dans les deux microcultures de classe étudiées. Finalement, nous concluons en esquissant quelques implications pédagogiques et quelques pistes pour d'autres recherches.

MODÉLISATION DES STRUCTURES DE PARTICIPATION ÉTUDIÉES

Notre démarche d'analyse nous a amené à inférer un nombre relativement limité de normes sociomathématiques *taken-as-shared*, autrement dit des normes qui sont vues comme socialement reconnues et partagées par les membres de chaque microculture de classe. Nos résultats montrent qu'elles forment un système dynamique d'éléments inter-reliés, à appréhender en un tout signifiant. Elles produisent des régularités dominantes qui structurent la participation des élèves aux pratiques mathématiques de la classe. Malgré l'apparente simplicité de ces normes, nos interprétations montrent qu'elles créent des systèmes de significations et d'attentes mutuelles différentes qui, selon la thèse situationniste, s'incarnent dans les pratiques sociales de chaque classe et marquent les activités et apprentissages mathématiques des élèves.

Dans notre étude des structures de participation, nous avons introduit une distinction entre les aspects normatifs de la participation des élèves lorsqu'ils ont à s'exprimer en tant qu'*auteur* de la résolution portée au plan public, ou quand ils doivent s'exprimer sur une proposition d'un *pair*. Cette distinction, que nous allons plus particulièrement formaliser ici, souligne les deux statuts que l'élève peut avoir lorsqu'il participe aux IC et qui impliquent des contributions différentes de sa part. Elle nous permet d'observer la façon dont ces statuts sous-tendent la médiation sociale des propositions rendues publiques dans l'IC, à des fins d'évolution et de régulation réflexive entre processus sociaux et individuels. Cette distinction apparaît dans un essai de modélisation des structures de participation de chaque microculture que nous présentons dans la figure 11.

NSM-IC	communes aux deux microcultures	NSM-IC1: *expliquer sa résolution mathématique* NSM-IC2: *expliquer une résolution mathématique différente*	
	propre à MC Paula propre à MC Luc	P-NSM-IC3: *re-expliquer, poursuivre la résolution du pair* L-NSM-IC3: *exprimer son avis sur la proposition math du pair*	
MC Paula	<u>Contributions des élèves (auteurs):</u> P-NSM-IC1/2 → évaluation par l'enseignante dans la même séquence thématique ⌐ <u>Contributions des élèves (pairs):</u> P-NSM-IC3 → évaluation par l'enseignante		NSM-RP: Plusieurs résolutions différentes sont possibles et valorisées
MC Luc	<u>Contributions des élèves (auteurs):</u> *(NSM-IC3)* - implication des élèves dans l'évaluation L-NSM-IC1/2 → ▪ dans la même séquence thématique ▪ dans une autre séquence thématique de l'IC ▪ dans une autre IC - évaluation par l'enseignant ⌐ <u>Contributions des élèves (pairs):</u> L-NSM-IC3 → - implication des élèves • critère de pertinence dans l'évaluation • critère d'efficacité - évaluation par l'enseignant		NSM-RP: Plusieurs résolutions sont possibles, mais on privilégie la plus efficace

Figure 11. Modélisation des structures de participation étudiées.

La première partie de la figure rappelle les NSM-IC *taken-as-shared* communes aux deux microcultures de classe, puis celles qui leur sont spécifiques. Les deux parties suivantes de la figure 11 (MC Paula, MC Luc) exposent, pour chaque microculture de classe, les NSM-IC qui sous-tendent les contributions participatives des élèves en tant qu'*auteurs* de la proposition mathématique formulée, ainsi que celles qui sont liées aux contributions portant sur les propositions mathématiques des *pairs*. La responsabilité plus ou moins partagée de l'évaluation des propositions liées aux NSM-IC est indiquée (→ dans la figure 11): soit l'évaluation est portée par l'enseignant seulement, soit celle-ci est partagée entre les membres de la classe. Il est également indiqué dans quelle mesure l'évaluation est immédiate (dans la même séquence thématique) ou différée (dans une séquence thématique ultérieure de l'IC, dans une autre IC). Enfin, les structures de participation dégagées dans chaque microculture de classe sont mises en regard avec la NSM-RP que nous avons considérée comme prédominante dans la construction et la négociation des pratiques mathématiques socialement reconnues dans la microculture de chaque classe.

La distinction que nous proposons entre auteur et pair constitue une entrée de discussion pour les deux prochaines parties. Si, pour les besoins du discours, nous sommes tenue de choisir des entrées privilégiées, nous tenterons, dans la mesure du possible, de conserver notre posture qui est celle d'appréhender les aspects inter-reliés des dimensions que nous avons étudiées. Notre point de vue est que l'intérêt de nos observations réside précisément dans cette mise en relation.

LA PARTICIPATION LIÉE AUX EXPLICATIONS DES AUTEURS DE LA RÉSOLUTION

Dans nos chapitres de résultats, nous avons mis en évidence qu'une NSM commune aux deux microcultures de classe était de devoir expliquer, dans l'IC, la démarche de résolution entreprise dans les travaux de groupes – voire des démarches élaborées au cours même des IC comme nous avons pu l'inférer à de plus rares occasions. Une autre demande récurrente commune aux deux classes, était qu'il s'agissait, ensuite, pour les pairs de proposer des explications de résolutions différentes. Cette norme incite à prendre en compte les propositions des autres membres de la classe. Dans l'absolu, l'élève est contraint, par cette demande, à écouter les propositions de ses camarades, tenter de les comprendre, les comparer avec les siennes, et évaluer si elles sont identiques ou différentes. Les élèves sont ainsi amenés à porter des jugements sur la base des critères construits collectivement relativement à ce que signifie une différence mathématique au plan communautaire (Yackel & Cobb, 1996).

Ces commentaires concernent évidemment les élèves qui s'engagent activement dans les processus de participation aux pratiques mathématiques de la classe, impliquant qu'ils interviennent dans les échanges ou, au minimum, qu'ils soient dans une position d'écoute active (Hatano & Inagaki, 1991; Wood, 1999).

De nombreux auteurs ont souligné l'importance du langage dans l'apprentissage, notamment concernant la prise de conscience qui, selon Vygotski, (1997/1934), apparaît essentielle pour la maîtrise de son activité sociocognitive. Bruner (1983) rappelle la double fonction du langage, celle de communication et de représentation, qui est au service de l'apprentissage dans l'interaction sociale, notamment dans le cadre d'interactions de tutelle entre un adulte et un enfant dans la zone proximale de développement:

> Cet outil (le langage) est privilégié par le fait qu'il permet non seulement la prise de conscience, mais aussi la communication et les relations sociales. [...] Et c'est précisément le double aspect du langage, en tant qu'instrument à la fois de la pensée et de communication, qui rend possible les processus d'apprentissage assistés entre enfants et adultes. (p. 287)

Dans le cadre des relations interpersonnelles qui se développent dans les IC, les normes sociomathématiques associées à l'explication de l'élève contraignent et tout à la fois rendent possible (*affordances*) la verbalisation, l'explicitation et la communication de son interprétation et de son raisonnement mathématiques. Elles sont favorables à une participation des élèves qui engage des prises de conscience et objectivations de son activité mathématique, vues comme propices au développement de compétences métacognitives. Les IC que nous avons analysées se distinguent évidemment des échanges dyadiques étudiés par Vygotski et Bruner. Les travaux d'Hogan et Pressley (1997) ont pour objectif d'élargir cette conception d'étayage dyadique à un plus grand nombre de participants, avec l'hypothèse que les situations d'IC en classe peuvent également contribuer à la création de zones proximales de développement. Défini comme une forme de participation aux pratiques de la classe, l'étayage de l'enseignant consiste notamment, selon les chercheurs, «to organize the learning environment to establish an underlying culture that centers around thinking together with students» (p. 88). Rejoignant les travaux de Brown et Campione (1990, 1994), ce fonctionnement social et communautaire est considéré comme propice au développement de «multiples zones proximales de développement» dans la classe, y compris par l'exploitation de ressources matérielles mises à la disposition des apprenants. Nous n'avons pas, pour notre part, analysé les IC du point de vue de l'étayage de l'enseignant à des fins de construction conjointe de zones proximales de développement. Toutefois, nous proposons de retenir l'hypothèse soutenue par plusieurs chercheurs, dont Cobb, Boufi *et al.* (1997), que les normes liées à l'explication par les élèves de leurs interprétations et raisonnements mathématiques dans les IC y sont favorables.

LA PARTICIPATION LIÉE AUX CONTRIBUTIONS DES PAIRS

Nos développements portent, dans cette partie, sur les aspects normatifs de la participation des élèves lorsque leur rôle est de s'exprimer sur les contributions de leurs pairs. Cela nous amènera à questionner l'implication des élèves dans les processus d'*évaluation interactive*, en relation avec quelques modèles prescriptifs de la littérature. Comme nous l'avons présenté dans le premier chapitre de cet ouvrage, certains travaux de la perspective située ont eu pour projet de développer des modèles d'environnements pédagogiques dont le but était de promouvoir des apprentissages plus significatifs. Alors qu'une des caractéristiques de ces modèles est l'engagement des élèves dans des pratiques d'évaluation et d'argumentation collectives, il est intéressant de discuter les processus participatifs des microcultures de classe de Paula et de Luc en relation avec ces pratiques.

Rappelons que les structures de participation valorisées dans la classe de Paula se fondent essentiellement sur les explications mathématiques des élèves. Très peu de situations de justification ont été observées. L'enseignante ne cherche pas à créer des conditions de confrontations de points de vue entre les élèves. Outre les aspects liés aux explications *différentes* cités plus haut, la participation des élèves portant sur les contributions des pairs consiste principalement à devoir poursuivre l'explication d'une résolution d'un camarade ou à la ré-expliquer (P-NSM-IC3). En d'autres mots, il s'agit essentiellement d'activités de reproduction d'un contenu initialement énoncé par un pair qui, comme nous l'avons souligné précédemment, représente une façon de le valoriser au plan social de la classe.

Dans la classe de Luc par contre, les explications mathématiques des élèves sont souvent assorties de demandes de justification adressées à l'auteur de la proposition. Ensuite, l'enseignant sollicite le point de vue des pairs (L-NSM-IC3), notamment dans le cas de raisonnements erronés et lors de propositions nouvelles et plus sophistiquées que celles déjà admises comme socialement reconnues et partagées. Dans ce cas, les élèves sont parfois amenés à argumenter leur point de vue qui, à nouveau, est soumis à l'avis des pairs. Ainsi, lorsque les élèves ont à s'exprimer sur les propositions de leurs camarades, ce sont essentiellement des contributions de développement qui leur sont demandées. Nous n'avons observé que très peu de demandes consistant à devoir re-expliquer la résolution d'un pair par exemple. La microculture de classe de Luc apparaît, en ce sens, sous-tendue par des situations de justifications et d'argumentations collectives – ou tout au moins des tentatives d'argumentations – qui s'approchent des caractéristiques définies par Cobb et ses collègues d'une microculture de classe de tradition investigatrice (Cobb, Wood *et al.*, 1992; Cobb *et al.*, 1994). Poursuivons en questionnant ces situations d'argumentations en lien avec l'objectif de promouvoir en classe la construction d'une réalité mathématique socialement partagée et objectivée et de développer une autonomie sociale et intellectuelle des élèves. Rappelons que dans une perspective située, cette autonomie de l'élève est définie en relation avec les pratiques de la microculture de classe et non pas en tant que caractéristique individuelle qui serait indépendante du contexte (Cobb & Bowers, 1999; Yackel & Cobb, 1996).

Implication de l'élève dans les processus d'évaluation interactive

Selon Cobb et ses collègues, une microculture de classe qui cherche à promouvoir l'autonomie des élèves privilégie non seulement des situations d'explication, mais également de justifications dans l'IC. La microculture de tradition investigatrice est comparée à une «communauté de validation», notamment en raison des argumentations mathématiques produites par l'ensemble des membres de la classe. Celles-ci permettent l'établissement de «vérités mathématiques» qui ne sont pas seulement liées à la parole de l'enseignant, mais qui se fondent sur des arguments qui ont fait l'objet d'un consensus entre les membres de la communauté classe. Les observations empiriques des chercheurs ont montré que ces vérités mathématiques exercent une fonction *régulatrice* à l'intérieur de la communauté; par exemple lorsqu'un membre transgresse une vérité communément établie, il est enjoint à expliquer son activité et à la justifier.

Dans des classes de l'enseignement obligatoire supérieur, se référant au modèle *community of learning* de Brown et Campione (1990), Brown et Renshaw (2000) analysent des situations d'argumentations collectives avec le constat que celles-ci contribuent à rompre le pattern classique IRE et à réduire la relation asymétrique entre l'enseignant et les élèves: «authority and authorship are spread among members of the classroom rather than held by the teacher alone» (p. 65). Notons cependant que ce partage d'autorité n'a quasi jamais été observé par Edwards et Mercer (1987) dans l'enseignement primaire. La recherche de Wood (1999), quant à elle, documente comment des situations d'argumentations collectives peuvent déjà être construites entre un enseignant et ses élèves dans une classe de deuxième année primaire en mathématiques qui a été observée pendant 18 mois. Les résultats de recherche illustrent la façon dont de jeunes élèves sont déjà capables, suite à l'explication par un pair de sa solution à un problème, d'exprimer un désaccord, de tenter de le justifier puis, toujours par le moyen d'une participation *guidée*, d'exprimer des arguments afin de surmonter le désaccord initial. Mais comme précisé par Wood, il ne s'agit pas encore, à l'école primaire, de développer une logique de la preuve au sens strict du terme, mais «in a context of argument, students are able to experience mathematics as a discipline that relies on reasoning for the validation of ideas» (p. 189).

Rappelons que de nombreux résultats de recherche ont démontré que les mathématiques scolaires, plus particulièrement l'arithmétique écrite, apparaissent souvent aux yeux des élèves comme étant essentiellement des manipulations de symboles, débouchant sur un calcul routinier réalisé sans une réelle compréhension conceptuelle (e.g., Lave, 1992; Nunès, 1991; Schoenfeld, 1988). «As a consequence, mathematics [...] appears to be a depersonalized, self-contained activity that is divorced from other aspects of students' life» (Cobb & Yackel, 1998, p. 162). Une des critiques de Resnick (1987), formulée à l'encontre d'un enseignement «traditionnel» des mathématiques, est que les résolutions de problèmes en situation de classe sont trop fortement fondées sur la symbolisation, valorisant ainsi une «pure abstraction mathématique». Notre avis, à la suite de Cobb et Yackel, est qu'il ne s'agit pas tant de limiter l'usage des symboles et autres notations mathématiques. L'enjeu est que ceux-ci soient perçus comme une façon d'agir sur une réalité mathématique expérimentée et objectivée, notamment par le moyen de raisonnements et d'argumentations collectifs.

Il est intéressant de relever que toutes ces recherches soulignent la relation entre les situations d'argumentations collectives en classe et l'implication des élèves dans les processus de validation des propositions mathématiques portées au plan public. Ce constat s'observe également dans notre étude des structures de participation valorisées dans la microculture de classe de Luc. En effet, il ressort de nos analyses interprétatives que lorsque les élèves de Luc doivent exprimer un avis sur une proposition d'un pair, cela signifie devoir évaluer la pertinence de la proposition et aussi l'efficacité des résolutions expliquées. Ce type de critères a également été souligné dans les résultats de recherche de Yackel et Cobb (1996), liés à la négociation de ce que représente une résolution mathématique sophistiquée, «élégante» ou efficace. Nos analyses dans la classe de Luc montrent que l'évaluation peut être immédiate, c'est-à-dire qu'elle a lieu dans les tours de parole qui font immédiatement suite à la proposition étant l'objet de l'évaluation. Mais elle peut également être différée: dans une autre séquence thématique de l'interaction (e.g., lorsqu'une alternative est proposée à une solution déjà exposée), voire dans une IC ultérieure (e.g., la validation du résultat du problème *Au Grand Rex* dans la dernière leçon de la séquence d'enseignement/apprentissage). Mais l'implication des élèves dans l'évaluation ne signifie pas une absence d'évaluation de la part de l'enseignant qui s'est toujours manifestée à un moment du processus.

Comme souligné par Linda Allal (1999), chercher à impliquer les élèves dans les processus d'évaluation «a pour but ultime de développer des conduites plus réfléchies et plus autonomes» (p. 45). L'auteure insiste sur l'importance des situations sociales, telles les IC dans le cadre de notre recherche, pour la construction et l'appropriation par les élèves des critères d'(auto)évaluation. Dans une perspective située, ces critères sont conceptualisés en tant que significations *taken-as-shared* au plan communautaire de la classe. Les élèves sont ainsi amenés à porter des jugements en fonction d'un référentiel vu comme socialement partagé, construit sur la base d'activités mathématiques conjointes et objectivées, et non pas en fonction seulement de l'autorité mathématique et sociale de l'enseignant. Mais cela stipule que les élèves acceptent que l'évaluation soit aussi de leur responsabilité. Les résultats de recherche montrent que cette implication des élèves engage des processus de négociation entre les membres de la classe (Brown & Renshaw, 2000; Cobb *et al.*,

1994; Yackel & Cobb, 1998). Dans le cadre de nos analyses de la classe de Luc, des épisodes de négociation *explicite* y ont contribué, en plus de la négociation *implicite* qui a eu lieu lorsque les membres de la classe tentaient de coordonner leurs activités mathématiques conjointes et, ce faisant, leurs attentes et leurs rôles réciproques.

RÉGULATION SITUÉE AUX PLANS INDIVIDUEL ET SOCIAL

Les quelques caractéristiques que nous venons à l'instant d'évoquer concernant les normes associées à l'explication dans l'IC, ont été largement soulignées dans les recherches citées dans notre revue de littérature. Nos propres résultats de recherche ont, quant à eux, tenté plus particulièrement d'interpréter le rôle de ces normes dans la *relation de régulation* (ou relation dite réflexive) entre les processus sociaux et individuels. Il ressort de nos interprétations que la contrainte de devoir expliquer des résolutions mathématiques *différentes* contribue tout particulièrement au développement d'une dynamique interactive de microculture de classe qui cherche à s'appuyer sur les contributions participatives et actives des élèves. Nos résultats tendent à montrer que cette NSM est au coeur de la *régulation réflexive* entre la constitution des pratiques mathématiques de la classe et l'évolution des activités mathématiques des élèves – et potentiellement du développement de leurs apprentissages individuels. Développons cette hypothèse sur la base de nos analyses des microcultures de classe de Paula et de Luc, eu égard également à la NSM prédominante dans chaque classe qui traverse l'ensemble des activités de résolution de problèmes (NSM-RP).

Dans la microculture de classe de Paula, nos analyses détaillées des deux séquences d'enseignement/apprentissage ont mis en évidence que l'évolution des pratiques liées au passage de la conception additive à la conception multiplicative s'est appuyée sur les apports des élèves initialement développés dans les travaux de groupes. Ces apports avaient été soit anticipés par l'enseignante (e.g., additions successives des termes décomposés d'un facteur), soit n'étaient pas attendus par elle (e.g., procédure par «regroupement en paquets»). Différentes résolutions ont été expliquées par les élèves au plan collectif. Notons que ce n'est pas très novateur en soi. Même dans le cas d'une correction collective traditionnelle, les élèves sont souvent amenés à devoir expliquer des réponses qui ne sont pas forcément identiques. Mais, dans la microculture de classe de Paula, par le moyen des explications des élèves, plusieurs procédures de calcul différentes ont été acceptées, validées et socialement reconnues comme pertinentes pour résoudre un *même* problème. Rappelons que la règle, dans un premier temps, est de construire une interprétation commune relativement à la relation multiplicative du problème par le moyen d'un guidage ciblé de l'enseignante. Une fois cette interprétation collectivement construite, les élèves ont la légitimité de résoudre la/les multiplications identifiée/s par des procédures de calcul pouvant être différentes. Les explications collectives de ces différentes procédures n'ont pas visé une standardisation immédiate de l'une d'entre elles; elles ont débouché sur leur *co-existence*. L'attente de l'enseignante est que les élèves choisissent des calculs qui aient du sens pour eux.

Comme souligné par Yackel et Cobb (1996), la norme rattachée à l'explication de résolutions mathématiques *différentes* de celle(s) déjà exposée(s) par un pair contribue à la construction de la représentation qu'il n'y a pas une seule et unique solution possible aux problèmes mathématiques. Elle devrait donc limiter le phénomène consistant à ce que l'activité de l'élève soit davantage sous-tendue par la recherche de «la» solution supposée attendue par l'enseignant, au détriment parfois d'une réelle compréhension conceptuelle comme montré par les recherches. Elle légitime la possibilité de pouvoir choisir parmi différentes possibilités, y compris de proposer des solutions qui n'ont encore jamais été portées au plan public. Les élèves contribuent ainsi à la constitution des pratiques mathématiques de la classe, en proposant leurs propres façons de résoudre les problèmes – des démarches en principe empreintes de sens pour eux – plutôt que de suivre des instructions procédurales que l'enseignant leur aurait préalablement dispensées (Yackel & Cobb, 1996). Prenant un statut public dès qu'elles sont expliquées dans l'IC, les résolutions des élèves peuvent devenir des connaissances collectives et distribuées dans la communauté classe (Collins, 1998). Toutefois, il est à souligner que toutes les propositions des élèves ne deviennent pas, *de facto*, des connaissances admises comme reconnues et partagées au plan communautaire; ce sont celles qui sont socialement médiatisées lors de l'IC et qui sont considérées comme légitimes. Nos observations ont montré que, dans la microculture de classe de Paula, l'enseignante tend à valider des résolutions qui sont plus sophistiquées que celles qu'elle estime maîtrisées par l'ensemble des élèves. Mais elle semble ne pas chercher à faire expliquer et partager les résolutions les plus expertes si celles-ci sont considérées comme étant hors de portée des élèves de niveau scolaire faible. Nos analyses de l'évolution des résolutions écrites des élèves ont fait ressortir que la médiation, dans l'IC, de ces différentes propositions mathématiques a amené certains enfants à progresser vers des conceptions plus sophistiquées de la résolution du problème que celles initialement développées dans les premiers travaux de groupes. Une évolution au plan collectif et individuel a été observée au fil des différents problèmes, les élèves semblant reconnaître le «droit» à tenter et à proposer des résolutions mathématiques différentes, y compris si celles-ci n'avaient encore jamais été abordées au plan public; nos analyses établissent que ce sont principalement des élèves d'un bon niveau scolaire en mathématiques qui ont contribué à cette régulation.

Dans la microculture de classe de Luc, la norme de l'explication mathématique différente a concouru également à l'exposition de plusieurs procédures de calcul pertinentes pour résoudre un même problème. Mais rappelons qu'elles n'ont pas été mises en relation avec une interprétation commune de la relation mathématique en jeu dans le problème, comme c'est la règle dans la microculture de classe de Paula. Les explications des élèves ont également porté sur des démarches développées sans démonstrations préalables de l'enseignant, fondées sur leurs propres interprétations et raisonnements – conjointement construits avec le partenaire de groupe dans le cas d'une résolution collaborative. Autrement dit, la constitution interactive des pratiques mathématiques de la classe s'est appuyée sur des contributions des élèves, tout comme dans la classe de Paula. Par contre, elle a été fortement sous-tendue par la négociation de la norme consistant à devoir privilégier des résolutions efficaces. Ainsi, le fait de solliciter des explications différentes a concouru, dans la microculture de classe de Luc, non pas à faire coexister plusieurs procédures de calcul légitimées, mais elle a visé la régulation des pratiques collectives et activités individuelles vers des résolutions plus efficaces. Une fois celles-ci socialement reconnues et partagées, la demande d'expliquer des résolutions différentes n'a plus été sollicitée de façon aussi systématique par l'enseignant. Si, en début d'apprentissage, plusieurs procédures de calcul paraissaient acceptées, elles ont été progressivement remplacées par des procédures de calcul jugées plus efficaces débouchant sur un processus de standardisation. Il est devenu non légitime dans la classe de Luc d'utiliser des résolutions estimées inefficaces au plan communautaire, bien que pertinentes. Si certains élèves l'ont néanmoins fait dans des travaux de groupes, nos analyses ont montré que, dans la deuxième partie de l'année scolaire, leurs résolutions ont été refusées au plan collectif de la classe. Nous avons également mis en évidence que ce ne sont pas les élèves d'un bon niveau scolaire en mathématiques qui ont forcément contribué de façon significative à l'évolution des pratiques mathématiques de la classe.

Un des apports de nos résultats de recherche, qui n'apparaît pas dans les travaux sur la microculture de classe de Cobb et de ses collègues, est de mettre en évidence comment des normes qui, *a priori*, semblent identiques dans deux classes peuvent, de fait, être saisies dans des dynamiques sociales, des significations, des finalités contrastées. Ces éléments de synthèse permettent également de souligner le rôle des processus d'appropriation des résolutions des pairs dans la relation de régulation entre l'évolution des pratiques mathématiques de la classe et le développement des apprentissages mathématiques des élèves. En effet, en tentant de s'approprier des propositions mathématiques des pairs, les élèves développent une compréhension de celles-ci qui contribue à la construction du statut *taken-as-shared* des pratiques mathématiques en cours de constitution. Dans une relation réflexive, l'hypothèse constructiviste est que le fait de tenter de s'approprier les raisonnements des pairs en participant aux pratiques mathématiques de la classe offre des opportunités de réorganisation de l'activité individuelle, que ce soit au cours même des IC ou de façon différée, par exemple dans de nouveaux travaux de groupes (Allal, 1988; Mottier Lopez, 2007).

Un autre apport de notre recherche est d'avoir dégagé l'aspect *fonctionnel* que revêtent les différentes formes interactionnelles eu égard à la négociation des significations mathématiques entre l'enseignant et les élèves. En effet, il ressort que chaque microculture de classe se caractérise par une *variation typique* des patterns interactifs en fonction de la genèse des pratiques mathématiques, plus particulièrement en fonction de la construction de leur statut *taken-as-shared*. Dans le cadre de notre approche, il conviendrait, évidemment, d'accroître le nombre d'observations dans d'autres classes afin d'observer si ces «profils de variation» s'observent de façon plus générale. Chez les auteurs situationnistes, cette variation des structures de participation n'a pas été étudiée à notre connaissance. Pourtant, selon Greeno (1997), les patterns interactifs – y compris leur variation, ajoutons-nous – représentent une dimension contextuelle de l'activité de l'élève avec laquelle se co-constituent les apprentissages. Elles font partie intégrante des systèmes de significations, souvent implicites, propres à chaque communauté classe, tout en contraignant une forme de participation aux pratiques mathématiques de la classe. Plus concrètement, cela signifie que l'on ne participe pas de la même façon selon la nature plus ou moins reconnue et partagée des propositions mathématiques.

Au plan conceptuel, notre exploitation du concept de *taken-as-shared*, qui nous a servi à questionner la variation des structures de participation, a pris en compte deux dimensions complémentaires. (1) La construction, dans le *hic et nunc* interactif, d'une compréhension partagée entre les participants à des fins de communication et d'échanges interpersonnels, stipulant que même si on n'a jamais l'assurance d'avoir une interprétation et compréhension identiques, il est nécessaire de faire «comme si» elles l'étaient. Cette définition rejoint la définition interactionniste et microsociologique de Krummheuer (1988) et de Voigt (1994, 1996), ainsi que le concept de *grounding mechanisms* de Clark et Brennan (1991) dans une analyse conversationnelle. Un rapprochement peut également être fait avec la conception d'*indeterminacy* de Newman *et al.* (1989) qui, quant à eux, ajoutent une dimension supplémentaire en concevant que cette indétermination est au cœur des processus d'appropriation des outils et pratiques socioculturelles de référence dans la zone proximale de développement conjointement construite entre les participants. (2) D'autre part, en puisant dans les propositions de Cobb et de ses collègues (e.g., Bowers *et al.*, 1999; Cobb, Gravemeijer *et al.*, 1997; Cobb *et al.*, 2001), le concept de *taken-as-shared* a tenté de rendre compte de la dimension «vue comme socialement reconnue et partagée» des normes et des pratiques de la classe stipulant une dimension temporelle plus longue que celle de la construction immédiate, en situations d'interaction sociale, des compréhensions intersubjectives supposées communes. Il se rapproche, en ce sens, de la conception de *common knowledge* d'Edwards et Mercer (1987), mais en ajoutant l'idée qu'on n'a jamais l'assurance que ces connaissances soient, de fait, totalement «communes» entre les participants.

DISCUSSION DES APPRENTISSAGES MATHÉMATIQUES RÉALISÉS DANS CHAQUE MICROCULTURE DE CLASSE

Rochex (2004), dans son introduction à un numéro de la *Revue française de pédagogie* consacré aux recherches sur l'évaluation et la compréhension des effets des pratiques pédagogiques, met en garde contre le risque qu'il y aurait à penser que l'apprentissage serait une conséquence directe de l'enseignement. Rappelons que notre conception située de l'apprentissage critique précisément l'idée d'une relation directe et déterministe entre processus sociaux de participation et processus psychologiques individuels. Comme argumenté par Cobb, Boufi *et al.* (1997), les processus sociaux de participation offrent des *opportunités* d'apprentissage mais ils ne garantissent pas l'apprentissage. C'est toujours l'enfant qui doit activement construire sa compréhension et son interprétation lorsqu'il participe aux pratiques de la classe et ceci quelle que soit la nature des processus sociaux. Cette position permet notamment de rendre compte des différences interindividuelles entre des élèves qui, pourtant, participent aux mêmes pratiques sociales vues comme reconnues et partagées au plan communautaire. D'autre part, la thèse situationniste de la relation de co-constitution et de régulation entre activité individuelle et contexte incite à dépasser l'idée d'un effet unidirectionnel des pratiques pédagogiques sur les apprentissages des élèves, en faveur d'une conception de construction conjointe; les élèves sont vus comme pouvant participer à la constitution du contexte et, de fait, influencer la dynamique de microculture de classe.

RÉSULTATS À UN TEST PASSÉ EN FIN D'ANNÉE SCOLAIRE

Compte tenu de ces remarques préliminaires, esquissons maintenant quelques considérations sur la qualité des apprentissages mathématiques réalisés par les élèves dans les classes de Paula et de Luc. De façon modeste, nous avons récolté quelques informations, par le moyen d'un test «papier crayon» soumis au mois de juin, en fin d'année scolaire (voir annexe 5); sa limite principale est, évidemment, de ne pas prendre en compte la compétence des élèves à participer aux pratiques mathématiques de la classe ni le sens qu'ils y donnent. Ce test a cependant pour intérêt de fournir quelques informations sur la capacité de chaque élève, en tant qu'individu-solo au sens de Perkins (1995), de résoudre des problèmes multiplicatifs après une période de formation d'une année scolaire. Les résultats de ce test ont été mis en perspective avec les premières traces écrites des élèves dans le problème *Au Grand Rex*.

Le test, non connu par les enseignants, est composé de deux problèmes impliquant différentes opérations (addition, soustraction, multiplication), afin de faire varier les relations mathématiques en jeu et de proposer des énoncés de problèmes d'un certain niveau de complexité.

Le but était d'observer dans quelle mesure les élèves parviennent à identifier la relation multiplicative dans le cadre de problèmes de classes différentes (Vergnaud, 1981). D'autre part, les opérations multiplicatives en jeu étaient d'un niveau de difficulté contrasté. Cela devait permettre d'étudier dans quelle mesure les élèves utilisent des procédures de calcul différentes en fonction de la difficulté de la multiplication et de confronter les différentes résolutions choisies par les élèves aux pratiques mathématiques *taken-as-shared* observées dans les deux microcultures de classe.

Tous les élèves de la classe de Luc et 16 élèves sur 17 de la classe de Paula ont réalisé le test. Trois axes structurent l'analyse: (1) l'interprétation des problèmes et les relations mathématiques identifiées par les élèves[1], (2) les procédures de calcul utilisées lorsqu'il y avait une résolution multiplicative possible,[2] (3) l'exactitude des réponses annoncées. Une présentation détaillée des résultats est faite dans Mottier Lopez (2005). Seuls des éléments de synthèse sont présentés ici.

Tableau 20.
Les deux problèmes composant le test

Problèmes	Relations mathématiques en jeu	Niveau de difficulté de la multiplication
Achats (1 item)	– trois multiplications (ou additions) à effectuer puis – addition des trois produits (ou sommes) pour obtenir la réponse finale au problème	Trois multiplications impliquant: – un facteur à un chiffre (8) – un facteur à deux chiffres (15, 12, 16)
Une histoire de pommes (3 items)	– une soustraction (item 1) – une multiplication (item 2) – une soustraction exploitant les réponses obtenues dans les deux calculs précédents (item 3)	Une multiplication impliquant: – deux facteurs à un chiffre (6x5: obtention d'un produit de la table de multiplication appris par les élèves)

1 Inférées sur la base des procédures de calcul des élèves.
2 Lorsque la trace écrite ne permettait pas d'inférer la procédure de calcul dans le problème *Achats*, la question a été posée individuellement à l'élève lors de la remise du test.

Concernant le problème *Achats* (voir annexe IV), quatre interprétations différentes ont été dégagées sur la base de l'analyse des traces écrites des élèves: l'interprétation correcte consistant à multiplier (ou additionner) chaque objet 8 fois et trois interprétations erronées consistant (1) à choisir 8 objets en tout, (2) à additionner trois objets, (3) à effectuer des calculs sans lien explicite avec l'énoncé du problème. Il ressort que davantage d'élèves de la classe de Luc ont interprété de façon erronée le problème *Achats* (11/17 vs. 8/16). C'est également le cas pour l'item qui concernait une relation multiplicative[3] dans le problème *Une histoire de pommes*. Trois élèves de la classe de Luc proposent un calcul sans lien apparent avec l'énoncé, alors que tous les élèves de la classe de Paula interprètent correctement le problème.

Concernant les procédures de calcul utilisées par les élèves, nous avons considéré chaque cas de figure qui pouvait présenter une possibilité de résolution multiplicative, y compris en cas d'interprétation erronée du problème (voir tableau 21). Les élèves de la classe de Luc sont plus nombreux à utiliser une résolution impliquant une multiplication (combinaison d'additions et multiplications, multiplication avec décomposition d'un terme, multiplication en colonnes) notamment dans le problème *Achats* qui comprend des facteurs à deux chiffres: sept élèves contre trois élèves seulement dans la classe de Paula (surligné gris dans le tableau 21). Dans *Une histoire de pommes*, cette différence est moindre. Treize élèves ont écrit la multiplication 6 x 5 contre 12 élèves dans la classe de Paula.

---

3   Enoncé de l'item 2: C'est ton anniversaire et tu invites tes copains à la maison. A cette occasion, maman prépare 6 tartes aux pommes. Il lui faut 5 pommes pour confectionner une tarte. De combien de pommes a-t-elle besoin en tout? Note tous tes calculs.

Tableau 21.
Procédures de calcul et réponses correctes

Problèmes	Classe de Paula Nb d'élèves (sur 16)	Classe de Luc Nb d'élèves (sur 17)
Achats **Interprétation correcte: chaque objet multiplié ou additionné 8 fois** *Résolutions additives:* Additions successives sans présence du signe fois	**8 (5)** 4(3)	**6 (1)** 1(0)
Ecriture de la multiplication puis résolution par additions successives	3 (2)	0
Résolutions convoquant la multiplication: Combinaisons d'additions et de multiplications	0	1 (0)
Multiplication avec décomposition d'un terme	1 (0)	3 (1)
Multiplication en colonnes	0	1 (0)
Interprétation erronée avec résolution multiplicative possible: choix de 8 objets en tout *Résolution additive:* Additions successives sans présence du signe fois	**5 (3)** 3 (2)	**4 (2)** 2 (0)
Résolutions convoquant la multiplication: Multiplication sans autre trace (mentale)	2 (1)	0
Multiplication avec décomposition d'un terme	0	2 (2)
Interprétation erronée (addition de 3 objets ou calculs sans lien avec l'énoncé)	3	7
Une histoire de pommes (item 2: 6x5) **Interprétation correcte**	**16 (16)**	**14 (12)**
Addition successive	4 (4)	1 (1)
Multiplication (6x5) sans autre trace	12 (12)	13 (11)

Entre parenthèses: le nombre de réponses correctes.
Grisé: résolutions impliquant une multiplication dans le problème *Achat*.

Rappelons que la multiplication impliquant une décomposition d'un terme était considérée comme «la» procédure à utiliser dans la microculture de classe de Luc dans le cas d'une multiplication avec un facteur à deux chiffres; cela n'était pas le cas dans la classe de Paula. Cette procédure de calcul a été utilisée par cinq élèves dans la classe de Luc, dont trois qui ont interprété correctement le problème *Achats* et deux dans le cas de l'interprétation erronée de «8 objets en tout». Un seul élève dans la classe de Paula a utilisé cette procédure de calcul. Enfin, seuls deux élèves de la classe de Luc ont utilisé l'addition successive, dont Ale qui l'a proposée dans les deux problèmes. Dans la classe de Paula par contre, sept élèves choisissent de résoudre le problème *Achats* par des additions successives. Trois d'entre eux commencent par noter les multiplications correspondantes, signifiant qu'ils ont identifié la structure multiplicative du problème. Parmi les quatre élèves qui n'ont pas noté la multiplication dans le problème *Achats*, trois d'entre eux la formulent par contre pour l'item 2 d'*Une histoire de pommes* (6 x 5) qui impliquait une multiplication plus simple que dans le problème *Achats*.

Les élèves de la classe de Paula sont plus nombreux à annoncer des résultats corrects. Dans le problème *Achats*, avec l'interprétation «8 objets de chaque sorte», un seul élève de la classe de Luc formule une réponse correcte aux trois opérations multiplicatives (ou additives) concernées, contre cinq élèves dans la classe de Paula.[4] Dans le cas de l'interprétation erronée «8 objets en tout», cette différence est moindre (deux élèves vs. trois élèves). Il est intéressant que constater que les trois réponses correctes annoncées par les élèves de la classe de Luc résultent toutes d'une multiplication par la décomposition du facteur à deux chiffres, signifiant que cette procédure de calcul experte est maîtrisée par ces élèves. Enfin, concernant l'item 2 d'*Une histoire de pommes*, alors que tous les élèves de la classe de Paula annoncent un résultat exact, 12 élèves seulement l'obtiennent dans la classe de Luc. Ces différences ne s'observent par contre pas pour les deux autres items qui concernent des soustractions.

En résumé, il apparaît qu'un peu plus d'élèves de la classe de Luc semblent avoir des difficultés à identifier et interpréter les problèmes multiplicatifs que ceux de la classe de Paula, une différence qui ne se

---

4   Nous choisissons de ne pas considérer ici la réponse finale au problème (addition des trois produits/sommes intermédiaires obtenus), afin de centrer notre analyse sur les calculs pouvant être résolus par une multiplication.

constatait pas dans les premiers travaux de groupes de la séquence *Au Grand Rex* en début d'année scolaire. Les élèves de la classe de Luc sont, par contre, plus nombreux à utiliser des résolutions convoquant une multiplication, alors qu'initialement ils avaient des procédures de calcul moins élaborées que les élèves de la classe de Paula.[5] Bien que la majeure partie d'entre eux semble reconnaître la structure multiplicative des problèmes, les élèves de la classe de Paula continuent de privilégier, en fin de 3P, des résolutions additives, notamment dans le problème qui implique des multiplications avec un facteur à deux chiffres. Leurs réponses sont plus souvent fiables que celles annoncées par les élèves de la classe de Luc.

QUELQUES ÉLÉMENTS DE DISCUSSION ET D'INTERPRÉTATION

Tentons quelques interprétations des résultats au test, tout en précisant qu'ils ne portent que sur une étape du processus d'apprentissage de la multiplication qui se poursuit au-delà de la troisième année primaire. Un premier constat est que certains résultats apparaissent cohérents avec les pratiques mathématiques observées, notamment concernant le choix des procédures de calcul par les élèves. Dans la microculture de classe de Luc, en effet, rappelons que l'accent a été mis sur l'utilisation de la multiplication en tant que procédure de remplacement de l'addition successive, une multiplication qui apparaît effectivement comme la procédure de calcul privilégiée par les élèves dans le cas d'une interprétation correcte des problèmes. Dans la microculture de classe de Paula, les pratiques privilégiaient la diversité des résolutions sous condition de pouvoir les comprendre et les maîtriser. Les résultats au test montrent que quasi tous les élèves ont identifié la structure multiplicative du problème simple «6 x 5» d'*Une histoire de pommes*, mais qu'ils ont choisi en priorité une résolution additive dans le problème *Achats* qui impliquait un facteur à deux chiffres. Autrement dit, certains élèves semblent avoir différencié leur résolution en fonction de la difficulté du problème, sachant par ailleurs que l'utilisation de l'addition successive était une solution reconnue comme légitime dans la microculture de classe. Leurs réponses sont effectivement fiables pour la plupart.

---

5   Constat issu de notre analyse des premières résolutions dans *Au Grand Rex*, voir chapitres de résultats.

D'autres résultats au test sont plus interpellants. Alors que les structures de participation de la microculture de classe de Luc privilégient une participation que nous avons qualifiée de plus active compte tenu des situations d'argumentations collectives qu'elles favorisent, nous pouvions postuler que les élèves de la classe de Luc développeraient une meilleure compréhension des problèmes multiplicatifs, car plus problématisés. Les résultats au test semblent montrer, cependant, que davantage d'élèves de cette classe ont eu des difficultés à identifier et à interpréter les problèmes multiplicatifs, comparé aux élèves de la classe de Paula. Sur ce point précis, rappelons que l'intention de Luc était de ne pas orienter l'interprétation des élèves, notamment dans les premières IC, afin de laisser la résolution du problème à la charge de l'élève comme recommandé par les moyens didactiques. Ce faisant, des confrontations de points de vue, y compris d'interprétations différentes du problème, pouvaient avoir lieu. Une des conséquences de ce choix est que l'identification de la relation mathématique en jeu dans le problème restait plus diffuse que dans la classe de Paula; l'institutionnalisation de l'enseignant portant ensuite essentiellement sur les procédures de calcul utilisées par les élèves et sur les notions mathématiques en jeu.

D'autre part, comme dit précédemment, si les élèves de la classe de Luc sont plus nombreux à utiliser la multiplication pour résoudre les problèmes, leurs réponses ne sont, quant à elles, pas encore très fiables. Il est intéressant de relever que la négociation de ce que signifie une résolution efficace n'a jamais porté sur le critère de la fiabilité des résultats obtenus, mais qu'elle s'est fortement appuyée sur le critère de la rapidité en lien avec une métaphore «technologique» plusieurs fois citée par l'enseignant. A ce propos, on peut se demander dans quelle mesure ce critère, assurément prédominant dans le développement des technologies actuelles, est réellement pertinent pour les pratiques mathématiciennes. Dans la microculture de classe de Paula, l'enseignante accorde, quant à elle, une importance manifeste à la fiabilité des résultats, amenant les élèves à préférer une résolution «qui permet de trouver la bonne réponse». Notons qu'il s'agit également d'une façon de concevoir l'efficacité d'une résolution, bien que non explicité en ces termes dans la classe de Paula.

Enfin, un élément qui nous interpelle particulièrement concerne les résultats des (quatre) élèves de niveau scolaire jugé le plus faible par chaque enseignant. Dans la classe de Luc, aucun des quatre élèves de niveau scolaire faible n'est parvenu à interpréter correctement le problème *Achats*. Dans la classe de Paula, deux ont interprété correctement le problème *Achats*, un a interprété qu'il fallait choisir 8 objets en tout. Seule Dor a effectué des calculs sans liens apparents avec l'énoncé du problème. Ce constat tend à montrer – avec toute la prudence qui s'impose – que le fonctionnement de la microculture de classe de Luc pourrait être moins favorable aux élèves de niveau scolaire faible, voire accroître les écarts entre les élèves si l'on considère les résolutions multiplicatives déjà expertes (et maîtrisées) utilisées par d'autres enfants. Cela soulève la question de l'*équité* de chaque microculture de classe, une question qui n'est quasi jamais abordée dans les travaux situationnistes que nous avons cités.

Nos résultats de recherche ont mis en avant que, dans la microculture de classe de Paula, les résolutions expliquées au plan collectif de la classe avaient tendance à être *au-deçà* des résolutions les plus sophistiquées développées dans les travaux de groupes. Les IC étant essentiellement destinées aux élèves ayant quelques difficultés à résoudre les problèmes. Par contre, dans la classe de Luc, les IC ont représenté des situations sociales qui, articulées aux problèmes soumis aux élèves, les incitaient à *dépasser* les résolutions initialement proposées dans les travaux de groupes, y compris pour les élèves de niveau scolaire élevé. Autrement dit, les pratiques de la microculture de classe de Luc paraissent viser un objectif plus élevé que celles de la classe de Paula, avec la question de savoir dans quelle mesure elles ont pu être hors de la zone proximale de développement de certains élèves.

QUELQUES IMPLICATIONS DE NOTRE RECHERCHE

IMPLICATIONS PÉDAGOGIQUES

Notre recherche souligne l'importance de la dimension collective et communautaire de la classe dans des activités de résolution de problèmes qui visent à impliquer activement l'élève dans la recherche de solutions en travaux de groupes ou individuellement. Cette dimension est souvent peu visibilisée dans les moyens didactiques, comme ceux utilisés par les enseignants en Suisse romande par exemple. Les observations empiriques de Lave (1992) montrent que proposer des problèmes à résoudre ne suffit pas à garantir une activité signifiante de l'élève. Les thèses situationnistes amènent à considérer que ce sens est également intimement lié au contexte social de la classe qui finalise fortement l'activité de l'élève. Il nous paraît donc indispensable de davantage conceptualiser la nature de ce contexte construit entre les membres de la classe, les systèmes d'attentes et obligations, de pratiques, de significations, mais également les organisations rituelles, les artefacts cognitifs et outils matériels utilisés afin d'encourager le développement d'activités mathématiques qui soient empreintes de sens pour les élèves.

Recommander aux enseignants d'organiser des «mises en commun» est une chose, mais comment les sensibiliser aux différentes façons de capitaliser sur les apports des élèves, à la nature de leurs contributions participatives, au difficile équilibre à trouver entre processus de construction active et processus d'enculturation? Comment les amener à réfléchir sur leur propre mode de participation dans l'interaction collective, aux attentes plus ou moins explicites qu'ils ont concernant la participation de leurs élèves tant au plan social que mathématique? A réfléchir à quel moment ils ont tendance à organiser une interaction collective, pour quels objectifs, pour quelle articulation avec les travaux de groupes ou individuels, pour quelle construction individuelle et collective des connaissances de la classe à court terme et à plus long terme? Comment donc amener les enseignants à un questionnement réflexif sur leurs pratiques, tout en reconnaissant la complexité de ces pratiques qui ne peuvent jamais être pure maîtrise et rationalité (Perrenoud, 1996), se fondant également sur l'intuition (Allal, 1983) et sur la subjectivité (Weiss, 1986)?

Notre recherche n'offre pas de clés pour modéliser une dynamique de microculture de classe qu'il s'agirait de promouvoir. Nous considérons d'ailleurs qu'il n'y a pas «un» modèle de fonctionnement qui serait vu comme étant le plus efficace. Notre conception située incite en effet à prendre en compte les caractéristiques de la classe et de ses membres, à considérer les contraintes et les ressources propres à chaque lieu et la façon dont les participants peuvent s'y ajuster (Greeno *et al.*, 1998), à considérer les contextes institutionnels et les cultures plus larges qui prennent également part à la constitution d'une microculture de classe (e.g., Gallego *et al.*, 2001). Notre recherche a produit des matériaux qui peuvent être utilisés en situations de formation initiale et continue, par exemple pour réfléchir aux aspects souvent implicites d'une microculture de classe, à la nature inter-reliée des éléments qui la constituent, pour discuter quelques apports et limites des dynamiques différentes de microculture de classe. Ce matériau peut être confronté aux propres pratiques des personnes en formation, afin de développer une attitude réflexive, afin d'accroître leur lucidité quant aux pratiques mises en œuvre, afin de promouvoir un développement professionnel.

Etre capable de guider une construction collective des connaissances et des pratiques de la microculture de classe, dans des modalités qui privilégient une participation active des élèves, peut être considéré comme une compétence professionnelle difficile. Cette compétence, qui se construit sur du long terme, demande à être travaillée non seulement en formation initiale, mais également et peut-être surtout en formation continue. Des dispositifs de développement professionnel, alternant pratique-théorie-pratique (Altet, 1996), permettent un va-et-vient entre expériences en classe, analyses individuelles et collectives à l'aide d'outils de formalisation construits par la recherche, formulation de projets de développement et de régulation, et nouvelles expériences dans les contraintes de l'action immédiate. Pour ce faire, la notion de microculture de classe offre un cadre prometteur pour une analyse réflexive des pratiques dans leur relation de co-constitution avec les apprentissages des élèves, notamment dans le cadre des interactions collectives articulées à des activités en petits groupes et individuelles. Mais la valeur heuristique de cette notion en formation demande à être investiguée afin de saisir pleinement ses apports.

VERS D'AUTRES RECHERCHES

Les possibilités d'approfondissement de notre problématique par le moyen de nouvelles recherches sont nombreuses. Nous allons esquisser trois axes qui nous paraissent importants pour l'avancée conceptuelle et empirique de l'étude de la relation entre microcultures de classe et apprentissages des élèves: les interprétations individuelles de la microculture de classe, l'ouverture à d'autres disciplines scolaires que les mathématiques, la relation avec des contextes plus larges que celui de la classe.

Interprétations individuelles des élèves de la microculture de classe

Sciemment, nous avons choisi d'entrer par l'étude des processus sociaux de la microculture de classe, nous amenant à identifier les pratiques mathématiques et les structures de participation valorisées au plan communautaire. Notre conception des différents plans vus comme

mutuellement constitutifs (individuel, interpersonnel et communautaires) d'une micoculture de classe nous a amenée à ne pas ignorer les
contributions individuelles qui ont été principalement étudiées dans
leurs apports à la construction interactive des normes et des pratiques
taken-as-shared. Mais quelles sont les perception et compréhension individuelles des élèves du contexte social de leur classe, de leur rôle, du
rôle des pairs et de l'enseignant? Dans quelle mesure certains élèves
parviennent-ils à mieux saisir les enjeux, les finalités, le fonctionnement
et les significations rattachées à une dynamique de microculture de
classe? Quelles différences observe-t-on en fonction des caractéristiques
cognitives, affectives, socioculturelles des élèves? Comment, dans sa
trajectoire individuelle, l'élève construit-il de nouvelles connexions et
possibilités d'ajustement et d'apprentissage lors de sa participation aux
pratiques de sa classe?

C'est une évidence que d'affirmer que tous les élèves n'ont pas les
mêmes acquis, les mêmes attentes, le même rapport au savoir, la même
motivation, les mêmes représentations et compréhensions des propositions des autres membres de la classe et plus largement de la microculture de classe en tant que système socialement organisé. Mais une piste
intéressante de recherche serait, en entrant par l'étude située du plan
individuel (et des différences interindividuelles), d'analyser plus précisément les aspects focalisés et transformés du contexte par l'activité
interprétative de chacun – le *setting* au sens de Lave (1988) – en les
confrontant aux dimensions vues comme *taken-as-shared* d'une microculture de classe.

Ouverture à d'autres disciplines scolaires

Un deuxième axe que des recherches futures pourraient investiguer
concerne les structures de participation dans les différentes disciplines
scolaires enseignées dans une même classe. Malgré l'intérêt que nous
avons manifesté à l'égard des recherches de Cobb et de ses collègues,
une limite est que leurs travaux ne portent que sur la «classe de mathématiques». Qu'en est-il de la microculture de classe dans les autres disciplines scolaires? Dans une classe primaire, doit-on considérer qu'il y
aurait une microculture propre à chaque discipline ou que certains
aspects seraient transdisciplinaires et d'autres plus spécifiques? Rappelons que Cobb, Gravemeijer *et al.* (1997) proposent le concept de
«normes sociales générales de la classe». Nous-mêmes avons mis en

avant que la signification de ces normes devrait avoir pour caractéristique de ne pas s'appuyer sur des critères relevant des pratiques propres à un champ disciplinaire particulier, par exemple: «écouter les personnes qui parlent», «tenter de comprendre les propos d'autrui», «écrire lisiblement», «respecter son camarade». On peut également penser aux normes qui ont trait plus particulièrement à «l'ordre dans la classe» (Mehan, 1979). Allal (2002) suggère, quant à elle, que les processus de négociation élaborés dans les transactions entre les membres d'une communauté classe pourraient également présenter une certaine transversalité, en contraste avec les pratiques qui, elles, seraient spécifiques. Quelles sont donc les dimensions plus transversales des structures de participation *taken-as-shared* d'une microculture de classe? Comment enseignant et élèves négocient-ils la spécificité propre à chaque champ disciplinaire? Comment les élèves comprennent-ils leur participation dans les différentes disciplines dans leurs aspects transversaux et particuliers? Dans quelle mesure observe-t-on de possibles tensions, voire contradictions entre les structures de participation associées aux différentes pratiques disciplinaires?

Relation entre la microculture de classe et des contextes plus larges

Finalement, nous terminerons en évoquant la relation entre la microculture de classe et les cultures plus larges. Cette question est complexe et de nombreuses pistes pourraient être investiguées. Par exemple, dans notre revue de littérature, nous avons cité la diversité des pratiques socioculturelles qui pourraient servir de référence au développement, dans la microculture de classe, de pratiques dites *authentiques*. Les critères de ce que seraient des pratiques authentiques en situation de classe, compte tenu de la transformation de ces pratiques dans la culture de la discipline scolaire, seraient à investiguer de façon plus approfondie. On pourrait également étudier les relations et les influences liées à l'appartenance des individus à plusieurs communautés de pratique, avec l'hypothèse, défendue par Lemke (1997), d'une influence de ces diverses appartenances sur les trajectoires individuelles des élèves. A ce propos, l'auteur propose la notion de «réseau de pratiques» afin de souligner l'interpénétration des différentes cultures et communautés de pratique (l'école étant vue, dans ce cas, comme une communauté de pratique) qui interviennent également lorsque l'on interprète et donne sens à son activité. Engeström et Cole (1997) proposent, quant à eux, de parler de «polycontextualité» de la cognition et de l'apprentissage afin de souligner que «learning does not happen only within communities of practice but between and across those communities» (p. 307). Si ces notions paraissent prometteuses au plan conceptuel, notamment pour questionner dans une perspective située la problématique du transfert des apprentissages, elles demanderaient néanmoins davantage d'investigations empiriques: A quels autres contextes les élèves se réfèrent-ils pour interpréter les activités et pratiques scolaires? Comment les divers contextes contribuent-ils au marquage des connaissances et apprentissages scolaires des élèves? Dans quelle mesure certains contextes ont-ils davantage de poids que d'autres? Comment les élèves réinvestissent-ils leurs expériences de participations passées dans une participation présente? Quelles différences entre les élèves? Pour quelles implications pédagogiques?

Le point focal de ce questionnement porte sur l'individu dans sa relation dialectique avec et entre divers contextes. Mais on peut également interroger la constitution de l'entité sociale que représente une microculture de classe dans sa relation avec d'autres contextes plus larges. Pensons, par exemple, à l'influence possible de la culture de l'école ou de l'établissement scolaire, à la culture de la famille des élèves, à la communauté des enseignants, aux groupes de loisirs fréquentés par les membres de la classe et, plus généralement, aux institutions socioculturelles qui peuvent avoir une relation plus ou moins directe avec la communauté classe et ses membres. Gallego *et al.* (2001) incitent à dépasser la conception de contextes qui «entoureraient» la classe, en faveur d'une «co-constitution interactive» des différents niveaux de contexte. Une microculture de classe se constituerait donc en interaction avec d'autres cultures plus larges et contribuerait, elle aussi, à construire et à assurer la pérennité de ces cultures. A nouveau, cette conception demanderait à être davantage étayée par des investigations empiriques, afin de mieux comprendre les ressources et les contraintes fournies par ces différents contextes dans leur constitution mutuelle. Il paraît improbable, d'autre part, que tous les contextes aient une même influence sur la microculture de classe et réciproquement. Comment les différentes cultures contribuent-elles à la constitution de la microculture de classe, compte tenu par exemple de la diversité des appartenances socioculturelles des membres de la classe? Dans quelle mesure une microculture de classe peut-elle, à son tour, contribuer à la construction de ces cultures? Seeger *et al.* (1998) résument quelques tensions dans la relation entre microcultures de classe et cultures plus larges:

There is some tension between «culture» as somehow general and «class-room culture» as somehow specific; between «culture» as a pre-given frame of teaching-learning processes and «classroom culture» as something to be constructed; between culture as something to be appropriated and something to be created. The question, then, is how «classroom culture» relates to «culture at large», how «sharing the culture» relates to «creating culture», and how sharing a particular culture may relate to sharing culture at large. (p. 1)

Ces tensions seront à interroger dans des recherches futures sur la relation de co-constitution et de régulation entre apprentissages et contextes.

Références bibliographiques

Allal, L. (1979/1989). Stratégies d'évaluation formative: conceptions psycho-pédagogiques et modalités d'application. In L. Allal, J. Cardinet & P. Perrenoud (Ed.), *L'évaluation formative dans un enseignement différencié* (6ᵉ éd., pp. 153-183). Berne: Peter Lang.

Allal, L. (1983). Evaluation formative: entre l'intuition et l'instrumentation. *Mesure et évaluation en éducation, 6*(5), 37-57.

Allal, L. (1988). Vers un élargissement de la pédagogie de maîtrise: processus de régulation interactive, rétroactive et proactive. In M. Huberman (Ed.), *Assurer la réussite des apprentissages scolaires? Les propositions de la pédagogie de maîtrise* (pp. 86-126). Neuchâtel: Delachaux et Niestlé.

Allal, L. (1993). Régulations métacognitives. In L. Allal, D. Bain & P. Perrenoud (Ed.), *Evaluation formative et didactique du français* (pp. 81-98). Neuchâtel: Delachaux et Niestlé.

Allal, L. (1999). Impliquer l'apprenant dans les processus d'évaluation: promesses et pièges de l'autoévaluation. In C. Depover & B. Noël (Ed.), *L'évaluation des compétences et des processus cognitifs, modèles, pratiques et contextes* (pp. 35-56). Bruxelles: De Boeck Université.

Allal, L. (2001). Situated cognition and learning: From conceptual frameworks to classroom investigations. *Revue suisse des sciences de l'éducation, 23*, 407-420.

Allal, L. (2002, septembre). *L'évaluation dans le contexte de l'apprentissage situé: peut-on concevoir l'évaluation comme un acte de participation à une communauté de pratique?* Conférence donnée au 15ᵉ colloque international de l'ADMEE-Europe, Université de Lausanne, Suisse.

Allal, L. (2007). Régulation des apprentissages: orientations conceptuelles pour la recherche et la pratique en éducation. In L. Allal & L. Mottier Lopez (Ed.), *Régulation des apprentissages en situation scolaire et en formation* (pp. 7-23). Bruxelles: De Boeck Université.

Allal, L., Bétrix Köhler, D., Rieben, L., Rouiller, Y., Saada-Robert, M. & Wegmuller, E. (2001). *Apprendre l'orthographe en produisant des textes.* Fribourg: Editions Universitaires.

Allal, L. & Pelgrims Ducret, G. (2000). Assessment *of* – or *in* – the zone of proximal development. *Learning and Instruction, 10*, 137-152.

Altet, M. (1996). Les compétences de l'enseignant-professionnel: entre savoirs, schèmes d'action et adaptation, le savoir analyser. In L. Paquay, M. Altet, E. Charlier & P. Perrenoud (Ed.), *Former des enseignants professionnels. Quelles stratégies? Quelles compétences?* (pp. 28-40). Bruxelles: De Boeck.

Anadón, M. (2000). Quelques repères sociaux et épistémologiques de la recherche en éducation au Québec. In T. Karsenti & L. Savoie-Zajc (Ed.), *Introduction à la recherche en éducation* (pp. 15-32). Sherbrooke: Editions du CRP.

Anderson, J. R., Reder, L. A. & Simon, H. A. (1996). Situated learning and education. *Educational Researcher, 25*(4), 5-11.

Anderson, J. R., Reder, L. A. & Simon, H. A. (1997). Situative versus cognitive perspectives: Form versus substance. *Educational Researcher, 26*(1), 18-21.

Astolfi, J.-P. (1997). *L'erreur, un outil pour enseigner.* Paris: ESF éditeur.

Baeriswyl, F. & Thévenaz, T. (2001). Editorial, Etat des lieux et perspective de la cognition et de l'apprentissage situés. *Revue suisse des sciences de l'éducation, 23*, 395-405.

Balacheff, N. (1988). Le contrat et la coutume, deux registres des interactions didactiques. In C. Laborde (Ed.), *Actes du premier colloque franco-allemand de didactique des mathématiques et de l'informatique* (pp. 15-26). Grenoble: La pensée sauvage.

Balslev, K. & Saada-Robert, M. (2002). Expliquer l'apprentissage de la littéracie. Une démarche inductive/déductive. In F. Leutenegger & M. Saada-Robert (Ed.), *Expliquer et comprendre en sciences de l'éducation* (coll. Raisons Educatives, pp. 89-110). Bruxelles: De Boeck.

Barab, S. A., Barett, M. & Squire, K. (2002). Developing an empirical account of a community of practice: Characterizing the essential tensions. *The Journal of the Learning Sciences, 11*, 489-542.

Barab, S. A. & Duffy, T. (2000). From practice fields to communities of practice. In D. H. Jonassen & S. M. Land (Ed.), *Theoretical foundations of learning environments* (pp. 25-55). Mahwah, NJ: Lawrence Erlbaum.

Barab, S. A., Makinster, J. G., Moore, J. A., Cunningham, D. J. & the ILF team. (2001). Designing and building an on-line community: The struggle to support sociability in the inquiry learning forum. *Educational Technology Research & Development, 49*(4), 71-96.

Bayer, E. (1979). Essai d'analyse de la participation des élèves en classe hétérogène. *Revue française de pédagogie, 49*, 45-61.

Bereiter, C. (1997). Situated cognition and how to overcome it. In D. Kirshner & J. A. Whitson (Ed.), *Situated cognition: Social, semiotic and psychological perspectives* (pp. 281-300). Mahwah, NJ: Lawrence Erlbaum.

Blanchet, A. & Gotman, A. (1992). *L'enquête et ses méthodes: l'entretien*. Paris: Editions Nathan.

Blumer, H. (1969). *Symbolic interactionism*. Engelwood Cliffs, NJ: Prentice-Hall.

Boaler, J. (1998). Open and closed mathematics: Student experiences and understandings. *Journal for Research in Mathematics Education, 29*, 41-62.

Boaler, J. (1999). Participation, knowledge and beliefs: A community perspective on mathematics learning. *Educational Studies in Mathematics, 40*, 259-281.

Boaler, J. (2000). Exploring situated insights into research and learning. *Journal for Research in Mathematics Education, 31*(1), 113-119.

Bowers, J., Cobb, P. & McClain, K. (1999). The Evolution of mathematical practices: A case study. *Cognition and Instruction, 17*, 25-64.

Bowers, J. S. & Nickerson, S. (2001). Identifying cyclic patterns of interaction to study individual and collective learning. *Mathematical Thinking and Learning, 3*(2), 1-28.

Brossard, M. (2001). Situations et formes d'apprentissage. *Revue suisse des sciences de l'éducation, 23*, 423-438.

Brousseau, G. (1986/1996). Fondements et méthodes de la didactique des mathématiques. In J. Brun (Ed.), *Didactique des mathématiques* (pp. 45-143). Lausanne: Delachaux et Niestlé.

Brown, A., Ash, D., Rutherford, M., Nakagawa, K., Gordon, A. & Campione, J. C. (1993). Distributed expertise in the classroom. In G. Salomon (Ed.), *Distributed cognitions: Psychological and educational considerations* (pp. 188-228). New York: Cambridge University Press.

Brown, A. L. & Campione, J. (1990). Communities of learning and thinking, or a context by any other name. *Contributions to Human Development, 21*, 108-125.

Brown, A. L. & Campione, J. C. (1994). Guided discovery in a community of learners. In K. McGilly (Ed.), *Classroom lessons, integrating cognitive theory and classroom practice* (pp. 229-270). Cambridge, MA: A Bradford book, The MIT Press.

Brown, A. L. & Campione, J. C. (1995). Concevoir une communauté de jeunes élèves, leçons théoriques et pratiques. *Revue française de pédagogie, 111*, 11-33.

Brown, J. S., Collins, A. & Duguid, P. (1989). Situated cognition and the culture of learning. *Educational Researcher, 18*(1), 32-42.

Brown, A. L. & Palincsar, A. S. (1989). Guided, cooperative learning and individual knowledge acquisition. In L. B. Resnick (Ed.), *Knowing, learning, and instruction. Essays in honour of Robert Glaser* (pp. 392-451). Hillsdale, NJ: Lawrence Erlbaum.

Brown, R. A. J. & Renshaw, P. D. (2000). Collective argumentation: A sociocultural approach to reframing classroom teaching and learning. In H. Cowie & G. van der Aalsvoort (Ed.), *Social interaction in learning and instruction, the meaning of discourse for the construction of knowledge* (pp. 52-66). Oxford, UK: Pergamon Elsevier Science Ltd.

Brun, J. (1999). A propos du statut de l'erreur dans l'enseignement des mathématiques. *Résonances, 5,* 7-9.

Bruner, J. S. (1983). *Le développement de l'enfant, savoir dire, savoir faire.* Paris: Presses Universitaires de France.

Carraher, T. N., Carraher, D. W. & Schliemann, A. D. (1985). Mathematics in the streets and in schools. *British Journal of Developmental Psychology, 3,* 21-9.

Cazden, C. B. (1986). Classroom discourse. In M. C. Wittrock (Ed.), *Handbook of research on teaching, Third edition* (pp. 432-463). New York: Macmillan Publishing Company.

Chanal, V. (2000). Communauté de pratique et management par projet: à propos de l'ouvrage de Wenger (1998), Communities of practice, Learning, Meaning, and Identity. *M@n@gement, 3,* 1-30.

Chastellain, M., Calame, J.-A. & Brêchet, M. (2003). *Structure et organisation, conceptions pédagogiques et didactiques. Mathématiques 7-8-9.* Le Mont-sur-Lausanne: Editions LEP Loisirs et Pédagogie SA.

Chevallard, Y. (1985). *La transposition didactique: du savoir savant au savoir enseigné.* Grenoble: La Pensée Sauvage.

Clancey, W. J. (1995). A tutorial on situated learning. In J. Self (Ed.), *Proceedings of the International Conference on Computers and Education* (pp. 49-70). Charlottesville, VA: AACE.

Clark, H. H. & Brennan, S. E. (1991). Grounding in communication. In L. B. Resnick, J. M. Levine & S. D. Teasley (Ed.), *Perspectives on socially shared cognition* (pp. 127-149). Washington: American Psychological Association.

Cobb, P. (1995). Mathematical learning and small-group interactions: Four case studies. In P. Cobb & H. Bauersfeld (Ed.), *The emergence of mathematical meaning* (pp. 25-130). Hillsdale NJ: Lawrence Erlbaum.

Cobb, P. (2001a). Situated cognition: Contemporary developments. In N. J. Smelser & P. B. Baltes (Ed.), *International encyclopedia of the social and behavioral sciences* (vol. 21, pp. 14121-14126). New York: Elsevier Science.

Cobb, P. (2001b). Situated cognition: Origins. In N. J. Smelser & P. B. Baltes (Ed.), *International encyclopedia of the social and behavioral sciences* (vol. 21, pp. 14126-14129). New York: Elsevier Science.

Cobb, P. & Bauersfeld, H. (1995). Introduction: The coordination of psychological and sociological perspectives in mathematics education. In P. Cobb & H. Bauersfeld (Ed.), *The emergence of mathematical meaning*: *Interaction in classroom cultures* (pp. 1-16). Hillsdale, NJ: Lawrence Erlbaum.

Cobb, P., Boufi, A., McClain, K. & Whitenack, J. (1997). Reflective discourse and collective reflection. *Journal for Research in Mathematics Education, 28*(3), 258-277.

Cobb, P. & Bowers, J. (1999). Cognitive and situated learning perspectives in theory and practice. *Educational Researcher, 3*, 4-15.

Cobb, P., Gravemeijer, K., Yackel, E., McClain, K. & Whitenack, J. (1997). Mathematizing and symbolizing: The emergence of chains of signification in one first-grade classroom. In D. Kirshner & J. A. Whitson (Ed.), *Situated cognition, social, semiotic, and psychological perspectives* (pp. 151-233). Mahwah, NJ: Lawrence Erlbaum.

Cobb, P., McClain, K., de Silva Lamberg, T. & Dean, C. (2003). Situating teacher's instructional practices in the institutional setting of the school and district. *Educational Researcher, 32*(6), 13-24.

Cobb, P., Perlwitz, M. & Underwood, D. (1994). Construction individuelle, acculturation mathématique et communauté scolaire. *Revue des sciences de l'éducation, 10*, 41-61.

Cobb, P., Stephan, M., McClain, K. & Gravemeijer, K. (2001). Participating in classroom mathematical practices. *Journal of the Learning Sciences, 10*, 113-164.

Cobb, P. & Whitenack, J. W. (1996). A method for conducting longitudinal analyses of classroom video recordings and transcripts. *Educational Studies in Mathematics, 30*, 213-228.

Cobb, P., Wood, P. & Yackel, E. (1993). Discourse, mathematical thinking, and classroom practice. In E. A. Forman, N. Minick & C. A. Stone (Ed.), *Contexts for learning: Sociocultural dynamics in children's development* (pp. 91-119). New York: Oxford University Press.

Cobb, P., Wood, T., Yackel, E. & McNeal, B. (1992). Characteristics of classroom mathematics traditions: An interactional analysis. *American Educational Research Journal, 29*, 573-604.

Cobb, P. & Yackel, E. (1998). A constructivist perspective on the culture of mathematics classroom. In F. Seeger, F. Voigt & U. Waschescio (Ed.), *The culture of the mathematics classroom* (pp. 159-190). Cambridge: Cambridge University Press.

Cobb, P., Yackel, E. & Wood, T. (1992). A constructivist alternative to the representational view of the mind in mathematics education. *Journal for Research in Mathematics Education, 23*(1), 2-33.

Cole, M. (1985). The zone of proximal development: Where culture and cognition create each other. In J. V. Wertsch (Ed.), *Culture, communication, and cognition; Vygotskian perspectives* (pp. 146-161). Cambridge: Cambridge University Press.

Cole, M. (1995). The supra-individual envelope of development: Activity and practice, situation and context. In J. J. Goodnow, P. J. Miller & F. Kessel (Ed.), *Cultural practices as contexts for development* (pp. 105-118). San Francisco, CA: Jossey-Bass Publishers.

Collins, A. (1998). Learning communities: A commentary on papers by Brown, Ellery, and Campione and by Riel. In J. G. Greeno & S. Goldman (Ed.), *Thinking Practices in Mathematics and Science Learning* (pp. 299-405). Mahwah NJ: Lawrence Erlbaum.

Collins, A., Brown, J. S. & Holum, A. (1991). Cognitive apprenticeship: Making thinking visible. *American Educator, 6*(11), 38-46.

Collins, A., Brown, J. S. & Newman, S. E. (1989). Cognitive apprenticeship: Teaching the craft of reading, writing, and mathematics. In L. S. Resnick (Ed.), *Knowing, learning, and instruction* (pp. 449-453). Hillsdale, NJ: Lawrence Erlbaum.

Conne, F. & Brun, J. (1991). Une analyse des brouillons de calcul d'élèves confrontés à des items de divisions écrites. *Fifteenth PME Conference* (pp. 239-246). Assisi, Italy.

Coulon, A. (1993). *Ethnométhodologie et éducation*. Paris: Presses Universitaires de France.

Crahay, M. (1986). Introduction: hommage à G. De Landsheere. In M. Crahay & D. Lafontaine (Ed.), *L'art et la science de l'enseignement* (pp. 9-26). Liège: Editions Labor.

Crahay, M. (1999). *Psychologie de l'éducation*. Paris: Presses Universitaires de France.

Crahay, M. (2006). Qualitatif-Quantitatif: des enjeux méthodologiques convergents? In J. Paquay, M. Crahay & J. M. De Ketele (Ed.), *L'analyse qualitative en éducation* (pp. 33-52). Bruxelles: De Boeck.

Crahay, M. (2007). *Feedbacks de l'enseignant et apprentissage des élèves. Revue critique de la littérature de recherche.* In L. Allal & L. Mottier Lopez (Ed.), *Régulation des apprentissages en situation scolaire et en formation* (pp. 45-70). Bruxelles: De Boeck Université.

Danalet, C., Dumas, J. P., Studer, C. & Villars-Kneubühler, F. (1998). *Mathématiques 3P: livre de l'élève.* Neuchâtel: COROME; Berne: Editions scolaires.

Dasen, P. R. (2000). Développement humain et éducation informelle. In P. R. Dasen & C. Perregaux (Ed.), *Pourquoi des approches interculturelles en sciences de l'éducation?* (pp. 107-123). Bruxelles: De Boeck Université.

De Corte, E. & Verschaffel, L. (1996). An empirical test of the impact of primitive intuitive models of operations on solving word problems with a multiplicative structure. *Learning and Instruction, 6*(3), 219-242.

De Landsheere, G. (1973). Analysis of verbal interaction in the classroom. In G. Chanan (Ed.), *Towards a science of teaching* (pp. 60-84). London: National foundation for educational research.

De Landsheere, G. (1979/1981). *Comment les maîtres enseignent. Analyse des interactions en classe.* Bruxelles: Direction générale de l'organisation des études.

Deledalle, G. (1995). *John Dewey.* Paris: Presses Universitaires de France.

Délémont, M. & Tièche Christinat, C. (2003). *L'innovation mathématique dans le quotidien de la classe, le point de vue des enseignants de 3P-4P* (03.1004). Neuchâtel: Institution de Recherche et de Documentation pédagogique.

De Pietro, J.-F. & Aeby, S. (2003). Les modalités de construction des savoirs et des aptitudes. In M. Candelier (Ed.), *L'éveil aux langues à l'école primaire* (pp. 191-216). Bruxelles: De Boeck.

Deslauriers, J.-P. (1991). *Recherche qualitative, guide pratique.* Montréal: Editions Chenelière/ McGraw-Hill.

Develay, M. (1996). *Donner du sens à l'école.* Paris: ESF éditeur.

Dewey, J. (1910/1981). The experimental theory of knowledge. In J. J. McDermott (Ed.), *The philosophy of John Dewey* (pp. 175-193). Chicago: University of Chicago Press.

Dewey, J. (1938/1963). *Experience and education.* New York: Collier.

Dillenbourg, P., Baker, M., Blaye, A., O'Malley, C. (1996). The evolution of research on collaborative learning. In E. Spada & P. Reiman (Ed.),

Learning in humans and machine: Towards an interdisciplinary learning science (pp. 189-211). Oxford: Elsevier.

Dillenbourg, P., Poirier, C. & Carles, L. (2003). Communautés virtuelles d'apprentissage: e-jargon ou nouveau paradigme. In A. Taurisson & A. Sentini (Ed.), *Pédagogie.Net, l'essor des communautés virtuelles d'apprentissage* (pp. 11-47). Québec: Presses Universitaires du Québec.

Dillon, J. T. (1995). Discussion. In L. W. Anderson (Ed.), *International Encyclopedia of Teaching and Teacher Education* (2ᵉ éd., pp. 251-255). Cambridge: Pergamon, Cambridge University Press.

Doyle, W. (1986a). Paradigme de recherche sur l'efficacité des enseignants. In M. Crahay & D. Lafontaine (Ed.), *L'art et la science de l'enseignement, hommage à Gilbert De Landesheere* (pp. 435-481). Bruxelles: Editions Labor.

Doyle, D. (1986b). Classroom organization and managment. In M. C. Wittrock (Ed.), *Handbook of research on teaching. Third edition* (pp. 392-431). New York: MacMillian Publishing Company.

Durand, M., Ria, L. & Flavier, E. (2002). La culture en action des enseignants. *Revue des sciences de l'éducation, 28*(1), 83-103.

Edwards, D. & Mercer, N. (1987). *Common knowledge: The development of understanding in the classroom.* London: Routledge.

Elmholdt, C. (2003). Metaphors for learning: Cognitive acquisition versus social participation. *Scandinavian Journal of Educational Research, 47*(2), 115-131.

Engeström, Y. & Cole, M. (1997). Situated cognition in search of an agenda. In D. Kirshner & J. A. Whitson (Ed.), *Situated cognition: Social, semiotic and psychological perspectives* (pp. 301-309). Mahwah, NJ: Lawrence Erlbaum.

Erickson, F. (1982). Classroom discourse as improvisation: Relationships between academic task structure and social participation structure in lessons. In L. C. Wilkinson (Ed.), *Communicating in the classroom* (pp. 153-181). New York: Academic Press.

Erickson, F. (1986). Qualitative methods in research on teaching. In M. C. Merlin (Ed.), *Handboock of research on teaching* (pp. 119-161). New York: Macmillan Publishing Company.

Ernest, P. (1998). The culture of the mathematics classroom and the relations between personal and public knowledge: An epistemological perspective. In F. Seeger, F. Voigt & U. Waschescio (Ed.), *The culture of the mathematics classroom* (pp. 245-268). Cambridge: Cambridge University Press.

Gagnebin, A., Guignard, N. & Jaquet, F. (1997). *Apprentissage et enseignement des mathématiques, commentaires didactiques sur les moyens d'enseignement pour les degrés 1 à 4 de l'école primaire.* Neuchâtel: Institut de recherche et de documentation pédagogique.

Gall, M. D. & Artero-Boname, M. T. (1995). Questioning. In L. W. Anderson (Ed.), *International Encyclopedia of Teaching and Teacher Education* (2e éd., pp. 242-248). Cambridge: Pergamon, Cambridge University Press.

Gallego, M. A., Cole, M. & the Laboratory of comparative human cognition. (2001). Classroom cultures and cultures in the classroom. In V. Richardson (Ed.), *Handbook of research on teaching. Fourth edition* (pp. 951-997). Washington, DC: American Educational Research Association.

Gallucci, C. (2003). Communities of practice and the mediation of the teachers' responses to standards-based reform [version électronique]. *Education Policy Analysis Archives, 11*(35). Consulté le 15 février 2004 dans http://epaa.asu.edu/epaa/v11n35/.

Gilly, M., Fraisse, J. & Roux, J.-P. (1988). Résolution de problèmes en dyades et progrès cognitifs chez des enfants de 11 à 13 ans: dynamiques interactives et socio-cognitives. In A.-N. Perret-Clermont & M. Nicolet (Ed.), *Interagir et connaître, enjeux et régulations sociales dans le développement cognitif* (pp. 73-92). Cousset Fribourg: Editions DelVal.

Glaser, B. G. & Strauss, A. L. (1967). *The discovery of grounded theory: Strategies for qualitative research.* Chicago: Aldine publication.

Grand Larousse en 5 volumes. (1988). Paris: Librairie Larousse.

Green, J. L. (1983). Research on teaching as a linguistic process: A state of the art. In E. Gordon (Ed.), *Review of research in education* (pp. 151-252). Washington, DC: American Educational Research Association.

Greeno, J. G. (1997). On claims that answer the wrong questions. *Educational Researcher, 26*(1), 5-17..

Greeno, J. G. & the Middle School Mathematics through Applications Project Group. (1998). The situativity of knowing, learning, and research. *American Psychologists, 53*, 5-26.

Greeno, J. G. & Moore, J. L. (1993). Situativity and symbols: Response to Vera and Simon. *Cognitive Science, 17*, 49-61

Greeno, J. G., Smith, D. R. & Moore, J. L. (1993). Transfer of situated learning. In D. K. Detterman & R. J. Sternberg (Ed.), *Transfer of trial: Intelligence, cognition, and instruction* (pp. 99-167). Norwood, NJ: Ablex.

Grossen, M. (2000). Institutional framing: In thinking, learning, and teaching. In H. Cowie & G. van der Aalsvoort (Ed.), *Social interaction in learning and instruction, the meaning of discourse for the construction of knowledge* (pp. 21-34). Oxford, UK: Pergamon Elsevier Science Ltd.

Grossen, M., Liengme Bessire, M.-J. & Perret-Clermont, A.-N. (1997). Construction de l'interaction et dynamiques socio-cognitives. In M. Grossen & B. Py (Ed.), *Pratiques sociales et médiations symboliques* (pp. 221-247). Berne: Peter Lang SA.

Guba, E. G. & Lincoln, Y. S. (1981). *Effective evaluation*. San Francisco, CA: Jossey-Bass Publishers.

Hanks, F. (1991). Foreward. In J. Lave & E. Wenger, *Situated learning: Legitimate peripheral participation* (pp. 13-24). Cambridge, MA: Cambridge University Press.

Hatano, G. & Inagaki, K. (1991). Sharing cognition through collective comprehension activity. In L. B. Resnick, J. M. Levine & S. D. Teasley (Ed.), *Perspectives on socially shared cognition* (pp. 331-348). Washington, DC: American Psychological Association.

Hiebert, J., Carpenter, T. P., Fennema, E., Fuson, K., Human, P., Murray, H., Olivier, A. & Wearne, D. (1996). Problem Solving as a Basis for Reform in Curriculum and Instruction: The Case of Mathematics. *Educational Researcher, 25*(4), 12-21.

Hogan, K. & Pressley, M. (1997). Scaffolding scientific competencies within classroom communities of inquiry. In K. Hogan & M. Pressley (Ed.), *Scaffolding student learning: Instructional approaches and issues* (pp. 75-107). Albany, NY: Brookline Books.

Huberman, M. & Miles, M. B. (1991). *Analyse des données qualitatives, recueil de nouvelles méthodes*. Bruxelles: Editions De Boeck.

Hutchins, E. (1991). The social organization of distributed cognition. In L. B. Resnick, J. M. Levine & S. D. Teasley (Ed.), *Perspectives on socially shared cognition* (pp. 283-307). Washington: American Psychological Association.

Hutchins, E. (1995). *Cognition in the wild*. Cambridge, Mass: MIT Press.

Inhelder, B. & Piaget, J. (1970). *De la logique de l'enfant à la logique de l'adolescent* (2ᵉ éd.). Paris: Presses Universitaires de France.

Järvelä, S. (1995). The cognitive apprenticeship model in a technologically rich learning environment: Interpreting the learning interaction. *Learning and Instruction, 5*, 237-259.

Kirshner, D., Jeon, P. K., Pang, J. S. & Park, S. S. (1998). *Sociomathematical norms of elementary school classrooms: Cross-national perspectives on chal-*

lenges of reform in mathematics teaching. Final report to the research foundation of the Korea National University of Education.

Kirshner, D. & Whitson, J. A. (1997). Editors' introduction to situated cognition: Social, semiotic, and psychological perspectives. In D. Kirshner & J. A. Whitson (Ed.), *Situated cognition: Social, semiotic and psychological perspectives* (pp. 1-16). Mahwah, NJ: Lawrence Erlbaum.

Kirshner, D. & Whitson, J. A. (1998). Obstacles to understanding cognition as situated. *Educational Researcher, 27*(8), 22-28.

Krummheuer, G. (1988). Structures microsociologiques des situations d'enseignement en mathématique. In C. Laborde (Ed.), *Actes du premier colloque franco-allemand de didactique des mathématiques et de l'informatique* (pp. 41-51). Grenoble: La pensée sauvage.

Lampert, M. (1990). When the problem is not the question and the solution is not the answer: Mathematical knowing and teaching. *American Educational Research Journal, 27*(1), 29-63.

Lave, J. (1988). *Cognition in practice: Mind, mathematics and culture in everyday life*. Cambridge, MA: Cambridge University Press.

Lave, J. (1991). Situated learning in communities of practice. In L. B. Resnick, J. M. Levine & S. D. Tealey (Ed.), *Perspectives on socially shared cognition* (pp. 63-82). Washington: American Psychological Association.

Lave, J. (1992). Word problems: A microcosm of theories of learning. In P. Light & G. Butterworth (Ed.), *Context and cognition, ways of learning and knowing* (pp. 74-92). Hertfordshire: Harvester Wheatsheaf.

Lave, J. (1997). The culture of acquisition and the practice of understanding. In D. Kirshner & J. A. Whitson (Ed.), *Situated, social, semiotic and psychological perspectives* (pp. 17-35). Mahwah: Lawrence Erlbaum.

Lave, J., Murtaugh, M. & De la Rocha, O. (1984). The dialectic of arithmetic in grocery shopping. In B. Rogoff & J. Lave (Ed.), *Everyday cognition: Its development in social context* (pp. 67-94). Cambridge, MA: Harvard University Press.

Lave, J. & Wenger, E. (1991). *Situated learning: Legitimate peripheral participation*. Cambridge: Cambridge University Press.

Lemke, J. L. (1997). Cognition, context, and learning: A social semiotic perspective. In D. Kirshner & J. A. Whitson (Ed.), *Situated, social, semiotic and psychological perspectives* (pp. 37-55). Mahwah, NJ: Lawrence Erlbaum.

Lessard-Hébert, M., Goyette, G. & Boutin, G. (1997). *La recherche qualitative, fondements et pratiques*. Bruxelles: De Boeck & Larcier.

Leutenegger, F. (2000). Construction d'une «clinique» pour le didactique. Une étude des phénomènes temporels de l'enseignement. *Recherches en didactique des mathématiques 20*(2), 209-250.

Leutenegger, F. (2004). Indices et signes cliniques: Le point de vue de l'observateur. In C. Moro & R. Rickenmann (Ed.), *Les formes de la signification en sciences de l'éducation*, 2004/8, pp. 271-307). Bruxelles: De Boeck.

Levain, J.-P. (1997). *Faire des maths autrement. Développement cognitif et proportionnalité*. Paris: Editions L'Harmattan.

Lincoln, Y. S. & Guba, E. G. (1985). *Naturalistic inquiry*. Beverly Hills, CA: Sage Publications.

Markovà, I. (1997). On two concepts of interaction. In M. Grossen et B. Py (Ed.), *Pratiques sociales et médiations symboliques* (pp. 24-44). Berne: Peter Lang.

Martinand, J.-L. (1986). *Connaître et transformer la matière, des objectifs pour l'initiation aux sciences et techniques*. Berne: Peter Lang.

Mehan, H. (1979). *Learning lessons. Social organization in the classroom*. Cambridge, London: Harvard University Press.

Mercer, N. (1992). Culture, context and the construction of knowledge in the classroom. In P. Light & G. Butterworth (Ed.), *Context and cognition: Ways of learning and knowing* (pp. 28-46). Hertfordshire: Harvester Wheatsheaf.

Miller, P. J. & Goodnow, J. J. (1995). Cultural practices: Towards an integration of culture and development. In J. J. Goodnow, P. J. Miller & F. Kessel (Ed.), *Cultural practices as contexts for development* (pp. 5-20). San Francisco, CA: Jossey-Bass Publishers.

Moro, C. (2001). La cognition située sous le regard du paradigme historico-culturel vygotskien. *Revue suisse des sciences de l'éducation, 23*, 407-420.

Mottier Lopez, L. (2000). De l'analyse a priori à la régulation. *Math-école, 191*, 32-42.

Mottier Lopez, L. (en colloboration avec C. Tièche Christinat) (2001a). *Les enseignants 1P/2P donnent leur avis sur l'enseignement des mathématiques* (01.1004). Neuchâtel: Institut de recherche et de documentation pédagogique.

Mottier Lopez, L. (2001b, août). *Mathematical practices in a classroom microculture: the co-constitution of social norms*. Poster présenté au 9e colloque bisannuel European Association for Research on Learning and Instruction, Fribourg.

Mottier Lopez, L. (2002). Problème mathématique «Une pomme pour la récré»: gros plan sur l'interprétation et le raisonnement mathématiques de quatre élèves. *Math-école, 204*, 30-48.

Mottier Lopez, L. (2003a). Les structures de participation de la microculture de classe dans une leçon de mathématiques. *Revue suisse des sciences de l'éducation, 25*, 161-184.

Mottier Lopez, L. (2003b). Les structures de participation privilégiées dans une microculture de classe: un indice de l'efficacité des pratiques d'enseignement et d'apprentissage? [numéro spécial]. *Dossier des sciences de l'éducation, 10*, 59-75.

Mottier Lopez, L. (2005). *Co-constitution de la microculture de classe dans une perspective située: étude d'activités de résolution de problèmes mathématiques en troisième année primaire.* Thèse de doctorat en sciences de l'éducation, Université de Genève.

Mottier Lopez, L. (2007). *Constitution interactive de la microculture de classe: pour quels effets de régulation sur les plans individuel et communautaire?* In L. Allal & L. Mottier Lopez (Ed.), *Régulation des apprentissages en situation scolaire et en formation* (pp. 149-169). Bruxelles: De Boeck Université.

Mottier Lopez, L. (à paraître). Régulations interactives situées dans des dynamiques de microculture de classe. *Mesure et évaluation en éducation.*

Mottier Lopez, L. & Allal, L. (2004). Participer à des pratiques d'une communauté classe: un processus de construction de significations socialement reconnues et partagées. In C. Moro & R. Rickenmann (Ed.), *Les formes de la signification en sciences de l'éducation* (Raisons éducatives, 2004/8, pp. 59-84). Bruxelles: De Boeck.

Mucchielli, A. (1991). *Les méthodes qualitatives.* Paris: Presses Universitaires de France.

Mucchielli, A. (1996). *Dictionnaire des méthodes qualitatives en sciences humaines et sociales.* Paris: Armand Colin.

Nesher, P. (1988). Multiplicative school word problems: Theoretical approaches and empirical findings. In J. Hiebert & M. Behr (Ed.), *Number concepts and operations in the middle grades* (pp. 19-40). Hillsdale, NJ: Lawrence Erlbaum.

Newman, D., Griffith, P. & Cole, M. (1989). *The construction zone: Working for cognitive change in school.* Cambridge, UK: Cambridge University Press.

Nunès, T. (1991). Systèmes alternatifs de connaissances selon différents environnements. In C. Garnier, N. Bednarz & I. Ulanovskaya (Ed.),

Après Vygotski et Piaget, perspectives sociale et constructiviste. Ecoles russe et occidentale (pp. 117-128). Bruxelles: De Boeck.

Patton, M. C. (1990). *Qualitative evaluation and research methods.* Newbury Park: Sage Publications.

Pea, R. D. (1993). Practices of distributed intelligence and designs for education. In G. Salomon (Ed.), *Distributed cognitions: Psychological and educational considerations* (pp. 47-87). New York: Cambridge University Press.

Pekarek, S. (1999). *Leçons de conversation. Dynamiques de l'interaction et acquisitions de compétences discursives en classe de langue seconde.* Fribourg: Editions universitaires.

Perkins, D. N. (1995). L'individu-plus: une vision distribuée de la pensée et de l'apprentissage. *Revue française de pédagogie, 111,* 57-71.

Perrenoud, P. (1994). *Métier d'élève et sens du travail scolaire.* Paris: ESF Editeur.

Perrenoud, P. (1996). *Enseigner, agir dans l'urgence, décider dans l'incertitude.* Paris: ESF Editeur.

Piaget, J., Berthoud-Papandropoulou, I. & Kilcher, H. (1983). Multiplication et associativité multiplicative. In J. Piaget (Ed.), *Le possible et le nécessaire, tome 2: l'évolution du nécessaire chez l'enfant* (pp. 95-118). Paris: Presses Universitaires de France.

Piaget, J., Kaufmann, J.-L. & Bourquin, J.-F. (1977). La construction de communs multiples. In J. Piaget (Ed.), *Recherches sur l'abstraction réfléchissante, tome 1: l'abstraction des relations logico-arithmétiques* (pp. 31-44). Paris: Presses Universitaires de France.

Pirès, A. (1997). De quelques enjeux épistémologiques d'une méthodologie générale pour les sciences sociales. In J. Poupart, J. P. Deslauriers, L. H. Groulx, A. Laperrière, R. Mayer & A. Pirès (Ed.), *La recherche qualitative: enjeux épistémologiques et méthodologiques* (pp. 3-54). Boucherville: Gaëtan Morin éditeur.

Pourtois, J. P. & Desmet, H. (1997). *Epistémologie et instrumentation en sciences humaines* (2ᵉ éd.). Sprimont: Maradaga.

Putnam, R. T. & Borko, H. (2000). What do new views of knowledge and thinking have to say about research on teacher learning? *Educational Researcher, 29*(1), 4-15.

Renkl, A. (2001). Situated learning: Out of school and in the classroom. In N. J. Smelser & P. B. Baltes (Ed.), *International encyclopedia of the social and behavioral sciences* (pp. 14133-14135, vol. 21). New York: Elsevier Science.

Resnick, L. B. (1987). Learning in school and out. *Educational Researcher,* *16*(9), 13-20.

Resnick, L. B. (1991). Shared cognition: Thinking as social practice. In L. B. Resnick, J. M. Levine & S. D. Teasley (Ed.), *Perspectives on socially shared cognition* (pp. 1- 20). Washington: American Psychological Association.

Resnick, L. B. (1994). Situated Rationalism: Biological and Social Preparation for Learning. In L. A. Hirschfedl & S. A. Gelman (Ed.), *Mapping the mind: Domain specificity in cognition and culture* (pp. 474-493). Cambridge, England: Cambridge University Press.

Resnick, L. B., Pontecorvo, C. & Säljo, R. (1997). Discourse, Tools, and Reasoning: Essays on Situated Cognition. In L. B. Resnick, C. Pontecorvo, R. Säljo & B. Burger (Ed.), *Discourse, Tools, and Reasoning: Essays on Situated Cognition* (pp. 1-20). Berlin: Springer (NATO Scientific Affairs Division).

Rochex, J.-Y. (2004). Introduction. *Revue française de pédagogie, 148,* 5-10.

Rogoff, B. (1984). Introduction: Thinking and learning in social context. In B. Rogoff & J. Lave (Ed.), *Everyday cognition: Its development in social context* (pp. 1-8). Cambridge, MA: Harvard University Press.

Rogoff, B. (1990). *Apprenticeship in thinking.* New York: Oxford University Press.

Rogoff, B. (1995). Observing sociocultural activity on three planes: Participatory appropriation, guided participation, and apprenticeship. In J. V. Wertsch, P. del Rio & A. Alvarez (Ed.), *Sociocultural studies of the mind* (pp. 139-164). New York: Cambridge University Press.

Rogoff, B., Baker-Sennett, J., Lacasa, P. & Goldsmith, D. (1995). Development through participation in sociocultural activity. In J. J. Goodnow, P. J. Miller & F. Kessel (Ed.), *Cultural practices as contexts for development* (pp. 45-65). San Francisco, CA: Jossey-Bass Publishers.

Rogoff, B. & Lave, J. (Ed.). (1984). *Everyday cognition: Its development in social context.* Cambridge, MA: Harvard University Press.

Rogoff, B., Matusov, E. & White, C. (1996). Models of teaching and learning: Participation in a community of learners. In D. R. Olson & N. Torrance (Ed.), *The handbook of education and human development* (pp. 388-414). Oxford, UK: Blackwell.

Rogoff, B., Mosier, C., Mistry, J. & Göncü, A. (1993). Toddlers' guided participation with their caregivers in cultural activity. In E. A. Forman, N. Minnick & C. A. Stone (Ed.), *Contexts for learning* (pp. 230-253). New York: Oxford University Press.

Rosenshine, B. (1986). Vers un enseignement efficace des matières structurées. Un modèle d'action inspirée par le bilan des recherches processus-produit. In M. Crahay & D. Lafontaine (Ed.), *L'art et la science de l'enseignement* (pp. 81-96). Liège: Editions Labor.

Saada-Robert, M. & Leutenegger, F. (2002). Expliquer/comprendre: enjeux scientifiques pour la recherche en éducation. In F. Leutenegger & M. Saada-Robert (Ed.), *Expliquer et comprendre en sciences de l'éducation* (pp. 7-28). Bruxelles: De Boeck.

Salomon, G. (Ed.). (1993a). *Distributed cognition, psychological and educational considerations*. Cambridge, UK: Cambridge University Press.

Salomon, G. (1993b). Editor's introduction. In G. Salomon (Ed.), *Distributed cognition, psychological and educational considerations* (pp. xi-xxi). Cambridge, UK: Cambridge University Press.

Salomon, G. & Perkins, D. N. (1998). Individual and social aspects of learning. In P. D. Pearson & A. Iran-Nejad (Ed.), *Review of Research in Education* (vol. 23, pp. 1-25). Washington, DC: American Educational Reseach Association.

Savoie-Zajc, L. (2000). La recherche qualitative/interprétative en éducation. In T. Karsenti & L. Savoie-Zajc (Ed.), *Introduction à la recherche en éducation* (pp. 171-198). Sherbrooke: Editions du CRP.

Scardamalia, M. & Bereiter, C. (1985). Fostering the development of self-regulation in children's kwoledge processing. In S. F. Chipman, J. W. Segal & R. Glaser (Ed.), *Thinking and learning skills: Research and open question* (pp. 563-577). Hillsdale, NJ: Lawrence Erlbaum.

Schliemann, A. D. & Carraher, D. W. (1992). Proportional reasoning in and out of school. In P. Light & G. Butterworth (Ed.), *Context and cognition, ways of learning and knowing* (pp. 47-73). Hertfordshire: Harvester Wheatsheaf.

Schliemann, A. D. & Carraher, D. W. (1996). Negotiating mathematical meanings in and out of school. In L. P. Steffe, P. Nesher, P. Cobb, G. A. Goldin & B. Greer (Ed.), *Theories of mathematical learning* (pp. 77-83). Manhwah, NJ: Lawrence Erlbaum.

Schneuwly, B. (1995). Contradiction and development: Vygotksy and Paedology. *European Journal of Psychology of Education, 9*(4), 281-291.

Schneuwly, B. & Bronckart, J.-P. (1985). *Vygotski aujourd'hui*. Neuchâtel: Delachaux et Niestlé.

Schoenfeld, A. H. (1985). *Mathematical problem solving*. New York: Academic Press.

Schoenfeld, A. H. (1988). When good teaching leads to bad results: The disasters of 'well-taught' mathematics courses. *Educational Psychologist, 23*(2), 145-166.

Schubauer-Leoni, M.-L. (1986). Le contrat didactique: un cadre interprétatif pour comprendre les savoirs manifestés par les élèves en mathématiques. *Journal européen de psychologie de l'éducation, 2*, 139-153.

Schubauer-Leoni, M.-L. (1996). Etude du contrat didactique pour des élèves en difficultés en mathématiques. In A. Trognon, U. Dausend-schön-Gay, U. Krafft & C. Riboni (Ed.), *Au-delà des didactiques, le didactique. Débat autour de concepts fédérateurs* (pp. 158-189). Bruxelles: De Boeck Université.

Schubauer-Leoni, M.-L. (1997). Interactions didactiques et interactions sociales: quels phénomènes et quelles constructions conceptuelles? *SKHOL, 7*, 103-134.

Schubauer-Leoni, M.-L. (2003). La fonction des dimensions langagières dans un ensemble de travaux sur le contrat didactique. In M. Jaubert, M. Rebière & J.-P. Bernier (Ed.), *Construction des connaissances et langage dans les disciplines d'enseignement: actes du colloque pluri-disciplinaire international* [CD-ROM]. Bordeaux: IUFM d'Aquitaine, Université Victor Ségalen Bordeaux 2.

Scribner, S. (1984). Studying working intelligence. In B. Rogoff & J. Lave (Ed.), *Everyday cognition: Its development in social context* (pp. 9-40). Cambridge, MA: Harvard University Press.

Seeger, F., Voigt, J. & Waschescio, U. (Ed.). (1998). *The culture of the mathematics classroom.* Cambridge: Cambridge University Press.

Sfard, A. (1998). On two metaphors for learning and the dangers of choosing just one. *Educational Researcher, 27*(2), 4-13.

Sirota, R. (1993). Le métier d'élève. *Revue française de pédagogie, 104*, 85-108.

Taurisson, A. & Sentini, A. (Ed.). (2003). *Pédagogie.Net, l'essor des communautés virtuelles d'apprentissage.* Québec: Presses Universitaires du Québec.

Tièche Christinat, C. (2000). *Suivi scientifique du nouvel enseignement des mathématiques: troisième rapport intermédiaire* (00.1011). Neuchâtel: Institut de Recherche et Documentation Pédagogique.

Tièche Christinat, C. & Knupfer, C. (1999). *Suivi scientifique du nouvel enseignement des mathématiques: deuxième rapport intermédiaire* (99.1008). Neuchâtel: Institut de Recherche et Documentation Pédagogique.

Taylor, S. J. & Bogdan, R. (1998). *Introduction to qualitative research methods, a guidebook and resource, third edition.* New York: John Wiley & Sons, Inc.

Vergnaud, G. (1981). *L'enfant, la mathématique et la réalité.* Berne: Peter Lang.

Vergnaud, G. (1991/1996). La théorie des champs conceptuels. In J. Brun (Ed.), *Didactique des mathématiques* (pp. 197-242). Lausanne: Delachaux et Niestlé.

Voigt, J. (1985). Pattern and routines in classroom interaction. *Recherches en didactique des mathématiques, 6*(1), 69-118.

Voigt, J. (1994). Negotiation of mathematical meaning and learning mathematics. *Educational Studies in Mathematics, 26,* 275-298.

Voigt, J. (1995). Thematic patterns of interaction and sociomathematical norms. In P. Cobb & H. Bauersfeld (Ed.), *The emergence of mathematical meaning: Interaction in classroom cultures* (pp. 163-202). Hillsdale, NJ: Lawrence Erlbaum.

Voigt, J. (1996). Negotiation of mathematical meaning in classroom processes: Social interaction and learning mathematics. In L. P. Steffe, P. Nesher, P. Cobb, G. A. Goldin & B. Greer (Ed.), *Theories of mathematical learning* (pp. 21-50). Mahwah, NJ: Lawrence Erlbaum.

Voigt, J. (1998). The culture of the mathematics classroom: Negotiating the mathematical meaning of empirical phenomena. In F. Seeger, F. Voigt & U. Waschescio (Ed.), *The culture of the mathematics classroom* (pp. 191-220). Cambridge: Cambridge University Press.

Vygotski, L. V. (1997/1934). *Pensée et langage.* Paris: La Dispute.

Weiss, J. (1986). La subjectivité blanchie? In J.-M. De Ketele (Ed.), *L'évaluation: approche descriptive ou prescriptive?* (pp. 91-105). Bruxelles: De Boeck.

Wenger, E. (1998). *Community of practice: Learning, meaning, and identity.* New York: Cambridge University Press.

Witko-Commeau, A. (1995). Du trilogue dans le polylogue. In C. Kerbrat-Orecchioni & C. Plantin (Ed.), *Le trilogue* (pp. 284-305). Lyon: Presses universitaires de Lyon.

Wood, T. (1996). Events in learning mathematics: Insights from research in classrooms. *Educational Studies in Mathematics, 30,* 85-105.

Wood, T. (1999). Creating a context for argument in mathematics class. *Journal for Research in Mathematics Education, 30,* 171-191.

Yackel, E. (2000, July). *Creating a mathematics classroom environment that fosters the development of mathematical argumentation.* Paper presented at the ninth international congress of mathematical education. Tokyo, Makuhari: Japan.

Yackel, E. & Cobb, P. (1996). Sociomathematical norms, argumentation and autonomy in mathematics. *Journal for Research in Mathematics Education, 27*, 458-471.

Annexes

I) TABLEAU SYNOPTIQUE DES OBSERVATIONS DANS LES DEUX CLASSES

\multicolumn{4}{}{Microculture de classe de Paula}				\multicolumn{4}{}{Microculture de classe de Luc}			

Dates	Tableau déroulement	Inter. collectives	Traces écrites é	Dates	Tableau déroulement	Inter. collectives	Traces écrites é
\multicolumn{8}{}{Août 02: séance préparatoire entre les deux enseignants et le chercheur}							
\multicolumn{8}{}{Septembre 02: Observations régulières (mais ne portant pas sur la multiplication)}							
2.9.02	P-DT1	P-IC1		3.9.02	L-DT1	L-IC1.1	
12.9.02	P-DT2	P-IC2.1	Pas de			L-IC1.2	Pas de
		P-IC2.2	recueil	10.9.02	L-DT2	L-IC2	recueil
19.9.02	P-DT3	P-IC3		17.9.02	L-DT3	L-IC3	
26.9.02	P-DT4	P-IC4.1		24.9.02	L-DT4	L-IC4	
		P-IC4.2		8.10.02	L-DT5	L-IC5	
8.10.02	\multicolumn{3}{}{*Entretien niveau scolaire des élèves*}	11.11.02	\multicolumn{3}{}{*Entretien niveau scolaire des élèves*}	
\multicolumn{8}{}{Octobre-début décembre 02: Observations séquence 1 «Au Grand Rex» (LM 162)}							
29.10.02	P-DT5-S1.1	P-IC5-S1.1		18.11.02	L-DT6-S1.1	L-IC6-S1.1	
31.10.02	P-DT6-S1.2	P-IC6.1-S1.2		19.11.02	L-DT7-S1.2	L-IC7-S1.2	
1.11.02	P-DT7-S1.3	P-IC7-S1.3	Recueil	21.11.02	L-DT8-S1.3	L-IC8-S1.3	Recueil
5.11.02	P-DT8-S1.4	P-IC8-S1.4		22.11.02	L-DT9-S1.4	L-IC9-S1.4	
				26.11.02	L-DT10-S1.5	L-IC10-S1.5	
				29.11.02	L-DT11.S1.6	L.IC11.S1.6	
				2.12.02	L-DT12.S1.7	L-IC12-S1.7	
4.2.03	\multicolumn{3}{}{*Entretien restitution/confrontation: P-EntRC1*}	26.1.03	\multicolumn{3}{}{*Entretien restitution/confrontation: L-EntRC1*}	
\multicolumn{8}{}{Décembre-février 03: Observations régulières entre deux séquences}							
5.12.02	P-DT9	P-IC9		14.1.03	L-DT13	L-IC13	
7.1.03	P-DT10	P-IC10		28.1.03	L-DT14	L-IC14	
21.1.03	P-DT11	P-IC11		11.2.03	L-DT15	L-IC15	
4.2.03	P DT12	P IC12					
\multicolumn{8}{}{Mars-début avril 03: Observations séquence 2 «Course d'école» (LM 168)}							
4.3.03	P-DT13-S2.1	P-IC13-S2.1		25.3.03	L-DT16-S2.1	L-IC16-S2.1	
6.3.03	P-DT14-S2.2	P-IC14-S2.2	Recueil	26.3.03	L-DT17-S2.2	L-IC17-S2.2	Recueil
7.3.03	P-DT15-S2.3	P-IC15.1-S2.3		27.3.03	L-DT18-S2.3	L-IC18-S2.3	
		P-IC15.2-S2.3		28.3.03	L-DT19-S2.4	L-IC19-S2.4	
				1.4.03	L-DT20-S2.5	L-IC20-S2.5	
15.5.03	\multicolumn{3}{}{*Entretien restitution/confrontation: P-EntRC2*}	13.5.03	\multicolumn{3}{}{*Entretien restitution/confrontation: L-EntRC2*}	
\multicolumn{8}{}{Mai-juin 03: Dernières observations régulières}							
6.5.03	P-DT16	P-IC16		13.5.03	L-DT21	L-IC21	
15.5.03	P-DT17	P-IC17		27.5.03	L-DT22	L-IC22	
19.6.03	\multicolumn{3}{}{Test individuel}	20.6.03	\multicolumn{3}{}{Test individuel}	

II) Les prolongements Au Grand Rex conçus par Paula

Des énoncés écrits sur une fiche ont été soumis aux élèves.
Enoncé du prolongement 1 (P1):
Au grand Rex (LE 11). Fais de même en sachant que les places sont à 16 francs et que 28 billets ont été vendus. Note tous tes calculs.
Enoncé du prolongement 2 (P2):
Au Grand Rex (LE 11). Fais de même en sachant que les places sont à 15 francs et que 25 billets ont été vendus. Note tous tes calculs.

III) Les prolongements Au Grand Rex conçus par Luc

Des énoncés oraux ont été transmis aux élèves et notés au tableau noir.
Consignes concernant le prolongement 1 (P1):
alors écoutez bien parce qu'il va y avoir / un ou deux changements ↘ // écoutez bien les changements // [...] Au grand Rex ↘ // au cinéma le grand Rex // il y a deux salles ↘ // une petite ↗ / et une grande ↘ // dans la grande salle ↗ / les places sont à 18 francs /// chaque soir la caissière contrôle si la somme encaissée correspond au nombre de billets vendus ↘ // et ce soir-là ↗ / 347 billets ont été vendus ↘ // quelle somme la caissière devrait-elle avoir reçue / note tous tes calculs ↘ (L-DT9-S1-4 – démarrage)
Consignes concernant le prolongement 2 (P2):
on ne va peut-être pas prendre ce calcul (Au grand Rex 32x14) // parce que / je vous ai dit que je ne voulais pas vous donner la solution de celui-ci ↘ // mais je vais vous en donner un autre / qui est à peu prêt pareil // alors on va prendre / 35 billets (note au TN) / à 16 francs (note au TN) / d'accord ↗ [...] alors / la réponse ↗ // ben je vous la donne /// [...] une réponse ↘ / mais plusieurs solutions pour y arriver ↘ / hein ↗ / mais il n'y a qu'une réponse / alors / la réponse ↗ // ben je vous la donne /// parce que moi ce que je veux c'est que vous trouviez le truc pour calculer /// d'accord ↗ // alors (sur la calculette) 35 ↗ // fois [...] 16 // égale (note au TN) /// 560 [...] la seule chose que je ne veux pas ↗ / ben c'est que vous fassiez 16 plus 16 plus 16 plus 16 plus 16 ↘ // parce que ça on l'a déjà fait ↘ // d'accord ↗ / alors là il faut trouver un autre moyen // avec des fois par exemple ↘ (L-DT10-S1-5 – démarrage)
Consignes concernant le prolongement 3 (P3):
écoutez bien parce que ça c'est les consignes pour ce que vous allez faire après [...] moi je vous donne une multiplication / plus compliquée / parce que / j'ai remarqué la chose suivante c'est quand je donne une multiplication simple vous / ça ne vous embête pas d'écrire les nombres / alors je vous donne la multiplication suivante // (en notant au TN) 473 // fois / euh [...] fois 19 [...] parce que moi ce que j'aimerais / c'est pas que vous trouviez la réponse ↗ / c'est que vous trouviez le truc // pour y arriver / pour que tu puisses comprendre comment est-ce qu'on fait la multiplication / alors si je ne te donne pas la réponse tu ne peux pas savoir si tu y es arrivé ou pas

// alors je vais vous donner la réponse ⬎ */ hein // mais je vous la donnerais seulement après que vous ayez trouvé quelque chose / d'accord* ⬏ *[…] et puis si vous êtes efficaces // vous devriez pouvoir trouver la technique juste* ⬏ */ et trouver le bon résultat* ⬎ */ ok* ⬏ *(L-IC11-S1.6)*

IV) Le test soumis à tous les élèves en fin d'année scolaire

Problème: Achats
Tu désires acheter 8 objets de chaque sorte. De combien d'argent as-tu besoin? Note tous tes calculs.

| 15 francs | 12 francs | 16 francs |

Problème: Une histoire de pommes
1) Maman a acheté un cageot qui contient 137 pommes en tout. Après trois semaines, 45 pommes ont été mangées par la famille. Combien de pommes reste-t-il dans le cageot? Note tous tes calculs.
2) C'est ton anniversaire et tu invites tes copains à la maison. A cette occasion, maman prépare 6 tartes aux pommes. Il lui faut 5 pommes pour confectionner une tarte. De combien de pommes a-t-elle besoin en tout? Note tous tes calculs.
3) Combien de pommes reste-t-il maintenant dans le cageot en sachant qu'aucune autre pomme n'a été mangée depuis? Note tous tes calculs.

Exploration

Ouvrages parus

Education: histoire et pensée

- Loïc Chalmel: *La petite école dans l'école – Origine piétiste-morave de l'école maternelle française.* Préface de J. Houssaye. 375 p., 1996, 2000, 2005.
- Loïc Chalmel: *Jean Georges Stuber (1722-1797) – Pédagogie pastorale.* Préface de D. Hameline, XXII, 187 p., 2001.
- Loïc Chalmel: *Réseaux philanthropinistes et pédagogie au 18ᵉ siècle.* XXVI, 270 p., 2004.
- Nanine Charbonnel: *Pour une critique de la raison éducative.* 189 p., 1988.
- Marie-Madeleine Compère: *L'histoire de l'éducation en Europe. Essai comparatif sur la façon dont elle s'écrit.* (En coédition avec INRP, Paris). 302 p., 1995.
- Lucien Criblez, Rita Hofstetter (Ed./Hg.), Danièle Périsset Bagnoud (avec la collaboration de/unter Mitarbeit von): *La formation des enseignant(e)s primaires. Histoire et réformes actuelles / Die Ausbildung von PrimarlehrerInnen. Geschichte und aktuelle Reformen.* VIII, 595 p., 2000.

- Daniel Denis, Pierre Kahn (Ed.): *L'Ecole de la Troisième République en questions. Débats et controverses dans le* Dictionnaire de pédagogie *de Ferdinand Buisson.* VII, 283 p., 2006.

- Marcelle Denis: *Comenius. Une pédagogie à l'échelle de l'Europe.* 288 p., 1992.

- Patrick Dubois: *Le Dictionnaire de Ferdinand Buisson. Aux fondations de l'école républicaine (1878-1911).* VIII, 243 p., 2002.

- Jacqueline Gautherin: *Une discipline pour la République. La science de l'éducation en France (1882-1914).* Préface de Viviane Isambert-Jamati. XX, 357 p., 2003.

- Daniel Hameline, Jürgen Helmchen, Jürgen Oelkers (Ed.): *L'éducation nouvelle et les enjeux de son histoire.* Actes du colloque international des archives Institut Jean-Jacques Rousseau. VI, 250 p., 1995.

- Rita Hofstetter: *Les lumières de la démocratie. Histoire de l'école primaire publique à Genève au XIXᵉ siècle.* VII, 378 p., 1998.

- Rita Hofstetter, Charles Magnin, Lucien Criblez, Carlo Jenzer (†) (Ed.): *Une école pour la démocratie. Naissance et développement de l'école primaire publique en Suisse au 19ᵉ siècle.* XIV, 376 p., 1999.

- Rita Hofstetter, Bernard Schneuwly (Ed./Hg.): *Science(s) de l'éducation (19ᵉ-20ᵉsiècles) – Erziehungswissenschaft(en) (19.–20. Jahrhundert). Entre champs professionnels et champs disciplinaires – Zwischen Profession und Disziplin.* 512 p., 2002.

- Rita Hofstetter, Bernard Schneuwly (Ed.): *Passion, Fusion, Tension. New Education and Educational Sciences – Education nouvelle et Sciences de l'éducation. End 19th – middle 20th century – Fin du 19ᵉ – milieu du 20ᵉ siècle.* VII, 397 p., 2006.

- Rita Hofstetter, Bernard Schneuwly (Ed.): *Emergence des sciences de l'éducation en Suisse à la croisée de traditions académiques contrastées. Fin du 19ᵉ – première moitié du 20ᵉ siècle.* XIX, 539 p., 2007.

- Jean Houssaye: *Théorie et pratiques de l'éducation scolaire (1): Le triangle pédagogique.* Préface de D. Hameline. 267 p., 1988, 1992, 2000.

- Jean Houssaye: *Théorie et pratiques de l'éducation scolaire (2): Pratique pédagogique.* 295 p., 1988.

- Alain Kerlan: *La science n'éduquera pas. Comte, Durkheim, le modèle introuvable.* Préface de N. Charbonnel. 326 p., 1998.

- Francesca Matasci: *L'inimitable et l'exemplaire: Maria Boschetti Alberti. Histoire et figures de l'Ecole sereine.* Préface de Daniel Hameline. 232 p., 1987.

- Pierre Ognier: *L'Ecole républicaine française et ses miroirs.* Préface de D. Hameline. 297 p., 1988.

- Annick Ohayon, Dominique Ottavi & Antoine Savoye (Ed.): *L'Education nouvelle, histoire, présence et devenir.* VI, 336 p., 2004, 2007.

- Johann Heinrich Pestalozzi: *Ecrits sur l'expérience du Neuhof.* Suivi de quatre études de P.-Ph. Bugnard, D. Tröhler, M. Soëtard et L. Chalmel. Traduit de l'allemand par P.-G. Martin. X, 160 p., 2001.

- Johann Heinrich Pestalozzi: *Sur la législation et l'infanticide. Vérités, recherches et visions.* Suivi de quatre études de M. Porret, M.-F. Vouilloz Burnier, C. A. Muller et M. Soëtard. Traduit de l'allemand par P.-G. Matin. VI, 264 p., 2003.

- Martine Ruchat: *Inventer les arriérés pour créer l'intelligence. L'arriéré scolaire et la classe spéciale. Histoire d'un concept et d'une innovation psychopédagogique 1874–1914.* Préface de Daniel Hameline. XX, 239 p., 2003.

- Jean-François Saffange: *Libres regards sur Summerhill. L'œuvre pédagogique de A.-S. Neill.* Préface de D. Hameline. 216 p., 1985.

- Michel Soëtard, Christian Jamet (Ed.): *Le pédagogue et la modernité. A l'occasion du 250ᵉ anniversaire de la naissance de Johann Heinrich Pestalozzi (1746-1827).* Actes du colloque d'Angers (9-11 juillet 1996). IX, 238 p., 1998.

- Alain Vergnioux: *Pédagogie et théorie de la connaissance. Platon contre Piaget?* 198 p., 1991.

- Marie-Thérèse Weber: *La pédagogie fribourgeoise, du concile de Trente à Vatican II. Continuité ou discontinuité?* Préface de G. Avanzini. 223 p., 1997.

Recherches en sciences de l'éducation

- Linda Allal, Jean Cardinet, Phillipe Perrenoud (Ed.): *L'évaluation formative dans un enseignement différencié.* Actes du Colloque à l'Université de Genève, mars 1978. 264 p., 1979, 1981, 1983, 1985, 1989, 1991, 1995.

- Claudine Amstutz, Dorothée Baumgartner, Michel Croisier, Michelle Impériali, Claude Piquilloud: *L'investissement intellectuel des adolescents. Recherche clinique.* XVII, 510 p., 1994.

- Guy Avanzini (Ed.): *Sciences de l'éducation: regards multiples.* 212 p., 1994.

- Daniel Bain: *Orientation scolaire et fonctionnement de l'école.* Préface de J. B. Dupont et F. Gendre. VI, 617 p., 1979.

- Ana Benavente, António Firmino da Costa, Fernando Luis Machado, Manuela Castro Neves: *De l'autre côté de l'école.* 165 p., 1993.

- Anne-Claude Berthoud, Bernard Py: *Des linguistes et des enseignants. Maîtrise et acquisition des langues secondes.* 124 p., 1993.

- Dominique Bucheton: *Ecritures-réécritures – Récits d'adolescents.* 320 p., 1995.

- Jean Cardinet, Yvan Tourneur (†): *Assurer la mesure. Guide pour les études de généralisabilité.* 381 p., 1985.

- Felice Carugati, Francesca Emiliani, Augusto Palmonari: *Tenter le possible. Une expérience de socialisation d'adolescents en milieu communautaire.* Traduit de l'italien par Claude Béguin. Préface de R. Zazzo. 216 p., 1981.

- Evelyne Cauzinille-Marmèche, Jacques Mathieu, Annick Weil-Barais: *Les savants en herbe.* Préface de J.-F. Richard. XVI, 210 p., 1983, 1985.

- Vittoria Cesari Lusso: *Quand le défi est appelé intégration. Parcours de socialisation et de personnalisation de jeunes issus de la migration.* XVIII, 328 p., 2001.

- Nanine Charbonnel (Ed.): *Le Don de la Parole. Mélanges offerts à Daniel Hameline pour son soixante-cinquième anniversaire.* VIII, 161 p., 1997.

- Gisèle Chatelanat, Christiane Moro, Madelon Saada-Robert (Ed.): *Unité et pluralité des sciences de l'éducation. Sondages au cœur de la recherche.* VI, 267 p., 2004.

- Christian Daudel: *Les fondements de la recherche en didactique de la géographie.* 246 p., 1990.

- Bertrand Daunay: *La paraphrase dans l'enseignement du français.* XIV, 262 p., 2002.

- Jean-Marie De Ketele: *Observer pour éduquer.* (Epuisé)

- Joaquim Dolz, Jean-Claude Meyer (Ed.): *Activités métalangagières et enseignement du français. Actes des journées d'étude en didactique du français (Cartigny, 28 février – 1 mars 1997).* XIII, 283 p., 1998.

- Pierre Dominicé: *La formation, enjeu de l'évaluation.* Préface de B. Schwartz. (Epuisé)

- Pierre-André Doudin, Daniel Martin, Ottavia Albanese (Ed.): *Métacognition et éducation.* XIV, 392 p., 1999, 2001.

- Pierre Dominicé, Michel Rousson: *L'éducation des adultes et ses effets. Problématique et étude de cas.* (Epuisé)

- Andrée Dumas Carré, Annick Weil-Barais (Ed.): *Tutelle et médiation dans l'éducation scientifique.* VIII, 360 p., 1998.

- Jean-Blaise Dupont, Claire Jobin, Roland Capel: *Choix professionnels adolescents. Etude longitudinale à la fin de la scolarité secondaire.* 2 vol., 419 p., 1992.

- Raymond Duval: *Sémiosis et pensée humaine – Registres sémiotiques et apprentissages intellectuels.* 412 p., 1995.

- Eric Espéret: *Langage et origine sociale des élèves.* (Epuisé)

- Jean-Marc Fabre: *Jugement et certitude. Recherche sur l'évaluation des connaissances.* Préface de G. Noizet. (Epuisé)

- Monique Frumholz: *Ecriture et orthophonie.* 272 p., 1997.

- Pierre Furter: *Les systèmes de formation dans leurs contextes.* (Epuisé)

- André Gauthier (Ed.): *Explorations en linguistique anglaise. Aperçus didactiques.* Avec Jean-Claude Souesme, Viviane Arigne, Ruth Huart-Friedlander. 243 p., 1989.

- Michel Gilly, Arlette Brucher, Patricia Broadfoot, Marylin Osborn: *Instituteurs anglais instituteurs français. Pratiques et conceptions du rôle.* XIV, 202 p., 1993.

- André Giordan: *L'élève et/ou les connaissances scientifiques. Approche didactique de la construction des concepts scientifiques par les élèves.* 3e édition, revue et corrigée. 180 p., 1994.

- André Giordan, Yves Girault, Pierre Clément (Ed.): *Conceptions et connaissances.* 319 p., 1994.

- André Giordan (Ed.): *Psychologie genétique et didactique des sciences.* Avec Androula Henriques et Vinh Bang. (Epuisé)

- Armin Gretler, Ruth Gurny, Anne-Nelly Perret-Clermont, Edo Poglia (Ed.): *Etre migrant. Approches des problèmes socio-culturels et linguistiques des enfants migrants en Suisse.* 383 p., 1981,1989.

- Francis Grossmann: *Enfances de la lecture. Manières de faire, manières de lire à l'école maternelle.* Préface de Michel Dabène. 260 p., 1996, 2000.

- Jean-Pascal Simon, Francis Grossmann (Ed.): *Lecture à l'Université. Langue maternelle, seconde et étrangère.* VII, 289 p., 2004.

- Michael Huberman, Monica Gather Thurler: *De la recherche à la pratique. Eléments de base et mode d'emploi.* 2 vol., 335 p., 1991.

- Institut romand de recherches et de documentation pédagogiques (Neuchâtel): Connaissances mathématiques à l'école primaire: J.-F. Perret: *Présentation et synthèse d'une évaluation romande*; F. Jaquet, J. Cardinet: *Bilan des acquisitions en fin de première année*; F. Jaquet, E. George, J.-F. Perret: *Bilan des acquisitions en fin de deuxième année*; J.-F. Perret: *Bilan des acquisitions en fin de troisième année*; R. Hutin, L.-O. Pochon, J.-F. Perret: *Bilan des acquisitions en fin de quatrième année*; L.-O. Pochon: *Bilan des acquisitions en fin de cinquième et sixième année*. 1988-1991.

- Daniel Jacobi: *Textes et images de la vulgarisation scientifique.* Préface de J. B. Grize. (Epuisé)

- René Jeanneret (Ed.): *Universités du troisième âge en Suisse.* Préface de P. Vellas. 215 p., 1985.

- Samuel Johsua, Jean-Jacques Dupin: *Représentations et modélisations: le «débat scientifique» dans la classe et l'apprentissage de la physique.* 220 p., 1989.

- Constance Kamii: *Les jeunes enfants réinventent l'arithmétique.* Préface de B. Inhelder. 171 p., 1990, 1994.

- Helga Kilcher-Hagedorn, Christine Othenin-Girard, Geneviève de Weck: *Le savoir grammatical des élèves. Recherches et réflexions critiques.* Préface de J.-P. Bronckart. 241 p., 1986.

- Georges Leresche (†): *Calcul des probabilités.* (Epuisé)

- Even Loarer, Daniel Chartier, Michel Huteau, Jacques Lautrey: *Peut-on éduquer l'intelligence? L'évaluation d'une méthode d'éducation cognitive.* 232 p., 1995.

- Georges Lüdi, Bernard Py: *Etre bilingue.* 3e édition. XII, 203 p., 2003.

- Pierre Marc: *Autour de la notion pédagogique d'attente.* 235 p., 1983, 1991, 1995.

- Jean-Louis Martinand: *Connaître et transformer la matière.* Préface de G. Delacôte. (Epuisé)

- Jonas Masdonati: *La transition entre école et monde du travail. Préparer les jeunes à l'entrée en formation professionnelle.* 300 p., 2007.

- Marinette Matthey: *Apprentissage d'une langue et interaction verbale.* XII, 247 p., 1996, 2003.

- Paul Mengal: *Statistique descriptive appliquée aux sciences humaines.* VII, 107 p., 1979, 1984, 1991, 1994, 1999 (5e + 6e), 2004.

- Henri Moniot (Ed.): *Enseigner l'histoire. Des manuels à la mémoire.* (Epuisé)

- Cléopâtre Montandon, Philippe Perrenoud: *Entre parents et enseignants: un dialogue impossible?* Nouvelle édition, revue et augmentée. 216 p., 1994.

- Christiane Moro, Bernard Schneuwly, Michel Brossard (Ed.): *Outils et signes. Perspectives actuelles de la théorie de Vygotski.* 221 p., 1997.

- Christiane Moro & Cintia Rodríguez: *L'objet et la construction de son usage chez le bébé. Une approche sémiotique du développement préverbal.* X, 446 p., 2005.

- Lucie Mottier Lopez: *Apprentissage situé. La microculture de classe en mathématiques.* XXI, 311 p., 2008.

– Gabriel Mugny (Ed.): *Psychologie sociale du développement cognitif.* Préface de M. Gilly. (Epuisé)

– Sara Pain: *Les difficultés d'apprentissage. Diagnostic et traitement.* 125 p., 1981, 1985, 1992.

– Sara Pain: *La fonction de l'ignorance.* (Epuisé)

– Christiane Perregaux: *Les enfants à deux voix. Des effets du bilinguisme successif sur l'apprentissage de la lecture.* 399 p., 1994.

– Jean-François Perret: *Comprendre l'écriture des nombres.* 293 p., 1985.

– Anne-Nelly Perret-Clermont: *La construction de l'intelligence dans l'interaction sociale.* Edition revue et augmentée avec la collaboration de Michèle Grossen, Michel Nicolet et Maria-Luisa Schubauer-Leoni. 305 p., 1979, 1981, 1986, 1996, 2000.

– Edo Poglia, Anne-Nelly Perret-Clermont, Armin Gretler, Pierre Dasen (Ed.): *Pluralité culturelle et éducation en Suisse. Etre migrant.* 476 p., 1995.

– Jean Portugais: *Didactique des mathématiques et formation des enseignants.* 340 p., 1995.

– Yves Reuter (Ed.): *Les interactions lecture-écriture.* Actes du colloque organisé par THÉODILE-CREL (Lille III, 1993). XII, 404 p., 1994, 1998.

– Philippe R. Richard: *Raisonnement et stratégies de preuve dans l'enseignement des mathématiques.* XII, 324 p., 2004.

– Yviane Rouiller et Katia Lehraus (Ed.): *Vers des apprentissages en coopération: rencontres et perspectives.* XII, 237 p., 2008.

– Guy Rumelhard: *La génétique et ses représentations dans l'enseignement.* Préface de A. Jacquard. 169 p., 1986.

– El Hadi Saada: *Les langues et l'école. Bilinguisme inégal dans l'école algérienne.* Préface de J.-P. Bronckart. 257 p., 1983.

– Muriel Surdez: *Diplômes et nation. La constitution d'un espace suisse des professions avocate et artisanales (1880-1930).* X, 308 p., 2005.

– Gérard Vergnaud: *L'enfant, la mathématique et la réalité. Problèmes de l'enseignement des mathématiques à l'école élémentaire.* V, 218 p., 1981, 1983, 1985, 1991, 1994.

– Jacques Weiss (Ed.): *A la recherche d'une pédagogie de la lecture.* (Epuisé)

– Tania Zittoun: *Insertions. A quinze ans, entre échec et apprentissage.* XVI, 192 p., 2006.